ERIN BROCKOVICH
エリン・ブロコビッチ

スーパーマンは来ない

Superman's Not Coming

米国の水汚染と私たちにできること

Our National Water Crisis and What WE THE PEOPLE Can Do About It

旦 祐介 訳
YUSUKE DAN

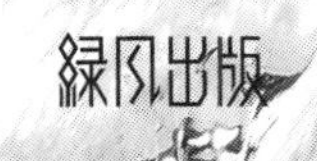

緑風出版

私の孫たちグレース・ベイリー、モリー・バーリン、チャールズ・アッシャー、及びクレイ・ジョージに捧げる。
彼らのために もっと持続可能な世界を築き、すべての人たちがきれいな水を飲めるように。

はじめに

「あなたの墓碑銘はどんな感じになるのかな」と聞かれたとき、私の答えは「こだわった人」だった。まず皆さんに伝えたいのは、自分の名前が動詞になると、人生は面白くなるということである。もう少し正確には、私の名前がまず映画の題名になり、それから動詞になった。今や「エリン・ブロコビッチする」という言葉は、あきらめずに目的に向かって調査し活動するという意味の動詞になっている。

私の名前は、他の人を説明するためにも使われている。中国にエリン・ブロコビッチがいて、その人は母国の四〇〇以上の村で水が原因で子供達が病気になったことを突き止めた。ケニヤにもエリン・ブロコビッチがいて、鉛中毒と闘い、政府と有害物質を垂れ流した工場の所有会社に補償と浄化を要求している。食料のエリン・ブロコビッチもいる。彼女の一番下の子がスクランブル・エッグに重度のアレルギー反応を起こしたので、食べ物の化学物質を減らす運動を続けている。

でも映画の前、皆さんが私の名前を知るようになるまで、私は、広大な小麦畑と鮮やかな黄色のひまわりのカンザス州で生まれ育ったひとりの女性にすぎなかった。州の六番目の都市でカンザス川とワカルサ川の間にあるローレンス市は、今は人口一〇万人弱の活気のある大学町だ。州の他の地域と同じく、夏は蒸し暑く冬は乾いて寒い。詩人ラングストン・ヒューズは少年期をここで過ごし、一九三〇年出版の最初の小説『笑いなきにあらず』は、竜巻とともに育った経験に基づいていた。

私は一九六〇年の夏に生まれた。チャビー・チェッカーの「ザ・ツイスト」というダンスがどのラジオ放送局でも流れ、米国の生活はバラ色で明るいように見えた。当時、一九六〇年代が大きな騒乱に見舞われ、私たちの偉大な国が崩壊するとは誰も思わなかった。レイチェル・カーソンの『沈黙の春』は一九六二年八月に出版されて、化学産業に警告を発し、環境運動のきっかけを作った。オハイオ州クリーブランド市のキュヤホガ川は、一九六九年に炎に包まれた。百聞は一見にしかずで、劇的な写真が全米のトップ記事となった。水がなぜ炎に包まれたのか。『タイム』誌によれば、川が産業廃棄物と下水で、「流れるというよりどろどろした」状態だった。その光景は、環境運動が必要であると知らせてくれた。「きれいな水法」が施行され、連邦レベルと州レベルで環境保護庁（局）が設立された。

私の幼い頃、父は水の歌を歌ってくれた。時々、小川で遊びながら即興で作曲してくれた。「あのかわいらしく小川を流れる水、当たり前と思ってはいけない、もう見られなくなるかもしれない」。

父はカンザス大学のアメフト部のスター選手だった。第二次世界大戦では国内で米国海軍航空隊に所属し、その後長年テキサコ社と運輸省の技術者として働いた。彼は家族を愛する本物の勤勉な米国人だった。両親の結婚は六五年続いた。これは愛の証だろう！　二人は私に粘り強さと熱心さをつけてくれた。母はジャーナリズムと社会学専攻で、それも私の根掘り葉掘り首を突っ込む習性を養ってくれた。

父は生前、娘の私が生きている間に、水は石油や金よりも価値のある商品になると予言していた。私は父が正しかったと信じるし、その時が来たのだと思う。

父には優れた直感力があった。いつも私のそばにいて、知恵を授けてくれるような父親だった。その彼は、「私があなたを救えなくなっても、あなたは自分自身を救えると覚えておきなさい」と言っていた。

両親は、四人兄弟の末っ子の私を子供扱いしなかった。甘やかすことなく、「何かをする方法はひとつではない。うまくいかなければ、別の方法を探せばいい」と言いながら、欲しいもののために戦うことを教えてくれた。そういう両親に一生感謝している。勉強が好きだったのに、学校では苦労した。あとになって、文字認識に問題がある難読症と診断された。

高校時代の担任キャシー・ボーセフ先生は、私が授業ですべて答えられるのに、試験は落第することを知っていた。ある日、先生は実験的に、授業後に口頭で私に試験を受けさせた。結果はA+だった。この実験が私の人生を変えたのだった。当時、専門家ですら難読症はほとんど知らなかった。私は成績不良で、学習速度が遅いと言われるのが嫌だった。難読症の人は通常、高いIQを持ちながら、誤解されている。考え方や学び方が違うのだ。ありがたいことに、両親は私が自尊心を失わないように守ってくれた。自分を遅いと見なすな、と常に言い聞かせてくれた。私はそのことに感謝している。

学校から戻ると、その日のハードルの高さにイライラすることが多かったが、ある日、母が「エリン、あなたには"stick-to-itiveness"（粘り強さ）が必要よ」と言った。私はそれが本当の言葉だとは思わず、目を丸くした。しかし、数分後、母がウェブスターの辞書を見せてくれた時、私は衝撃を受けた。その定義は、「断固とした態度で貫く性質、義務や頑固さから生まれる執拗な粘り強さ」というものだった。

なんとすばらしい言葉だ。私はこの概念に魅了され、希望が湧いた。困難があっても、自分の人生の夢をあきらめるなということだ。最初の頃のたいへんさが、今の私を形成したと言っても過言ではない。もしかしたら、あなたの現在の課題が、あなたを強くしているかもしれない。

私は今でもこの言葉を、困難な状況にあってもあきらめるなという戒めとして使っている。私の仕事ぶりを知っている人にはわかると思う。私は簡単にはあきらめられないのだ。粘り強さは生まれつきのスキルではなく、自分で培うところが気に入っている。育てていくものなのだ。つまずいても、やり遂げる力は誰でも身につけられる。実際、難読症のおかげで、私は逆算して考えられるようになった。水質汚染を調査し、汚染のレベルを見てから、過去にさかのぼる。現在の汚染度が高いのなら、五年前、一〇年前、二五年前はどうだったのか。少し時間を遡ると、当時の汚染レベルに驚くことになる。

両親からの常識的なスキルは、私を救ってくれ、今も私の仕事に影響し続けている。この本では、そのような常識を皆さんと共有したい。

2016年、米国最古の議会事務棟キャノン・ハウス・オフィス・ビルのトイレにて（ワシントンD.C.）［訳注：「飲んではいけません」と表示されている］

水があまりにも有害になったため、多くの町で、水を煮沸するよう緊急勧告が何度も出て、住民にミネラルウォーターのボトルが届いている。この本のための調査を始めた二〇一六年には、何と米国議会の議員たちも、鉛が安全な濃度を超えたために首都ワシントンD.C.で水道を使えなかった。

これに対して、飲料水問題で有名なミシガン州フリント市のダン・キルディー下院議員は、声明の中で

「すべての米国人は、安全な飲料水を利用する権利がある。米国は世界で最も裕福で豊かな国なので、市民に安全な飲料水を提供できるはずだ」と発言した。

カリフォルニア州選出の米国上院議員であるカマラ・ハリス氏〔訳注：現副大統領〕は、「何度も言ってきたが、もう一度言う。すべての人はきれいな水を飲む基本的な権利がある。政府は、すでに何百万人もの米国人の水道水に影響を与えている化学物質から、市民を守る措置をとるべきだ」とツイートしている。このツイートは、今まさに何百万人もの米国人の水道水を汚染している二つの有害な有機フッ素化合物、PFOAとPFOSについて、環境保護庁がいまだに飲料水の規制値を設定していないというニュースに関するコメントだった。これは本書で掘り下げて紹介する。この化学物質とガンやその他の重大な健康問題との関連が科学的に明らかなのに、規制されずに使われていることも知ってほしい。

2013年以来ミシガン州第五下院選挙区の代表ダン・キルディーとともに。キルディーは生まれも育ちもミシガン州フリントで、現在もフリントに住む。

毒入りの水が大きな問題ではないかのように、過去六年間（二〇一三年〜二〇一九年）は記録的な猛暑だ。気候が変化し、干ばつ、洪水、巨大な嵐、氷河の融解、海面の上昇などが起こるにつれ、水の供給・インフラ・経済に大きな負担がかかる。

私は長年にわたり、とても簡単な考え方を伝えてきた。スーパーマンは来ない。もし、あなたが水をきれいにしてもらいたいと助けを待っているのなら、私はここで言いたい。誰も助けには来てくれない。私たちはきれいな水がなければ生きていけないのに、その最も貴重な資源が手に入らなくなっているのだ。水がなければ、私たちはすぐ試合終了だ。今こそ、自分で自分を助けなければならないのである。

私たちは今、想像を絶する水の危機に直面している。農工業の有害廃棄物による汚染はいたるところにある。現在、出回っている化学物質四万種類以上のうち、規制されているのは数百種類だけだ[1]。何年も前から、産業廃棄物が地面や水源に捨てられている。有害物質を投棄する企業は、それが有害であることを昔から知っていた。政府も知っている。この問題は、貧富の差、肌の色、共和党・民主党を問わず、すべての人に影響する。大都市住民も市町村民も、安全だと思っているが、実際には安全ではないのだ。

水道システムはそれぞれ固有の問題があるが、この本で触れる有害化学物質には、防錆剤の六価クロム、テフロン製造に使うＰＦＯＡやスコッチガードの原材料のＰＦＯＳを含むＰＦＡＳ（有機フッ素化合物）、ドライクリーニングと冷蔵庫に使うトリクロロエチレン、鉛、フラッキングの化学物質、水道水消毒用のクロラミンなどがある。大半のものは飲料水に入っていてもわからない。六価クロムは高濃度で水道水が緑色になる。クロラミンも高濃度で臭気が出る。血液検査と同じく、水道水の検査は化学物質ごとに検査が必要だ。この化学物質を検査してほしいと言わなければ、検査はできない。同じように、汚染物質名がわからなければ、水道水の浄化もできない。これらの有害化学物質は摂取すると取り返しのつかない健康被害につながる。全米の地域住民が影響を被っている。この本では、何千もの中からいくつか紹介したい。前進したものも現在進行中のものもあるが、多くは成果が出ていない。

さて、私はあなたの考えていることが想像できる。「エリン、環境保護庁はどうしたのか。企業に是正させる政府規制当局はどうしたのか。専門家が対処しているのではないのか。」

その質問に対する短い答えは「ノー」だ。

汚染問題は、ごく小さな虚偽が長年積もり積もって重大な問題に発展する。調査の予算は限られ、汚職がまかり通り、公務員は不始末を隠す。問題があまりに深刻なので、市民は見当違いをするか対応しきれないでいる。上院議員や医師が、途方に暮れて私に電話してくる。

でもがっかりしないで、持ち前の「こだわり」(stick-to-itiveness)を発揮して読み続けてほしい。これはみんなの問題だ。一人では解決できない。上院議員も地域住民も社長も母親も父親も、一人では何もできない。協力する必要がある。

私の名前のついた映画でも、チームで四六時中活動した。私は各戸を回って、心配して適切な質問をする住民たちと話し合った。住民集会も開いた。カリフォルニア州の最高の弁護士や研究者や学者と力を合わせた。女性一人の一人芝居ではなかった。いっしょにやったのだ。

長年町を回って市民と話していて気づいたのは、許可待ちの姿勢だ。行動して良いと言われるのを待っているのだ。エンパワーメントは、正しいと感じる(あるいはわかっている)ことを行動に移すことである。しかし時として行き詰まる。行動するのを怖がるのも——あなたは信用しないかもしれないが——私にはよくわかる。声を上げたり誰かを遮って発言したりするのは簡単ではない。少女・少年だった時から、夕食時に席を外すのであれ授業中トイレに行くのであれ、許可を求めるのに慣れている。大人になると、家を増築するのに許可が要る、遠足に行かせるのに保護者の許可を出す。だから、水問題で行動するにも許可が必要と思いがちだ。会社でも休暇には許可が必要だ。何も言わずに休むことはないだろう。電話する代わりにメールするのもそうだ。だから、市議会で質問するなんてとてもできないと思ってしまうのだ。私はすべての解答を知っているわけではない。水の専門家でもない。他の人は水道水についてどう思っているのか。本当に問題なのか、私が過剰反応しているだけか。みんなこのような疑問や質問があるだろう。結局、探し求めている許可とはサポートのことだ。行動したら何か成果が得られるかどうか、皆に嫌がられないか、知りたいだけなのだ。

この本をあなたの許可証にしてほしい。質問はしていい。水問題の専門家が有資格者か確認しよう。この問題のフェイスブック・グループを立ち上げよう。健康や家族のことや自分の人生に関わることだからはっきり言っていい。世界中で、今までになく我々全員の協力が必要なのだ。

皆さんには、コミュニティ健康手帳（www.communityhealthbook.com）という全米初の自己申告登録システムに参加してほしい。市民の協力で情報収集するこの地図は、インターネットで集めた募金で設立されたもので、私が後世に残したい企画である。個人や地域グループがこれを使って、健康問題（最も多いのはガン）や市町村の環境問題を地域や健康に関するテーマごとに報告し合ったり、検討したりできる。このサイトは、地方自治体や州、連邦政府が公にできなかったり、伏せたりする問題を扱うとともに、情報交換できなかった人々のデータを共有でき、特定地域の病人クラスターと環境悪化とをつなぐ。知り合いが病気で苦しんでいたら、ぜひ登録してほしい。これは第三章で詳しく説明したい。

きれいな水を飲む権利を守るには、博士号や科学の学位は不要で、政治家や弁護士である必要もない。私は、あなたの家族やコミュニティを守る活動方法を順番に説明したい。私たちには、現在の法律をより良く実施し、新たな法律を制定し、誰もが安全に水を飲めるようになるまで、役所と闘う力がある。

『スーパーマンは来ない——米国の水汚染と私たちにできること』◉目次

第5章　有害物質のトップ……97

第二部　希望に満ちた未来のために……131

第三部　最後の呼びかけ…… 319

第一部
恐ろしい真実

今日、自然に対する人間の態度が決定的に重要な意味を持っているのは、人間が自然を変え、破壊する運命的な力を手に入れたからである。しかし、人間は自然の一部であり、自然との戦いは必然的に自分自身との戦いでもある……。私たちは、自然ではなく自分自身の成熟度と支配力を証明するという、これまでに人類がさらされたことのないような課題に直面している。

——レイチェル・カーソン（作家、自然保護主義者）、乳ガンで亡くなる前年の一九六三年

第1章　どうやってここまで来てしまったのか

一つはっきりさせておきたい。私はトラブルメーカーではなく、活動家である。二〇年以上も全国のコミュニティに顔を出しているのは、その町に住む人々が招待してくれるからである。毎日、何百通ものメールが届くが、その内容は二つの小さな言葉に集約される。〝HELP〟と〝ME〟の二語だ。

この国（そして世界）の人々は恐れている。自分たちの水に何が起きているのか、不安を抱いている。色が変わった、ひどい臭いがする、動物の様子がおかしい。子供たちは健康上の奇妙な症状に悩まされている。同じ通りに住む一四人の子供がガンにかかっている、近所の複数の大人が同じ種類の珍しい腫瘍を発症しているなど、ガンに関するメールをたくさん受け取る。フェイスブックで再会した人たちは、同じ高校の何十人もの同級生が皆、ガンにかかっていることを知ったが、誰に相談したらいいのか。しかし、オスカー賞女優が主演した私の名前を冠した映画のおかげで、人々は私に手紙を書くようになった。私を信頼してくれる。カンザス出身の口の悪い、ミニスカートの金髪女を信頼しているのだ。

困った人々は、他の窓口を試した。地元の議員、環境保護庁、米国天然資源省、米国疾病対策センター、水道局に連絡したが、官僚主義に埋もれ、故意に放置された。だから、私に助けを求めてくるのだ。

ありがたいことに、私にはボブ・ボウコックという、水質調査の頼もしいパートナーがいる。ボブは水処理の専門家で、一九八五年からカリフォルニア州の最高レベルであるグレードVの水処理オペレーターの資格を所持しているが、これは州内に二〇〇人もいない大変重要な専門的資格である。彼はメーターを読む仕事から始めて、水処理オペレーターとして経験を積んできた。南カリフォルニアの公益事業地区をいくつか管理した後、アメリカ陸軍の民政担当責任者として、東南アジアや南米の政府のために水処理・配水システムの設計・建設に携わった。現在はコンサルティング会社を経営し、水関連の実践的な提案をしている。水や廃水の移送、処理、処分の新技術、そして環境基準の遵守や環境修復の専門家である。

ボブと私は、映画が公開された直後に法廷で出会った。彼が弁護士なのか、内部告発者なのか、それともストーカーなのかはわからなかったが、彼の資格を知って一緒に仕事をし始めた。彼は良い友人であり、手紙をくれた市町村に最初に行ってもらう人物でもある。彼は町に着くと処理施設を見学し、問題解決に何が必要か具体的なレポートを書き、地元の役人や水道事業者、地域住民と一緒に解決策を考える。

二〇一七年三月、ボブと私は、きれいな水を求める連合体を作って闘うミズーリ州コロンビアの二人の女性、ジュリーとマリーに助言していた。一九九五年以来、コロンビアでは、井戸から飲料水を汲み上げる場所のすぐそばに下水を捨てている。この二人は、自分自身と子供の健康問題に取り組んでいた。

彼女らが話してくれたのは、小さな挫折のことだった。地元のラジオ局が一時間かけて水問題を扱ったが、彼女らは何も発言させてもらえなかった。番組に呼ばれなかったばかりか、電話で話すことすら許されなかったのだ。彼女らの悔しさは私もよくわかっていた。私が幾度となく仕事で直面してきたことでもあったからだ。

36 年以上の経験を持ち、地域社会の水質向上に貢献してきたエリンの水アドバイザー、ボブ・ボウコックが市民集会で話す。

私は長いこと、水についてコメントする権利はないと言われ続けてきた。私は科学者でも医者でも弁護士でもないし、自分の主張を裏付ける研究もしていない。専門家がチェックした学術論文を書いたことがないのに、どうやって水についてコメントできるのか、と批判されてきた。批判する人たちへ言い返しなさい、と私が言う時の決まり文句は、「私に科学はないかもしれないが、あなたにもありませんよ」というものである。

むしろ、きちんと専門家のチェックを受けた研究がないのに、どうして水が安全だと断言できるのか。これは、今日の米国の大きな問題である。

驚くべきことに、ほとんどの人は何が起こっているのか知らない。法律は機能せず、汚染者は処罰されずにゴミを捨て続けている。今こそ、私たちがどのようにしてここまで来たのかを理解し、これからどうしたいのかを明確にする時なのだ。

水に関する法律と環境保護庁の誕生

一九四八年に制定された連邦水質汚染防止法は、米国の水質汚染に対処するための最初の法律だったが、一九七二年に大改訂され、現在では「きれいな水法」と呼ばれている[1]。米国の飲料水の質が低下していることを警告する報道やテレビ番組が放映される中、一九七四年一二月一六日にフォード大統領がニクソン前大統領の提案した法律に署名した。一九七五年、環境保護庁が記者会見で発表した内容を紹介しよう。

ニューオーリンズやピッツバーグの飲料水からは、発ガン性のある化学物質が微量ながら検出されている。ボストンでは水道管の鉛が水道水から検出された。飲料水のウイルスや細菌による汚染は、処理施設が古く、最新の技術が利用できない小規模な田舎町で、しばしば病気を蔓延させてきた。

その他の都市や町でも、悪臭やいやな味で水が飲めない。米国の飲料水の質は、他の国と比べて十分に優れているが、水道事業者、政府、市民の誰もが、飲料水を守るために、より良い仕事をしなければならないと考えている[2]。

これはなんと一九七五年のことだった。環境保護庁が正式に設立されたのは、共和党のニクソン大統領の時代であり、実際、彼が一九七〇年に行った一般教書演説では、今だったらリベラルな環境保護主義者のような発言をしている。

我々はもはや、空気や水を、結果を気にせず誰でも自由に使える共有財産と考える余裕はない。代わりに、これらを希少資源として扱うことを今から始めるべきなのだ。隣人の庭にゴミを捨てる自由がないように、環境を汚染する自由もない。

そのためには、包括的な新しい規制が必要である。また、可能な限り、商品の価格に、環境にダメージを与えずに生産・廃棄するためのコストを含めるようにしなければならない。

私たちはこれまで、周囲の環境に寛容すぎて、環境の浄化を他人任せにしてきてしまった。今こそ、社会に余分なことを要求する人たちは、自分自身も最低限の責任を果たすべきである。私たち一人一人が、毎日、自分の家、自分の所有物、都市や町の公共の場所を、自分自身と周囲の人々のために、少しでもきれいに、少しでも良く、少しでも快適にすることを決意しなければならない……。

人の助けがあれば何でもできるが、助けがなければ何もできない。この共助の精神があれば、私たちは一緒に、私たち自身と次の世代のために、この土地を取り戻すことができる。[3]

ニクソンがこのような発言をしたのは、長年にわたる広範囲で目に見える汚染の指摘を受けてのことだった。現在の政治状況では想像できないほどしっかりした超党派の支持を得て、環境保護対策を強化したのだった。彼は、NGO「環境の質に関する市民諮問委員会」とともに「環境の質委員会」を設置した。[4]同時に、米国議会は国家環境政策法案を提出した。この法律の目的は、

- 「人間と環境の生産的で楽しい調和」を促進するための国家政策を定めること

- 環境と生物圏への損害を防止または排除し、人間の健康と福祉を向上する努力を促進すること
- 生態系と天然資源に関する理解を深めること

の三つだった。[5]

この法律は、ニクソン大統領に環境問題に関する専門的なアドバイスを提供するための環境品質評議会を設立し、新たな環境影響評価（環境に大きな影響を与えるプロジェクトを計画するすべての連邦政府機関に義務付けられた）の審査を求めるものだった。その結果、人の健康と環境を守ることを目的とした新しい連邦規制機関である環境保護庁が設立された。[6] 環境保護庁には、善意の知的な科学者、エンジニア、弁護士、行政官などが何万人も集まった。

設立以来、環境保護庁は、公衆衛生に対する環境リスクを低減し、人の健康と環境の保護を目的とした連邦法の施行のために、活用可能な最高の科学を用いて活動してきた。議会が環境法を制定すると、環境保護庁は、米国のすべての企業が国の規制を遵守する方法を理解させるようにして、違反があった場合には、それをフォローアップすることで、環境法を実施してきた。

「きれいな水法」は、下水、生物・放射性廃棄物、産業・農業廃棄物などによる破壊から、小川、河川、湾などの大きな水域を守るために作られた法律である。当時も今も、私たちはこの法律を必要としている。

同法はもともとは、水質汚染を規制する強力な法律だった。水質基準を設定し、汚染防止計画を実施する権限を環境保護庁に与え、より多くの下水処理場の建設に資金を提供し、さらに肥料や農薬といった農業由来の汚染や都市からの流出物など[7]、特定個所に限らない汚染に対処する必要性を認めていた。[8] この法

律では、汚染者は海や川などの水路に投棄した有害物質を開示することが求められ、規制当局は違反者に対して罰金や懲役刑を科す権限を与えられていた。

良い法律ができても、それに従うのは難しい。何が安全かという基準を設定しなければ、何でも許されることになってしまう。一九七〇年代以降、汚染は増加の一途をたどり、法律違反も増え続けている。二〇〇四年から二〇〇九年の間に、水質浄化法に違反した件数は五〇万件を超えたが[9]、大規模な汚染者のほとんどは処罰を免れている。ご想像のとおり、救済手段はほとんどなく、違反行為は増え続けている。

しかし、法律は私たちを守るためにあるのではないか。何故違反が続くのか。

残念なことに、裁判所は何年も私たちを放置してきた。特に、二〇〇六年に出された最高裁の判決は、混乱を招くものだった。「ラパノス対米国政府」裁判において[10]、裁判所は、どの水路が連邦政府の管轄かを明確に定義できなかった。この曖昧さは何年も尾を引き、最終的には法的紛争の余地が大きくなり、汚染者は連邦政府の取締りを気にすることなく発ガン性化学物質などを投棄するようになってしまった。

二〇一五年、オバマ大統領は、環境保護庁と陸軍工兵隊の協力を得て、連邦政府が規制できる水域についての混乱を解消するために、「きれいな水規則」を決定した[11]。これにより、小川や土地など小規模で孤立した水域が連邦政府の管轄となった。しかし、この規則は、現在も進行中の訴訟のため、実際には発効していない[12]。現在のトランプ政権は、きれいな水を推進することを宣言すると同時に、「きれいな水規則」の範囲を狭めることで、規制や制限を撤回する意向を示している。二〇一七年二月、大統領は環境保護庁と陸軍工兵隊に対し、きれいな水規則を経済成長の促進と規制の最小化について書き直させる大統領令に署名した。この命令は、法律を覆すには十分ではなかった[13]。しかし、二〇一九年一〇月二二日、環境保護庁と陸軍省は、二〇一五年の「きれいな水規則」を廃止し、元の規制文書を復活させる最終規則を発表した。この記事を書いている時点で、最終規則は二〇一九年一二月二三日に発効するが[14]、環境保護団体は争うだろう。NGO「自然資源保護協議会」の連邦水政策担当部長であるジョン・ディバインは、「この根拠のない行動は違法であり、必ず法廷で争われるだろう」と述べている[15]。

「きれいな水法」は地下水の汚染を直接扱わないいため、政府は一九七四年に「飲料水安全法」も制定していた[16]。この法律は、地上および地下の水源を含む飲料用の水を対象としていて、私たちが飲んでいる水道水を管理し、その安全基準を設定する責任を環境保護庁に負わせている。また、公共水道の所有者や運営者は、この基準を遵守することが義務付けられている。一九九六年の修正案では、環境保護庁がこの基準を策定するために、詳細なリスクとコストの評価を行い、確実な科学の知識を蓄積するという方針が導入された。これは素晴らしい方法のようだが、最近明らかになったいくつかの欠点がある。

まず知ってもらいたいのは、環境保護庁が規制権限を持っている点だ。同庁は飲料水安全法に基づき汚染物質を特定し、公衆衛生を守るために飲料水の濃度を規制する権限を持ち、九〇種類以上の汚染物質について規制値を設定している[17]。

同庁は、規制対象を決定する際に、法律に基づいて三つの基準を設けている。

- 汚染物質が人々に健康上の悪影響を及ぼす可能性がある
- 汚染物質が発生している、または公共水域で公衆衛生上問題となる水準が頻繁に生じる可能性が高い
- その汚染物質を規制することで、公共水域で生活する人々の健康リスクを低減する重要な機会となる

環境保護庁が汚染物質の規制を定めた場合、公共水道会社はそれを遵守する必要がある。しかし、環境保護庁が汚染物質を規制しないことを決定した場合には、連邦政府、州政府、地方自治体の担当者のための技術的ガイダンスとして、強制力のない連邦政府の健康勧告を発表することがある。

つまり、強制力のある規制と強制力のない規制があるのだ。強制力のある規制の中にある最大汚染物質濃度は、飲料水安全法に基づき、公共水域で許容される物質の量の法的な閾値（最大限度）を示す。その濃度は、通常、水一リットルあたりのミリグラムまたはマイクログラムで表記される。これらの基準は、私たちの飲料水の品質のために環境保護庁が設定する。最大汚染物質濃度を設定するために、同庁はまず、ある汚染物質がどの程度の濃度であれば健康に悪影響を及ぼさないかを調べる。このレベルは、最大汚染物質レベル目標と呼ばれ、強制力のない目標である。最大汚染物質濃度はその目標に限りなく近い値に設定されるが、このシステムは完全ではない。時には、同庁は最大汚染物質濃度の代わりに、汚染物質を処理するための手順である「処理技術」を設定する。これには強制力があるが、後述するように完璧な規制ではない。最大汚染物質濃度も処理技術も、同庁の分類では一次基準と呼ばれている。

科学には時間がかかる。環境保護庁は利用可能な科学に基づいて基準を設定する。たとえば、ある汚染物質がガンを引き起こす可能性があるという研究結果が間もなく発表されることを知って、最大汚染物質濃度ではなく目標値や健康勧告を設定することがある。動物実験の結果は出ていても、人間実験の結果が出ていない場合、人間への影響が完全にわからないのに、基準値を設定することはできない。十分なデータがなければ、規制を設けることもできない。正しい規則や規制を作るために必要な研究は、ゆっくりとしたダンスのようなものなのである。

パーフルオロオクタン酸（ＰＦＯＡ）とパーフルオロオクタンスルホン酸（ＰＦＯＳ）は、カーペット、衣類、繊維保護剤、包装材、焦げ付き防止調理器具などに使用されている産業副生成物である。二〇〇九年、環境保護庁はＰＦＯＡとＰＦＯＳの暫定的な健康勧告を発表したが、当時の科学的根拠は「確定的ではない」であり、最大汚染物質濃度は、ＰＦＯＡが四〇〇ppt、ＰＦＯＳが二〇〇pptだった。

二〇一六年五月までに、同庁は、これらの化学物質を数週間または数カ月だけ飲むのではなく、生涯にわたる摂取を想定した基準に基づいて、水道水の「安全レベル」を大幅に引き下げた。ＰＦＯＡとＰＦＯＳの新しい健康勧告値は二物質の合計で七〇pptである。この新基準により、多くの市町村でたちまち水の汚染危機が発生した。ＰＦＯＡは一四市町村、ＰＦＯＳは四〇市町村で基準値を超えていた［訳補注：二〇二二年六月、環境保護庁はＰＦＯＡ〇・〇〇四ppt、ＰＦＯＳ〇・〇二pptという厳しい水道水の暫定基準を公表した］。

この勧告は、ウェストバージニア州にあるデュポン社のテフロン工場付近の飲料水にＰＦＯＡが混入していると当局が警告してから何年も経ってから出されたもので、さらに多くの地域が該当している。新たな勧告まで、住民はこの高レベルの汚染に何年もさらされているが、未だに強制力のある勧告ではない。

これらの物質の製造企業は、何十年も前からその健康への影響を知っていたという情報が次々と明らかになった。二〇一〇年、ミネソタ州司法長官と同州天然資源局は、メイプルウッドに本社を置く３Ｍ社に対し、環境への損害賠償を求める五〇億ドルの訴訟を起こした。この訴訟で原告団は、３Ｍ社がＰＦＯＳとＰＦＯＡを近隣の地下水に放出し、二〇〇四年にはレイク・エルモ、オークデール、ウッドベリー、コテージグローブの住民六万七〇〇〇人の飲料水から化学物質が検出されたと主張した。３Ｍ社は、人間への健康影響は証明されていないと反論したが[18]、訴訟で公開された文書によると、3M社の研究者はこれらの化学物質が魚に生体蓄積性［体内に蓄積］があることも、有毒であることも知っていた[19]。3Mは二〇一八年に八億五〇〇〇万ドルで和解したが、その後、ミネソタ州の司法長官事務所は、研究、メモ、電子メール、研究報告書など多くの内部文書を公開し、3M社がこれらの化学物質が実際に人と環境の両方に害を及ぼすことも知っていたことを明らかにしたのだった。

有害物質・疾病登録局は、二〇一八年六月に、これらの化学物質への暴露の実態、および、これらの化学物質の健康リスクに関する報告書案を発表した。これらの化学物質は、環境保護庁が二〇一六年の健康勧告で安全と判断したレベル未満でも、乳幼児や授乳中の母親など影響を受けやすい人々に特にダメージを与えていることが明らかになった[20]。

多数あるPFAS（有機フッ素化合物）群のうちPFOAだけ見ても、ほぼすべての米国人の血液を汚染している。子宮の中で母親から胎児へと受け継がれることもある[21]。体内に蓄積されるPFOAは、少量であっても、腎臓・精巣ガン、先天性異常、免疫系の損傷、心臓や甲状腺の病気、妊娠中の合併症、その他の深刻な症状との関連が研究で明らかになっている。

これは一例だ。法律や規制当局は私たちを守るためのもののはずだが、実態は泥沼状態にある。きれいで安全な飲料水を求めるのは、本当に無理なのだろうか。法律が科学に追いつく方法を見つけなければならない。そのためには、予算や専門職員を増やして、多くの化学物質の使用を抑制するべきだ。しかし、汚染企業自ら汚染を浄化し、始めから問題を起こさなければ、これほど多くの規制は必要ないのだ。

もうひとつ質問がある。この国の鉛の基準値を知っているだろうか。

鉛は神経系の毒物で、環境保護庁によると、安全な暴露レベルはない。飲料水に含まれる鉛は、腹痛から脳への後遺症まで、あらゆる症状を引き起こす。

この質問は実はひっかけ問題である。鉛について最大汚染物質基準値はない。これも大きな問題だ。あるのは「鉛・銅規則」という名のＴＴ（処理技術）規則だけである。[22]

ミシガン州フリントでは、二年間鉛が水道水に溶け出していたが、規制当局は「問題ない」と言い続けた。デイン・ウォーリング元フリント市長は、当時、地元のテレビ番組で、汚染水を飲んで住民を安心させるようなことまでした。二〇一九年初頭以降、フリントの水道水汚染で、州および市職員一三人が刑事告発され、懲役四〇年以上の刑になる者がいる一方、さらなる告発もあり得る事態になっている。[23]

銃乱射事件で学校の安全性が大きな問題となる中で、学校の水から次々と有害レベルの鉛が検出されている。二〇一七年四月には、ニューヨーク市の八〇％以上の学校で鉛濃度が上昇したが、二〇一六年に市が検査前夜に水を流しっぱなしにしていたことが専門家によって明らかになり、検査手順が批判された。このやり方はフラッシングと呼ばれて、水の汚染データが実際より低く出る。[24] この汚染水問題はあまりにも深刻化したので、カリフォルニア州などでは、すべての学区や大学の飲料水の鉛検査義務化法案を提出している。これは正しい一歩だが、その「処理技術」について、私はまだ気になっている。

この法案を作成したロリーナ・ゴンザレス・フレッチャー議員（サンディエゴ選出）は、地元のラジオ局に対し、「ミシガン州フリントの鉛危機で、目が覚めた。これまで私たちは黙認してきた」と言った。[25]

その通りだ、ロリーナ！　今こそ現実を直視し、役人に責任を取らせる時なのだ。

この法案は、鉛汚染が発見された場合、学校は飲料水を遮断し、職員や保護者に汚染について知らせることを義務付ける。これまでずっと検査をしていなかったことや、政府や業界の職員が検査のために設定された基準をごまかしていたことを人々は知っているのだろうか。子どもたちの血液中に低濃度でも鉛が含まれていたら、IQの低下や多動症などの取り返しのつかない損傷を与える可能性がある。

人間をではなく産業を保護する法律の例をもうひとつ紹介したい。悪名高い「ハリバートンの抜け道」を含む二〇〇五年のエネルギー政策法は、フラッキングの混乱の原因となっている。よく知られたこの水圧破砕は、石油・ガス会社が使用する高度な採掘方法で、岩を砕いてガスを放出するために、何百万ガロンもの水、砂、化学薬品を必要とする。この法律では、水圧破砕法を行う企業が、地中に注入する有毒な化学物質溶液の内容を隠すことができる。ハリバートン法の抜け道のおかげで、水圧破砕液は法律で保護されているので、医師は、患者がさらされた化学物質のデータにアクセスできないのである。

なぜこのような法律ができたのか。そう、お金が大きな要因だ。企業は自社利益を第一に考え、ロビイストを雇い、後述するように、自分たちがやりたいことを実現するために科学に小細工するのだ。

何百万人もの米国人が水圧破砕井戸から一マイル以内に住んでおり、水圧破砕や天然ガス処理施設、貯蔵施設からの有害化学物質が、近くで生活し仕事している人々の体内に高濃度で蓄積しているとする研究結果が出ている。この抜け道法を書いた人たちはどうやって熟睡できるのか、ぜひ教えてほしい。

拡大する健康危機

米国が超巨大工業国になる裏で、一般市民が、最も基本的な人権である健康を密かに奪われてきたことは本当にひどい話だ。巨大企業や政府機関は自己利益のために、的はずれなことをしたり、重大なミスを犯したり、意図的に水を汚染したりする。当然の結果として、何百万人もの人々が病気になっている。

私が出席する水に関する地域集会は、その地域の健康危機についての集会だが、これではいけない。

私が会合に招かれるのは、私の名前が「希望」の代名詞になっているからだ。闘いの象徴になっている。私は映画の後も活動をやめたわけでは全くない。ある町の人々のために闘ったことで有名になったが、その闘いは今も続いている。あの映画で描かれた問題は、悪化する一方なのである。

これは私の話ではなく、皆の話なのだ。

真実を知ったら、あとはそれに対して何をするかということになる。

この本は、真実を伝えることに特化した本である。そして悲しいことに、それは汚い真実なのだ。蛇口からきれいな水をグラスに入れるという簡単な行為も、今や当たり前のことではなくなってしまった。

私は、米国で起きている問題を明らかにし、自然治癒しないこれらの問題を知ってもらい、皆さんの町の水汚染の対処法を紹介したい。

信じられないことに、米国人は一日に平均一〇〇ガロン［約三八〇リッター］の水を飲食や風呂に使う。[26]

私たちは、大量のきれいな水が必要なのだ。

しかし、何年も前から、国内で行われている検査や報告書によれば、飲料水は私たちが望むほど安全でも健全でもない。水処理システムは時代遅れで、水道水は高濃度のヒ素、鉛、バクテリアを含み、規制法に違反している。産業界の野放しの汚染とインフラ不備が相まって、深刻な被害が発生している。厄介なのは、汚染がひどいと、浄化に必要な化学物質も増えることだ。

米国内の水道水処理施設では、浄化方法を驚くほどの速さで変更している。多くの施設では、一〇〇年以上前からの使ってきた塩素から、塩素とアンモニアの混合物であるクロラミンへ切り替えている。試算では、米国人の五人に一人が、クロラミンで消毒された水を飲んでいる[27]。

切り替えの主な理由は、細菌汚染を減らすことである。しかし、クロラミンは文字通り最も安価な選択肢である反面、水の味や臭いをあまり改善できない。塩素は比較的早く空気中に蒸発するが、クロラミンは安定しているため、水道管の中に長く残存する。研究では、クロラミンは水の化学変化により、水道インフラを劣化させ、鉛管や鉛製の部品から、鉛その他の重金属が溶け出し、蛇口やシャワーヘッドから出てくることになる。お金のない自治体は、古いパイプの修理やシステムの更新にお金をかけずに、手っ取り早くアンモニアなどの化学物質を加えるが、これでは問題が大きくなるばかりなのだ。

水道水中の汚染物質は、病気や健康問題、特にガンと関連していることがわかっている。

ここで、いくつかの数字を紹介したい。

- 一七三万五三五〇　二〇一八年に米国で新たに診断されたガンの推定症例数[28]
- 米国の一五〇〇万世帯（四五〇〇万人）は自家用井戸水を飲んでいるが、井戸は環境保護庁の規制の対象となっていない。井戸水に汚染物質が含まれていると、消化器系・生殖器系・神経系の病気など健康問題を引き起こす可能性がある[29]
- 米国では、子どもたちの半数が慢性的な健康問題を抱えている。半数だ。健康問題がすべて水由来ではないが、確実に影響している

・レジオネラ菌の発生件数は、過去一五年間で四倍になった。レジオネラ菌は、湖や川などの淡水に自然に存在する細菌の一種だが、シャワーや蛇口、配管システムなどの飲料水システムでも広く発生している。二〇一六年には、約五〇〇〇人の市民がレジオネラ重症肺炎と診断された。この病気は、シャワーで細菌に汚染された水の飛沫を吸うことで発症する[30]

私は現在、何百ものコミュニティと協力しているが（さらに数千のコミュニティから報告がある）、これらの数字は問題のほんの一部にすぎない。

自分には参加できないとか、自分はリーダーではないと思っている人には、よい知らせがある。私たちは皆、リーダーなのだ。傍観している余裕はない。一人残らず誰もがリーダーなのだ。あなたも、あなたの子ども孫も隣人も、今こそ、より良い世界を次世代に託さなければならない。

次の質問のどれかに「はい」と答えられる人は、市民をリードするために必要な資質を持っている。それはとても簡単なことである。

今朝起きて、朝食を作れたか

子供を学校に送れたか

仕事の打ち合わせや友人の誕生日パーティーの準備ができたか

今日、私たちの問題は、一人の人間にとっては、たとえ私であっても荷が重すぎる。あなたの助けが必要なのだ。私は、自分の孫や皆のために遺産を残したい。私たちの力で水質を改善するか、あるいは孫たちに一口も飲めない汚染水の世界を残すか。

これは米国の皆へのモーニングコールだ。あなたは行動する準備ができているか。

聖火を渡す

二〇〇二年のソルトレークシティーの聖火リレーで、オリンピックの炎をカリフォルニア州のパサデナ聖火ランナーとして運ぶ名誉を得たとき、私は恐怖心でいっぱいだった。誰からも指示を受けていなかったので、「私はここで何をしているのだろう」と思った。しかし、前の人から聖火を渡されたとき、私は自信を持って飛び出した。何をすればいいのか、すぐにわかった。自分の町できれいな水を求めて活動している地域住民と会うたびに、私は同じことを目にする。私がいくつか質問し、提案すると、彼らは自分たちの変革のアイデアを持って走り出す。自分たちのコミュニティで何が一番役立つかを

2002年冬季オリンピックの聖火リレーは、米国内を65日間かけて周りユタ州ソルトレイクシティの開会式に運ばれた。エリンは1月16日にカリフォルニア州パサデナで聖火を運んだ。

知っているのだ。

私は今、あなたに同じことをしてほしいと思っている。この本は、あなたが参加するための招待状だと思ってほしい。私の方法を知り、基本を身につければ、自分自身を救うために必要なものはすべて手に入る。あなたの中のヒーローを目覚めさせるのは、今だ。最終的にこの日を救うのは、私たち市民なのである。

【コラム】単位を理解する

この本を通じて、ppm、ppb、pptといった単位を使う。これらは水に含まれる微量の物質を表す時によく使われる単位で、濃度を表す。たとえば、一ppmとは、一〇〇万ccの水に一ccの化学物質が含まれるという意味である。科学者はこの単位を使って、飲料水や湖などにどれくらいの有毒化学物質が含まれるか説明する。こんなに少ない化学物質が大きなダメージを与えるのは、想像しにくいことである。

必要があれば単位は簡単に変換できる。

一ppm＝一〇〇〇ppb＝一、〇〇〇、〇〇〇ppt

【コラム】有毒物質とインパクトを定義する

この本では、有毒物質、有毒化学物質、または毒物という用語を使う。これらは相対的に微量であっても、食べたり、吸い込んだり、吸収したり、体内で暴露したりすることで、不調になったり病気になったりする物質と定義しておきたい。どんな化学物質も、条件によって有毒・有害になる。物質がどれくらい有害かは、分量、さらされ方、その人の敏感さなどで変わる。体の組成や免疫力が異なるので、同じ物質が人によってさまざまな健康問題や障害を引き起こす。有毒物質にさらされて何年も無症状の人もいれば、早く病気になってしまう人もいる。

第2章　ヒンクリーから始まり、今やいたるところに

私のすべては、カリフォルニア州南部のモハーベ砂漠の小さな町ヒンクリーから始まった。当時私は三一歳で、三人の子供を持つシングルマザーだった。今、私は五八歳で、四人の孫がいる。

一九九一年、法律事務所で事務職員として働いていた私は、六価クロムという発ガン性物質が町の水を汚染していることを知り、何年もかけて環境調査と訴訟を行った。私は誰か一人で世の中を変えられるだろうかと考えながらこのことを始めたが、やっているうちに、その人物は私自身かもしれないと確信するようになった。

二〇一六年のNGO「環境ワーキンググループ」報告書によると、米国民の約三分の二にあたる二億一八〇〇万人が、六価クロムに汚染された水道水を飲んでいる[1]。私は、激怒したと言っても大袈裟ではないほど憤慨した。ヒンクリーは、巨大な電力会社が水を汚染しても問題ないと考えていた小さな町だった。今日、同じことが全米いたる所で起きているが、どうしてそうなったのか正確に伝えたい。

まずはそのルーツに立ち返ってみよう。ヒンクリーは豊かな街ではないが、美しさがある。だからこそ人々はそこに住む。誰もが、混雑した道路やクラクションの音に囲まれた大都会に住みたいわけではない。

広々としたスペースや夜の星空を求めて、ヒンクリーのような場所に移り住むのである。そこには広大なアルファルファの畑や乳牛のいる農場があった。住むにも、子供を育てるにも、安全な場所だった。

私がヒンクリーの事件に興味を持ったのは、両親の影響があり、カンザスで育ったことも大きく影響している。中西部では、最大の宝物は銀行預金残高ではなく、水、土地、空気、健康、そして家族なのだ。

何が起きているか、まず全力で調べ上げた。勤めていた法律事務所では、当時世界最大の公益企業、パシフィック・ガス・アンド・エレクトリック（PG&E）社に家を売りたくないという女性から不動産事件を請け負っていた。私がその町を訪れ、彼女の話を聞くと、何かが起こっているのは明らかだった。

まず気がついたのは、水がライムグリーンだったことだ。「ここはもうカンザスではないんだな」と思った。あんなに緑色の水は見たことがない。頭が二つあるカエルや、水面に浮いているカエルもいた。木々は枯れていた。野生動物もいなくなっていた。動物たちが、ぐるぐる回ったり、木に頭をぶつけたりしているという奇妙な話を聞いた。牛は体中に目に見える腫瘍が何百もできていたが、これも見たことのないものだった。町の人々の話は、病気の話が中心だった。鼻血が止まらない、何度も流産する、ガンになる、などだった。この田舎町は穏やかで平和な環境であるはずなのに、何かが人々や野生動植物に影響を与えていた。私は何かおかしいと思った。

私は、その町で見たものについて考え続けた。木も動物も人も頼りにしているものは何か。それは水だった。水は命の源であるとともに命を奪うこともできる。それが私を人生の旅に向かわせたのだった。

ヒンクリーからロサンゼルスの自宅までの三時間のドライブの間、私はずっと自分が何をすべきかを考えていた。私はあまり稼いでいなかった。仕事で当時一〇歳未満だった子供たちにも会えなかった。誰もが私のことを「頭がおかしい」「毒物裁判の調査なんてお門違いだ」と思い、そう口にしていた。

しかし、私の父の小さな思いが、私を前進させてくれた。父は、欺瞞はすべての問題の根源だと教えてくれた。その後、ヒンクリーに限らず、私が取り組んできた諸問題は、子供の頃に教えられた「嘘」から始まったと実感できた。高校時代に、湖にある友人の別荘に行くために学校をサボっていたのに、父親に「学校にいる」と嘘をついたことがあった。父に嘘をついてはいけなかったのだ。それを知った父は私を一学期の間、外出禁止にした。携帯電話の使用も、デートも、放課後の社会活動も禁止され、友人と予定していたシカゴ旅行にも行けなくなった。私にそう宣告した翌日、彼は出張の飛行機に乗る前に私に手紙を書いてくれた。その中の最も重要な段落を皆と共有したい。

「昨晩、あなたが悲嘆にくれたのは分かる。私も散々な気持ちになった。しかし、今私たちは非常に基本的な原則の話をしていて、あなたはそれを理解できる年頃になった。つまり、あなた、あなたの兄弟、姉妹、母、そして私が、自由に、正直に、お互いにコミュニケーションをとり、自分が言っていること、聞いていることを信じることができなければ、私たちはすべてを失ってしまうのだ。お互いを信じることができなければ、少なくともあなたが自分の家族を持つまではこの地球上であなたが持つ最高の財産である私たちの家族の関係そのものを引き裂くことになってしまう」。

父は正しかった。今の世の中では、オープンで誠実なコミュニケーションと信頼という最も基本的な原則が失われている。銀行にいくらお金があっても、リベラル派でも保守派でも、誰も毒を盛られてはいけないし、毒は入っていないと嘘をつかれてもいけない。決してあってはならないのだ。

私はヒンクリーで自分の直感に従い、住人たちと話し続けた。私は、毒を飲めば病気になるのは当たり前だと思っていたが、私は医者でも科学者でも、弁護士でも政府職員でもない。集団訴訟の研究をしていたわけでもない。そんな私に何の仕事があるというのだろう。ある時、パシフィック・ガス・アンド・エレクトリック（PG&E）社の専門家と話をしていて、私の調査結果を話したところ、彼は「ああ、それは、このあたりではいつものことだよ」と言った。

私はそうは思わない。

教訓：自分の感覚を大切に。緑色の水や二つ頭のあるカエルは普通ではない……。自分の地域で何か変だと感じたら、他人の意見に惑わされることなく、自分の観察を信じるという最も基本的な科学的スキルを身につけること。

実際、ヒンクリーで始めたきっかけや、その時に使った道具についてよく聞かれる。その時私は三つのとても単純なキーワードを紹介している。論理（Logic）、影響力（Leverage）、忠誠心（Loyalty）だ。

三つのLを学ぶ。ロジック、レバレッジ、ロイヤルティ

ロジック（理屈、論理、常識）。これは常識のことだ。竜巻が近づいてきたら、ゆっくり天気予報を見て、嵐の強さを調べはしない。本能的に、できるだけ早く安全な場所に逃げようとするだろう。同じことが水についても言える。何か変な臭いがする？　それは良い観察力だ。私のヒンクリーでの仕事には、前例がなかったため、常識を総動員する必要があった。この手段は、皆のコミュニティでも使える。水質汚濁の通知書が郵送されてきたら、ゴミ箱に捨ててはいけない。水道水に問題があり、調査が必要であるという大きな手掛かりだ。自分の常識で、自分の周りで起きていることに注意を払ってほしい。

レバレッジ（影響力、てこの力）。それは、人を集め、コミュニティを構築することだ。デジタル化された世界では、奇妙な概念に聞こえるかもしれないが、隣人や友人に話しかけることも必要である。事実を調べ、一緒に質問してみよう。異なった視点からの意見を参考にしてみよう。恐れずに発言し、お互いに確認し合おう。人によって意見が異なることもあり、簡単ではないが、このステップが真の意味での突破口になる。市議会に一人で行くのと、一〇〇人で行くのとでは、どれだけインパクトが違うかを考えてみてほしい。一人ひとりが近所の人に声をかけたり、ソーシャルメディア（ＳＮＳ）に投稿したりすることで、簡単に影響力が大きくなる。ヒンクリーでは、町内集会を開催し、私自身も戸別訪問して多くの人に何が起きているかを話した。これは、組織化の第一歩で、人々を教育するためのものだった。

ロイヤルティ（目的に対する忠誠心）。このステップでは、あきらめずに目的を貫くことが大切だ。大義を貫くことで、どこかにたどり着くことができる。挫折にめげず、前進し続けるのだ。茶色い水を飲むことが普通ではないと覚えておき、その直感に従うのだ。自分の目的に対する忠誠心があったからこそ、私は毎晩深夜まで研究を続け、何百人もの専門家と話し、訴訟が解決するまで何年も続けられた。

原因が何であれ、環境破壊を察知するには、目と耳と鼻と少しの常識があれば十分だ。役人、規制当局者、企業の手先も、仕事をしている普通の人であり、昼ごはんの時は油断しているのである。

私は、ビジネスや産業がなくても一定の生活水準を享受できると考えるほど愚かではない。仕事や商売は必要だ。街を移動するには車が必要だし、夜、本を読むには電気が必要である。現代生活を捨てろと言っているわけではない。しかし、私たちが協力して働けるようにすることは必要である。ビジネスが人々を病気にしたり、私たちが生きる上で必要不可欠な水を汚染したりすることは許されない。それは持続可能ではない。私たちが必要としているのは、目的意識を持って行動する企業だ。そういう会社は自らの過ちを清算し、私たち全員をサポートするためにコミュニティと協力してくれる。

私たちは今、変化を起こすチャンスがある。グーグルやウーバーなど世界の大企業は、問題解決のために誕生した。グーグルの創業時の業務目標は、「世界中の情報を整理し、普遍的にアクセス可能で有用なものにする」ことだった。ウーバーは、ボタンを押すだけで車に乗れるようにしたいと考えていた。水問題の解決に取り組む人がもっと必要だ。そういう会社を作りたい起業家と、会社の中でこのような大きな問題の解決に貢献したいと感じる社員の両方が必要である。

ヒンクリーで起きたことが今世界中で起きている。私は警鐘を鳴らしたい。環境保護庁も政治家も私たちを救ってはくれない。私たちは自分自身で立ち上がる必要がある。

皆さんは自分が活動家ではない、化学物質の科学を理解しているわけでも、毒物学の学位を持っているわけでもない、家族の生活を維持し、できる限りのことをしようとしているだけなのだ、と言うかもしれない。

でも、能力を過信するように聞こえることは承知で、私は、この世界において誠実さ、敬意、および感謝の気持ちを持った、思いやりのある人間であること以外には何も必要ないと思う。それだけで、あなたは活動に参加できる。周りを見渡して何かパターンがないか気にしたり、空気の匂いを嗅いだり、時には静かにしていたりすることも必要だ。私は現場で、ただ黙っているだけで多くのことを発見する。静かにしていると自然が話しかけてくる。私は耳を傾けて聞くことにしている。

アクション・ステップ：問題を特定する

科学とは、白衣を着た人々や、アインシュタインがノートに書いた方程式だけではない。科学とは、仮説を導く観察のことである。仮説は学説になるかもしれない。自然界に疑問を投げかけその答えを探す、というまさに発見のプロセスなのだ。

科学的方法の最初のステップは、自分が観察したものに対して質問をすることだ。「誰が、何を、いつ、どこで、なぜ、どのように？」という基本的な質問から始めて、調べていけばよい。

調査する中で、私はしばしば「オッカムの剃刀」という概念を使う。これは「単純に考えよう」という意味だ。通常、最もシンプルな解決策が正しい。水の見た目や臭いがおかしい場合、おそらく水の中に何かが入っている。単純明快だ。誰かが水の中に物質を捨てていて、今になって変化に気づいたら、原因はその物質に違いない。

よい質問とは次のようなものである。

周辺地域で何か変化があったか

飲料水の供給源が変わったか

水の処理方法が変わっていないか

誰かが水に物質を流している可能性はないか

町に新しい企業ができたり、古い企業が移転したりしていないかこうした小さな変化が、水システムに大きな影響を与える。

炎天下の現地調査で、水のサンプルを集めていたとき、電力会社（PG&E社）の若手社員が近づいてきて、「あなたは医者ではない。大学の学位を持っているのか。あなたには緑の水についてコメントする権利はない」と言った。

このとき、この種の事件では脅迫が行われていることを実感した。しかし、ヒントを求めて、人々に話を聞けば聞くほど、手掛かりは増えていった。真実に近づけば近づくほど、PG&E社は私をいじめようとした。会社はあなたもいじめるかもしれない。大企業は、真実を明らかにしたくないので、あなたが小さく、悪く、間違っていると思わせようとする。私は彼を見返して、「人間になるためにそんなことまで必要だとは知らなかった」と言い返した。

私の場合、生涯を通じて難読症と向き合ってきたので、何かができないと言われると憤慨するし、目に見えるものが現実ではないと言われるのも嫌だ。私が関わってきた地域の人々も、同じような不満を感じている。いくら水は大丈夫だと言われても、大丈夫ではないとわかっているので、腹が立つのは当然である。不合理で賢明でないというレッテルは貼られたくない。そう決めつけるのは、私たちの自然な直感を狂わせるものである。直感を信じることが、自分自身を助ける最初の方法である。

あなたに何も悪いところはない。茶色い水は飲んでも大丈夫などと信じてはいけない。健康と幸福は、最も重要な基本的人権である。北米先住民の言語では、水は「命の血液」を意味する。文字通り地球上の全生命にとって必要不可欠だからだ。今日、私たちが直面する問題は、身体と環境に大きく影響する。あなたは弱すぎてこれらの課題に立ち向かえないということはない。想像しているよりもずっと強いのである。

このPG&Eの男性社員は、「権威の笠を着て」いたが、これは論理的誤謬である。要するに、資格のない人が主張することは真実であるはずがない、という屁理屈だ。権威者は、優位に立つためにこの論法を使う。しかし、優位に立っているからといって、それが真実とは限らない。むしろ逆に、この表現は、真実を隠す時によく使われる。

ヒンクリーでの仕事では、研究は順調で一層確実になっている。聖書に出てくるゴリアテのような巨大なエネルギー企業が、故意に町の水を汚染し、その不注意な行動のせいで多くの人々が病気になり、亡くなった。かつて、ヒンクリーは繁栄する農業地域だったが、現在はゴーストタウンになった。公害のせいで町から活気が失われてしまった。何年も訴訟や追跡調査が行われたが、汚染はまだ残ったままだ。[2] ヒンクリーで起こったことは、どこでも起こりうる。私は自分の名前の後に学位を表す派手な文字を付けていないが、起きていることはよくないことなので、解決する必要があると確信していた。国土安全保障省のスローガン「何か見たら言おう」に尽きる。

ヒンクリーでは、PG&E社のガスコンプレッサー拠点から地下水に六価クロムが流出した。もともとは冷却塔やパイプの錆び止めとして使用されていたもので、一九五〇年代から六〇年代にかけて、漏出防止処置をしていない溜め池に排出され、最終的には土壌に沁み込んで町の飲料水源の帯水層を汚染した。ヒンクリーの地下水からは、九〇年代に五八〇ppbという高濃度の鉛が検出された。[3] だからこそ、そこに住む人々がその影響を感じたのである。一つの化学物質、一つの企業、そして多くの過失がこれほどの被害をもたらしたと思うと、とても悲しい。その浄化には、少なくとも一五〇年はかかると言われている。[4]

ＰＧ&Ｅ社に対する集団訴訟は一九九三年に提起された。原告は、ＰＧ&Ｅ社自身も、有害な化学物質（特に生産工程で使用される六価クロム）が地下水に浸透し、水道水を汚染していることを知っていたと述べている。最終的に、この訴訟は史上最大の医療和解訴訟となり、その結果私の人生はまったく新しい軌道に乗った。私は六五〇人以上の原告を支援した。ヒンクリーの直後には、カリフォルニア州の近隣の町でも六価クロムに関する同様の問題が見つかった。健康被害により、さらに多くの人々の生活に大打撃を与えた。二〇〇六年、ＰＧ&Ｅ社は六価クロムの汚染水に関する一連の訴訟を解決するために、さらに三億三五〇〇万ドルを支払った。[5]これはキングズ郡、リバーサイド郡、サンバーナーディーノ郡の約一一〇〇人に影響を与えた。

仕事を通じて、六価クロムがいたるところで使われていることがわかった。六価クロムは、ロッキード・マーティンやボーイングなどの巨大企業が全米でごく普通に使用していて、[6]全米の石炭灰廃棄場周辺の水源にも浸透していた。[7]実際、一九九〇年代まで米国では、冷却塔の腐食防止剤として六価クロムが最も多く使用されていた。学校、病院、裁判所、食品加工工場、冷蔵倉庫など、あらゆる場所で何百万ガロンもの有毒化学物質が使用された。冷却塔は大量の六価クロムで満たされ、ミネラルで濁り始めた塔内の水は排水システムから溜池に流された。この溜池は、排水を土中に浸透させて「処理」する設計だったが、悲しいことに、汚染物質はそのまま飲料水に流れ込んでしまった。この化学物質が漏れている地域では、水が黄緑色に変わるのですぐに分かる。

私は何年もの間、一人の女性と一つのコミュニティがこの問題を明るみに出したことで、ＰＧ&Ｅ社がなぜこれほど怒るのか理解できなかった。しかし、この危険な化学物質はどこにでもあるので、今後もより深刻な波及効果が出るだろう。ヒンクリー以外でも、この化学物質がガンその他の健康問題を引き起こすことを科学的に証明できるかが問題となった。産業界の関係者は、この心配は大袈裟であり、規制は必要ないと言い張った。そう押し通さなければ被害を賠償しなければならなくなるからだ。彼らは、公衆衛生よりも利益を優先している。皮肉なことに、PG&E社のような企業は、引き起こしたひどい状態を収拾する資源、技術、人材を持っているのに、飲料水に関する消費者の権利を守ろうとする人々に対して、嘘をつき、不正を行い、訴訟を起こし、脅迫し、文書を改ざんし、あからさまないじめを行っている。

科学を悪用する

ヒンクリーの電力会社は、自分たちの悪行を隠蔽し、規制を阻むためにあらゆる手を尽くした。映画『エリン・ブロコビッチ』で六価クロムの危険性が指摘されたとき、同社は好意的ではなかった。広報担当者は映画の影響を抑えようとして、「あの映画はドラマ化された娯楽作品だというのが当社の見方である」と述べ[8]、従業員宛ての内部メモで、「『実話に基づいている』からと言って、映画のすべてが真実であるとは限らない」と説明した[9]。メディアが映画に注目してクロム規制が厳しくなるのを恐れて、同社は独自の行動計画を作成し、人気はあるが作り話である映画が世論に影響しないように画策したのだった。

市民の健康を守るための法律や政策決定は、健全な科学に基づくが、他方、大企業は規制を回避したり延期したりするために、科学的プロセスに影響を与え、自社の研究を隠すことができる。このような動きは、タバコ産業や製薬業界で何十年にもわたって見られたが、水を汚染する化学物質でも同じことが起こっている。クロムの生産者と使用者の業界団体「クロム連合」は、何年間も科学論文に潜入し、六価クロムの健康被害を最小限に見せかけるために静かに活動してきた。

「関心を持つ科学者連合」(UCS。NGOのひとつ)の記事によると、「一九九六年から二〇〇八年の間に、クロム連合の法律部門である『産業健康財団』が、(中略)、第三者に依頼したクロムの安全性に関する疫学調査や文献調査一八件のすべてが、クロムへの曝露による疾病リスクを過小評価していた」のだった。[10]

環境汚染は、発見するのも証明するのも簡単ではない。産業界を規制するのが難しいのはそのためだ。ある化学物質が健康に悪影響を及ぼすことを科学的に証明するには、何年もかかる。例えば、かつて家の断熱材としてアスベストが使われていたが、最終的に禁止されるまでには何十年もかかった。ヒンクリー訴訟の最大の困難は、六価クロムの摂取や皮膚の接触が住民に害を及ぼすかどうかを立証することだった。PG&E社は、規制問題を扱う多くの企業が利用している科学コンサルティング会社、ケムリスク社に調査を依頼した。サンフランシスコの科学者で、エクソンモービルやダウ・ケミカルなどの企業で製品防衛の実績を持つデニス・ポーステンバックが、ケムリスク社の当時の取締役社長(CEO)だった。[11] デニスは、毒物学の専門家ブレント・フィンリーとブレント・カーガーとともに、六価クロムは摂取しても皮膚に触れても人体に害を与えないことを証明する使命があった。彼らは、これまでの記録にヒトでの研究を加えるべく、独自の研究を行うことにした。

彼らは、葉巻を吸いながら、六価クロムに汚染されたバスタブに何時間もつかったあと、尿と血液を採取して分析した。[12] これは重労働だろうか。その結果、尿も血液も総クロム濃度の上昇が確認でき、化学物質が皮膚から浸透したことがわかった。しかし、その濃度は五日間の試験期間中に持続しなかったため、彼らは「測定可能な量の六価クロムが全身から取り込まれるとは考えられない」と言い、汚染水を飲んだあと検査し、同じように「経口暴露は危険ではない」と結論づけたのだった。[13]

この研究は、『毒物学と環境健康』誌に掲載されたが、科学者たちがPG&E社から報酬を得ていたことは公表されなかった。またこの研究は、査読や独自の検証を受けたものではなく、主要な科学出版物に裏口から入り込んだものだった。ケムリスク社は、ヒンクリー事故で一五〇万ドルを得た。[14] 経済協力開発機構（OECD）によると、今日、科学雑誌では研究資金の提供者が誰かはたいてい公表されるが、科学分野の研究開発費の六〇％以上は産業界、残る二〇％は大学、一〇％は政府が支出している。[15]

先日、この事件の弁護士だった友人のゲリー・プラグリンに話を聞いたところ、当時の弁護士は皆、この研究者たちを「バスタブの中の三人の男」と呼んで馬鹿にしていたと言った。彼らは、科学者たちが温かいバスタブにつかるだけで高額の報酬を得たのが信じられなかったのだ。

「彼らは真顔でその実験に臨み、六価クロムを吸入性発ガン物質と考える人たちの方が頭がおかしいとでも言うかのように振舞った。当時六価クロムを吸入性発ガン物質と断定した研究は、一つしか出版されていなかった」とゲーリーは言っていた。この研究は、私の訴訟で重要な役割を果たした（後述）。

同じ実験に関わったケムリスクの科学者ブレント・フィンリーは、一九九六年にABC放送局のニュース番組にジャーナリストのシンシア・マクファッデンと共に出演し、緑色のクロム汚染水を飲んだ。シンシアは、「クロム水を一ガロン飲んでも、あなたが愚かであることを示すだけだ」と答えた。[16]

テレビで専門家がその水を飲んで安全だと言った「証拠」に、私たちは何度騙されれば気がすむのだろうか。ミシガン州フリントの水危機について後述するときにも、似た話が出てくる。私がいわゆる専門家

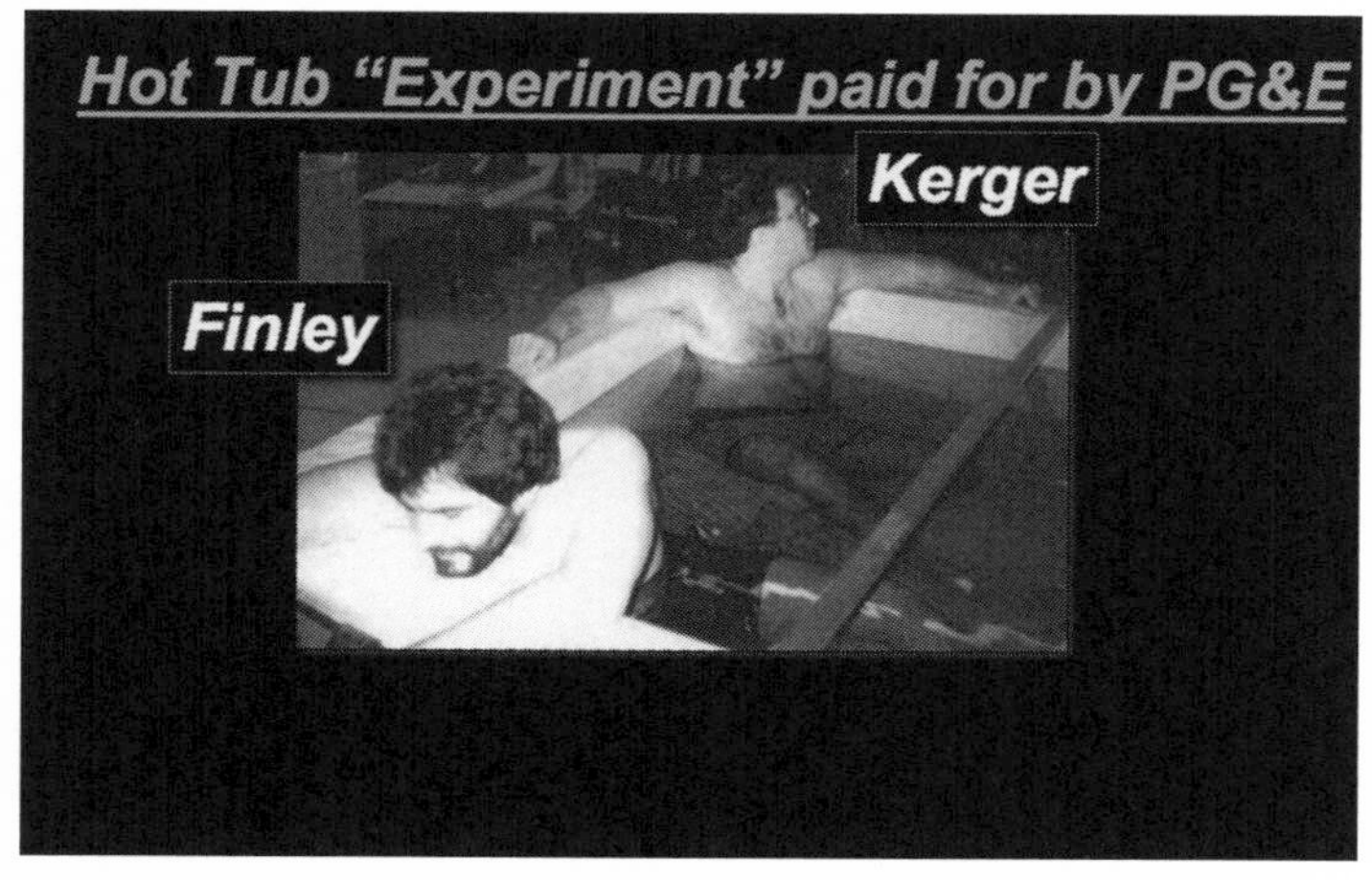

科学者たちは、六価クロムで汚染されたホットタブに３時間入って、この化学物質が人間に害を与えないことを証明しようとした。その結果は訴訟で発表されたが、ＰＧ＆Ｅ社が出資した研究だった。

の意見ではなく、自分の直感を信じるようにと言うのはこういう事情からである。

PG&E社は、ヒンクリーで敗訴した後も、六価クロムの影響を軽視した。この化学物質を水から除去し、厳しい基準を満たすことは非常に困難なので、彼らは時間と労力を割いて、浄化を不要にできる科学的根拠を探した。そのうえ同社は、六価クロムの危険性を示した唯一の研究結果をも覆そうとした。

中国東北部の農村で、近隣の村より高い確率でガン患者が発生すると指摘した張建東（チャンジャンドン）博士の一九八七年の研究を見てみよう。彼はこの地域の研究と、健康問題を抱える住民の治療に二〇年を費やした。ヒンクリー同様、この地域でも地下水に大量の六価クロム廃棄物（三〇万トン）が投棄されていた。彼はその研究で中国の国家賞を受賞し、米国の科学者がそれを英語に翻訳した。私たちは六価クロムの発ガン性の証拠として法廷でこの研究を引用した。これは、PG&E社が隠蔽していたことを正確に示した唯一の研究だった。

ところが、一九九七年、PG&E社がカリフォルニア州ケトルマン市で別の訴訟を抱えていた頃、すでに引退していた張建東博士が、ライフワークを撤回するかのように、「明確化とさらなる分析」という論文を代表執筆者として発表した。米国の著名な医学雑誌のこの論文は、農村での六価クロムと発ガン性との関連性は存在しないと主張したものだった。これは、環境保護庁をはじめとする米国の規制機関が、六価クロムを摂取しても発ガンのリスクはないとする証拠となった。

この一九九七年の研究は、発ガン率の高さは否定しないが、生活習慣やその他の環境問題などが要因だろうと強く主張するものだった。もっとも、奇妙なことに、中国語の翻訳がなく、二人の医師が英語を話せないにもかかわらず、彼と中国人の同僚だけが「最新版」報告書の著者として登場した。

もちろん、張氏はその論文を書かなかった。後の裁判資料から、この二つ目の研究は、「クロム汚染の疑いで訴えられている被告企業である電力会社の科学コンサルタントたちが考え、草稿を書き、編集し、医学雑誌に投稿した」ものと判明した。[17] このコンサルタントは、デニス・ポーステンバックが設立したケムリスク社の人たちだった。[18]『ウォールストリート・ジャーナル』紙は、同社が「ニュージャージー州でのクロム汚染の浄化費用に関して、産業界の何億ドルものコスト削減に貢献した」と報じた。

PG&E社は、過ちを認める代わりに、科学コンサルタントを雇って、この化学物質の危険性を示す唯一の証拠を探し出し、調査を実質的にうやむやにした。まるで張博士が元のデータを詳細に検討した結果、研究結果を修正したかのようにでっちあげた。[19]『職業環境医薬品』誌は、二〇〇六年にこの論文を撤回した。[20] 九年間、誤った研究が規制を遅らせ、公衆衛生を損ない、さらにメディアにまで影響を与えたのだった。

私に何度もインタビューしてくれた「フォックスビジネス」やABC放送局の「20／20」のキャスターであるジョン・ストッセルは、二〇〇四年に出版された『冗談は休み休み言え』という本の中で、「電力会社が誰かを病気にしたということは立証されなかった」と書いている。[21]「電力会社が悪者に見えたのは、企業が通常行うように法廷外で和解し、和解金約三億ドルを支払ったからである。六価クロムは高濃度で吸い込むと発ガン性があるとされているが、環境保護庁は、クロムを飲むことでガンになることを示すデータはないとしている」。

科学がどれほど重要になるかわかるだろうか。企業は潤沢な資金があり、経済的利益を守るために、科学的な疑念を生み出したり、情報を隠蔽したりするために、あらゆる手段を講じるものなのだ。

二〇一二年の「関心を持つ科学者連合」のレポートでは、企業が科学的プロセスや科学者を操作・統制する主な方法を紹介している。[22]

研究の打ち切りと抑圧

企業は、出資した研究の成果が自社の利益を脅かす可能性のある場合、その研究を終了させたり、研究結果を公開させなかったりすることで、科学情報の普及をコントロールしてきた。

科学者への威嚇・強要

企業は、科学者やその所属機関に嫌がらせをして沈黙させることで、科学情報を隠蔽してきた。科学者は、訴えるぞ、職を失ってもいいのかと脅されたり、研究費を打ち切られたり、昇進や終身雇用を拒否されたり、研究以外のポジションに異動させられたりすることを恐れて、自己規制し、研究の方向性を変えようとする。

研究デザインや研究プロトコル（研究計画書）の操作

企業は、検査や研究において、研究の方向性を限定するリサーチ・クエスチョンを設定するなど、あらかじめ決められた結果が出るよう研究内容を操作する。

科学論文のゴーストライティング（著者不在）

企業は、自社製品に関してゴーストライターに書かせた論文を投稿することで、科学雑誌の信頼性を損なう。企業は、論文を直接投稿するのではなく、科学者を採用したり、研究機関と契約したりして、スポンサーの関与が見えないように論文を発表している。

出版バイアス（偏見）

企業は、自社に有利な結果を選択的に発表し、不利な結果は目立たないようにする。このような出版・報道上のバイアスは、科学そのものを直接破壊するものではないが、証拠は歪めることになる。

それだけではない。ＰＧ＆Ｅ社は、専門家による議会の超党派独立調査委員会であるいわゆるブルーリボン委員会にも潜入していた。二〇〇〇年に映画が公開された直後、カリフォルニア州のグレイ・デイビス元知事が私の上司であるエド・マズリーと私のところに来て、「六価クロムのブルーリボン・パネルが必要だ」と言った。

ＰＧ＆Ｅ社はこの映画を軽視しようとしたが、クロム汚染とその健康への影響に注目が集まった。カリフォルニア州議会は、飲料水に含まれる六価クロムの濃度をより厳密に監視することを義務付ける法律を可決し、カリフォルニア州環境保護局の環境健康有害性評価部は、この汚染物質の基準値を設定したいと発表した。そのためには、科学文献を検討するパネル（委員会）が必要だった。ブルーリボン・パネルとは、与えられた問題を調査・分析するために専門家を集めたものだ。パネルは独立しており、それぞれの専門性を生かして問題を調査し、その結果や提言を意思決定権を持つ人々に報告しなければならない。

カリフォルニア大学の学者たちが州のパネルを組織し、当時は「クロメート毒性検討委員会」と呼ばれていた。この委員会は、飲料水に含まれる六価クロムの適切な飲料水レベル、つまり公衆衛生目標を特定するための指針を示すことになっていた。二〇〇一年九月までに調査を終え、報告書を環境保護局環境健康有害性評価部に提出した。

この報告書では、「文献に掲載されている疫学的データや動物実験データのいずれにも、経口摂取された六価クロムが発ガン物質であると結論づける根拠は見出せなかった」としている。

なぜこのような結論に至ったのだろうか。ＰＧ＆Ｅ社が委員会を乗っ取ったのである。企業に雇われた企業寄りの科学者が委員会に任命され、六価クロムの影響を軽視し、勧告に影響を与えたのだ。これは企業に操作された科学の典型例と言えよう。加えて、彼らはまた、お抱えの訴訟専門家に証拠を提出させ、ＰＧ＆Ｅ社は委員会に関わる事実と依拠した科学を隠蔽した。

パネルの報告書を受けて、環境保護局環境健康有害性評価部は、総クロムの公衆衛生目標を二・五ppb、六価クロムは〇・二ppbとする勧告を撤回した。ＰＧ＆Ｅ社は、七年間ケトルマン市民と訴訟していたが、法廷に出てきて、裁判官にすべてが変わったと言ったのである。

ゲイリーと私は、二〇〇三年二月に行われたカリフォルニア州上院保健福祉委員会の公聴会で証言した。ゲイリーは、特に、この研究が事件にどのような影響を与えたかを具体的に証言した[23]。「彼らはブルーリボン委員会の報告書を旗のように振っていた」。「PG&E社の人たちは判事に向かって、カリフォルニア州は、六価クロムを摂取しても発ガンしないと定めたので、書類、申し立て、宣言を修正して、訴訟を却下するよう裁判所に訴え、実際その許可を得たのだ。彼らはすべての書類を修正し、私たちにも証拠開示の許可が出たので、宣誓証言や召喚令状を発行し、ブルーリボン委員会のプロセスに関連して何千ページもの文書を入手した」。

同じ会議で私は、「ブルーリボン・パネルは崇高な目的のために作られたが、私利私欲のために腐敗し、歪んで偏ったものになってしまった」と証言した。この委員会のプロセスには欠陥があったのだ。「この『クロム・ブルーリボンパネル』が科学をコントロールし、勝手に操作することを許してしまったら、罪のない何万人もの人々の生命を危険にさらすことになるだろう」と私は言った。「一般の人々の健康が危機に瀕しているのだ」。

州法では、飲料水の化学物質の制限値を設定するために、まずどの濃度で健康被害が生じるかを知ることが求められる。専門家パネルが適切なデータを見つけられなければリスクがわからず、州政府は基準値を設定できない。次の事例で、良い法律がいかに悪用されるか、確かめてほしい。

委員会は、マウスに大量の六価クロム汚染水を飲ませたところ胃に腫瘍ができた、という一九六八年のドイツの研究を引用した。この研究を検討した結果、クロメート委員会は、ドイツの研究者が、ウイルスによる傷をクロムによる腫瘍と見間違えたと結論づけたのだ。

ありがたいことに、ゲイリーのおかげで、この委員会にはPG&E社の雇ったコンサルタントが二名参加していたことが明らかになった。そのコンサルタントの一人は、他でもないデニス・ポーステンバック、もう一人はマーク・シェンカー博士だった。二人とも、「六価クロムは摂取しても発ガン性はない」というPG&E社の見解を擁護するために雇われていた。彼らは、PG&E社から数百万ドルの報酬を得ていただけでなく、パネル報告書の二つの章を、自分の過去の論文からそのまま引用していたのだ。これは、私には利益相反としか思えない。結局、このパネル報告書は、この論争が原因で採用されなかった。

「私が公衆衛生に携わる人に言いたいのは、科学を見るときには、誰が研究を行い、誰が資金を提供したかの確認が不可欠だということだ。もし、すべての研究が企業に雇われた人たちの書いたものであれば、彼らは企業の節約を助けているのだ」とゲーリーは二〇〇四年の記事で述べている[24]。最近確認したが、この言葉は今も変わらないと言っていた。

私がヒンクリーで仕事を始めた約二五年後の二〇一四年七月、カリフォルニア州は全米で初めて飲料水に含まれる六価クロムの最大汚染レベルを一〇ppbに設定した[25]。他州では、毒性のない三価クロムも含めた総クロム量を連邦基準と同じ一〇〇ppbとしている。この連邦基準は、六価クロムがガンとは関連性がないとされていた時代の基準だが、その後の研究で直接の関連性が示されている。

カリフォルニア州の基準設定に貢献した研究のひとつに、米国国立衛生研究所の全米毒性プログラム(二〇〇七年)がある。それは、ドイツで行われた動物実験を基本的に再現した。

「六価クロムを含む化合物である重クロム酸ナトリウム二水和物(sodium dihydrate)を実験動物に

経口摂取させたところ、ガンが発生した。実験動物ではほとんど見られない部位で腫瘍が著しく増加していた。雄と雌のラットでは、口腔内に悪性の腫瘍が発生していた。マウスを用いた実験では、小腸にできた良性および悪性の腫瘍は、雌雄とも投与量につれて増加した[26]」

二〇一七年九月、カリフォルニア州は六価クロムの最大汚染レベルを取り下げた。サクラメント郡高等裁判所は、「州は最大汚染レベルの経済的実現可能性を適切に考慮しなかった」として基準を無効とした[27]。「きれいな水法」は、水道水の浄化コストが公衆衛生上の利益に見合うかどうかの判断を州に要求している。このケースでは、裁判所は、担当部局が最大汚染レベルの費用対効果をきちんと説明していないとだけ判断したのだ。

この取り下げに加担したのは、ソラノ郡納税者協会とカリフォルニア製造業・技術協会だった。この協会は、カリフォルニア州の三万社の製造業、加工業、技術系企業のために、ビジネス環境の改善と強化を使命としている。同州バカビル市の試算では、この水道水規格の実現には、約七五〇万ドルの費用がかかる。

納税者協会のオウラニア・リドル氏は、二〇一六年に次のように述べている。

「現在、カリフォルニア州が直面している水供給問題だけでも深刻なのに、この不必要な規制が施行されれば、納税者には公衆衛生の利益をもたらさずに負担だけ強いることになる[28]」

最大汚染物質レベルはもはや有効ではないが、州の水道局は、新しい基準を採用する準備をしている[29]。最新の研究が、新しい最大汚染物質レベルを決定するのにぜひ役立ってほしい。

率直に言って、六価クロムに安全な基準はないが、基準を決めるなら、何か安全基準値を設定する必要はある。全米基準も必要だ。もしカリフォルニア州が州レベルで基準を作れば、他の州も追随するだろう。ちなみに、六価クロムを吸い込むと肺ガンになるというのは、何年も前から科学界の常識である。飲み込んでもガンになるというのは、そんなに驚くことなのだろうか？

ヒンクリーで学んだのは、汚染は全員に影響を与え、企業はそれを隠そうとするということだった。当時、ヒンクリーでの問題が、氷山の一角とは知らなかった。活動しているうちに、大きな「うさぎの穴」を見つけたのだ。当初、ヒンクリーを解決すればすむと思っていた。しかし、似た問題は、身近なところにいくらでもあると気がついた。それは今、あなたの町で起こっているかもしれない。意図的・計画的な失敗、汚職、汚染は止むことがない。それ故、私たちはしっかりと情報を得る必要がある。

【コラム】第一歩

蛇口からの水に注目し、できるだけ具体的に自分に問いかけてみてほしい。

- 味はどうか？
- 見た目はどうか？
- 匂いはどうか？
- 水によって肌が乾燥したり、かゆくなったり、「不快」に感じたりしないか？
- ここ一年で、水質に変化がなかったか？

使えるニュース

今こそ、事実の確認、観察、そして問題の理解を始める時だ。地元の新聞やテレビで町の水問題についての記事やニュースを探してほしい。地元の水問題団体や環境保護団体のニュースレターに登録してほしい。煮沸消毒注意報や化学物質の検出など、水源や処理施設に関する情報には注意を払うようにしよう。地元企業が、水路への廃棄物の不法投棄で検挙された場合、その企業には注意を払ってほしい。スーパーファンド・サイト（大規模指定産業廃棄物埋立地）に関する記事を探してほしい。

事実とフィクションを区別する方法を学んでほしい。常に記事の原典を探すようにしよう。「フェイクニュース」は二〇一七年の流行語大賞に選ばれた。これは、ニュース報道を装って流布される、偽りの、しばしばどぎつい情報を意味する。本物の記事は、たいてい三つ以上の情報源からコメントがあり、賛成反対両方の意見を紹介し、誰が、何を、いつ、なぜ、どのようにしたのかを明らかにするものだ。記事は客観的に事実を提示し、証人や専門家からの情報を報道することが理想的だ。専門家や科学者が引用されている場合は、自分でも調べて、その人が他に何を出版しているか調べてほしい。業界の支援者なのか、独立した情報源なのか。ブログやオピニオン記事は、一個人の見解であり、ニュース記事とは大きく異なる。

説得力のある言葉や意見に注意しよう。事実を把握し、自分の意思で行動するようにしよう。

自信を持つ

水との闘いに始めから自信を持てる人はいない。私は、その最初の恐怖を克服するためにあなたを力づけたい。若いから、とか、年を取りすぎている、経験が足りない、影響力も権力もないから、と考えないでほしい。今は、恐がっている暇はない。さまざまな人たちが正しいことを守るために戦い、勝利してきた。あなたのメッセージに専念しよう。あなたにはきれいな水を手に入れる資格がある。地域社会の一人ひとりのことを考えよう。必要なのは、その一歩を踏み出す自信だけなのだ。

第3章　点と点を結び、地図を作る

カリフォルニア州ヒンクリーに住むロバータ・ウォーカーは、この町の水の戦士であり、私が仕事で知り合い、尊敬している女性たちの第一号である。彼女は、自分の町を地図に載せて有名にしたが、ヒンクリーの人々が名声を求めていたわけではない。彼女と夫のグレッグは、一九七六年に一〇エーカーの土地付き一軒家を二万五〇〇〇ドルで買った。グレッグは、人口三五〇〇人のこの町で育ち、両親は道路の向かい側に住んでいた。夫婦はここで二人の娘を育て、馬を飼い、プールを持っていた。プールは乾燥した暑い夏には大きな救いだった。家の庭からは、パシフィック・ガス・アンド・エレクトリック（ＰＧ＆Ｅ）社のポンプ場が見えた。同社はこの町で最大の雇用主であり、彼女はこの会社を良き隣人と考えていた。

一九八七年一二月、同社は定期的な環境アセスメントで、町の地下水にクロムが溶け出ていることを発見し、地域の水道局に報告した。水委員会は直ちに電力会社に浄化を命じた。浄化がすむまで、会社は、ロバータたち家族、および施設周辺に住む多くの人々にペットボトルの水を提供した。ヒンクリーのほとんどの家は自家用井戸を持っていて、汚染された水を直接汲んでいたのだ。しかし、ロバータをはじめ町の人々は、会社を疑ってはいなかった。彼女によると、ＰＧ＆Ｅ社の担当者は、何度も「水には何の問題もない。飲んでも、料理しても、お風呂に入っても大丈夫だ」と言っていた。彼女は、担当者たちが水問題の専門家だと思っていたので、無料のボトルウォーターを喜んで受け取っていたのだ。

しかし、ロバータは年を追うにつれ疑心暗鬼になり、ゲーム感覚でどんどん多く水を要求してみた。元々、会社は毎週五ガロンの水を彼女の家に届けていた。ロバータは、水の注文を週一〇ガロン、二〇ガロン、三〇ガロンと増やしてみた。最終的には、毎週一五〇ガロンの水を受け取った。ある時、彼女は、一万五〇〇〇ガロンのプールの水を抜いて、ペットボトルの水で補充してくれないかと会社に頼んだところ、二つ返事で返ってきたのだ。「了解。問題はない」。

同社が町の人の家を買い始めたのは、一九九〇年代初頭のことだった。担当者がロバータの家にオファーを持ってきたとき、彼女は売却に興味がなく、自分と家族は家を出たくないと伝えた。彼女によると、会社はある時は、敷地内に高速道路を建設したいと言っていた。最初の提示額は、家の価値に匹敵する五万ドルだった。彼女が断ると、会社は一週間後には六万ドルを提示してきた。しかし、彼女と彼女の夫はそれでも何度も断った。他の隣人たちは、次第にその申し出を受けて家を売るようになっていった。ロバータは、同社が家を買った後、その家を取り壊して、跡形もなく燃やしてしまうことに気づいた。それは、まるで同社がこの地域を破壊しているかのようだった。彼女と彼女の夫は、ただそっとしておいてほしかったので、家の購入価値の一〇倍に当たる二五万ドルというとんでもない金額を提示した。もう二度と連絡は来ないだろうと思っていたが、二週間後、会社は言い値で購入する準備ができていたのだ。

ロバータは、最初は話がうますぎると思っていた。PG&E社が地元の人たちに「三価クロムの濃度が高すぎる」と言っていたからである。クロムには、三価と六価の二種類がある。三価クロムは体内でインスリンの働きを調整するための微量ミネラルの一種で、マルチビタミンに含まれている。六価クロムは毒性がある。ロバータは、図書館でクロムに関する本を借りて、この違いを知った。彼女はPG&E社に電話して、水に含まれるクロムの種類をたずねた。電話口の男性は、彼女の記録を確認してから、六価クロムと答えた。ロバータはそれを聞いて気絶しそうになった。しかし、彼女はラホンタン水道局でもう少し調べてみることにした。彼女によると、フロントで働いている小柄な老婦人が、奥に行ってすべての記録を調べてよいと許可してくれた。信じられないことに、そこには、彼女の家族に関するすべてのファイルと、彼女の家の写真があった。近所の人のファイルもあった。彼女は、すべてが非現実的な夢を見ているような話で、なぜ自分が監視されているのか理解できなかった。彼女は全ファイルをコピーして、州内の

【コラム】アクション・ステップ　好奇心を持て、本当のところ何が起きているのか、何ができるか

科学は専門家だけのためにあるのではない。誰でも科学に関わることができる。質問を始めて、答えを探すのだ。科学で重要なのは観察することで、私は皆が日常生活にそういう科学の姿勢を取り込む必要があると考えている。おかしいぞ！と疑問を持つことにしよう。周りで何が起きているか気づいたら、誰かが処理してくれるだろうなどと他人任せにしないようにしよう。もし水道水が変に臭うなら、それは役に立つ観察結果だ。もし濁っていたら、それもよい観察力である。私に連絡してくるたくさん他の人たちと同じくロバータ・ウォーカーも、地域社会でいくつもの問題に気づいた。彼らは、水道水あるいは自分自身や家族の健康が変調をきたしたと知り、観察結果を集めた挙句に、行動を始めたのだ。

約一五〇人の弁護士に相談したが、PG&E社を相手にすることを恐れて全員に断られた挙句、やっとエド・マズリーと私に出会った。彼女は私より怒りの勢いがある。どの町に行っても、ロバータのような自分の意思で激しく行動する女性がいるので、私は思わず微笑んでしまう。

私が見てきたすべてのケースは、ロバータのような人から始まっている。立ち上がろうとする人が一人いればよいのだ。ヒンクリーでは、ロバータと彼女の家族を含めて八人の原告から始め、最終的には六五〇人にまで増えた。どの地域にもリーダーがいるが、十中八九、母親がその先頭に立っている。母親には、情熱、気概、そして不屈の精神がある。自宅の裏庭や周辺地域の管理人なのだ。子供や健康に異変があるとすぐ気づく。子供や友人やペットをよく見ている。私は女性が、地球上で最も大変な仕事である「母親」から始めて、科学者、政治家、活動家といった新たな肩書きを持つようになると感じている。

環境汚染は世界中にある。私は、さまざまな汚染度合いの化学物質に長期間さらされてきた人々を見てきた。化学物質は、一〇年、二〇年、三〇年という潜伏期間を経て影響が出る。中にはミシガン州フリントのように、わずか数カ月で症状が現れるケースもある。しかし、私たちは、報告から学び、他の人たちが同じ運命にならないよう、事態を変え始めることはできる。公表された事例から、それ以上の被害を防ぐための十分な証拠と情報は得られる。危険を放置するのは解決策にならない。誰かが助けに来るのを待ってはいけない。私たち市民が、自力で助けなければならないのだ。

大局的に物事を見よう。水問題は、この小さな町だけではなく、いたる所にある。私は、絶望し無力だと感じている人々から電話やメールを受けるので、それが分かる。全米五〇州や他国の汚染地域からの支援要請に応えている。人々は、有害化学物質が自分や家族の健康に及ぼす悪影響を膚で感じている。

問題は、汚染に苦しむ住民に話を聞いて回る機関がないことだ。その結果、多くの人々が、調査する連邦政府を信頼しなくなり、私にすがってくる。私ほど、一般的な国勢調査の情報にアクセスできる人はいない。環境保護庁も食品医薬品局も疾病対策予防センターも、情報を収集していないし、お互いに報告もしていない。ガン患者を登録する州の機関はいくつかあるが、数字は役に立たない。私は、全米の疾患群や環境問題の報告を受け付ける機関になってしまった。毎月何千人もの米国人が連絡してきて、助けを求め、近所の原因不明の病気について教えてくれる。そこで私は、助けを求める人々の地図を作成し始めた。この地図を見ると、まだ報告を受けていない地域を含めて、どのような地域の人々の声に対応する必要があるかがわかる。全体像を把握する人がいなければ、人々は闇の中に取り残されてしまうのだ。

私はしばしば、映画「ツイスター」のドラマチックなシーンで、竜巻が来ると言われて「もう来ている」と言ったビル・パクストンになった気がする。問題が、ある地域のあちこちで発生していると、嫌な感じがするだけだが、地域を横に並べて見ると、未曾有の大嵐がやってきたことがわかる。海洋生物学者から作家に転身したレイチェル・カーソンが画期的な著書『沈黙の春』を書き始めたのは、農薬ＤＤＴで鳥の大量死を心配した一市民からの手紙のせいだった。私はその一万倍の手紙をもらっているようなものだ。否定的な人のために言うと、何千何万もの人たちがメールしてくるのは、ファンレターや大袈裟な話を書けるくらいヒマだからではない。人々は、深刻な問題をメールで伝えてくるのだ。

二〇〇〇年にさかのぼって、この地図の発展経過を見てみよう。映画はたちまちヒットし、ジュリア・ロバーツはオスカーを受賞し、映画は一層注目された。トイレで「エリン・ブロコビッチに似てますね」と呼び止められるようにもなった。私は、このようなやりとりの嵐を想像していなかった。健康や環境に関する悩みを打ち明ける一二六の国と地域の人たちから、毎月一〇万通ものメールが私のもとに届くようになった。今も続く水問題はオーストラリア、カナダ、フランス、アイルランド、イタリア、ギリシャ、南アフリカ、そしてアメリカの各州でも発生している。私は結局ブロコビッチ・ドットコム財団を立ち上げ、それが今日の私の仕事の中心となった。私は問題を探しに行かない。問題のある町が来てくれるのだ。

問題解決の始めは、問題があることに気づくことだが、届くメールは問題の前兆だ。一三歳で脳腫瘍を克服した友人トレバー・シェイファーから学んだのは、あまりにも多くの人が目隠しをして歩いているということだった。誰かを責めているわけではない。私たちは毎日忙しく過ごしている。私は長年シングルマザーだったので、生活の慌ただしさがわかる。自分や家族に健康上の悲劇が起こるまで、何が起きているのか見えないのだ。だから最初に届いたメールは、私にとってすら、大きな目覚まし時計だった。

最初のうちは、メールにできる限り返信をしていた。しかし難読症である私は図表を好むこともあって、二〇〇八年にメールのマッピングを始めた。例えば、オクラホマ州のダンカンからメールが来たら、地図上に点を描くようにした。ミシガン州ポーポーから来たらまた点を付けた。テキサス州タイラーにも、テネシー州キングストンにも、ウェストバージニア州チャールストンにも、イリノイ州ウェドロンにも。しばらくして、私の美術工芸プロジェクトの地図は、インクまみれになってしまったのだった。

地図は単なるビジュアルツールではなく、パターンを認識したり、メールの受信箱を検索したりするのに役立つ。たとえば、インディアナ州のシングルマザーからのメールは、その子供が膠芽腫という非常に悪性の脳腫瘍と闘っているという内容だった。「それは大変だ、でもどうすればいいか」と思っていると、その一週間後に同じ町から別のメールが来た。「おかしいな、先週、その報告はなかったか」。戻って確認してみたら、確かにあった。「これで二つになった」。さらに一カ月後、またメールが届いて、同じ町の六人の住人が同じ病気で、お互いに知らずにいたことがわかった。私はストーリーを地図上に描き始めた。数カ月後、その地図を見てみると、点が三〇〇個になっていた。私は「何ということだ、どうなっているんだ」と思った。

人々は体験だけでなく、飲んでいる水の写真も送ってくれた。蛇口から出る水の色は、黄色、緑、黒など様々だった。その時、私は（スペースシャトルの交信になぞらえて）「ヒューストン、緊急事態発生」と思った。本気で怖くなって、多くの人たちに知らせようと思った。議員を含めて九九％の米国人は事態を全く知らず、弁護士も上下院議員も対応しない。市民は誰にも相手にされず困って私にメールしてきた。私は、市民からの情報で何かできないか考えた。多くの人が手紙をくれるので、大きな責任が発生する。人々の役に立てるよう、最善を尽くしたい。多くの人からの情報を地図上にプロットすれば、問題を明らかにできると考えた。さらにデジタル化し共有することで、独り占めしないようにした。今では、問題を報告するための技術があり、大量のデータを使ってリアルタイムに問題を突き止められる。

現在、この地図は誰でもアクセスできる（www.communityhealthbook.com）。MIPと呼ばれるこのアプリは、モバイルデータ収集と地理情報システム（GIS）を組み合わせた使いやすく効率的なシステムである。女性一人のNGOには最適だ。誰でもこの「コミュニティ健康手帳」に環境問題を記録できる。

アプリの管理者は、送られてきた記録をテーマ別に整理し、いつでも使えるようにしている。私はそのデータを使って、人々の意識を高め、訴訟を起こし、データを米国議会に提出して、地域の人々を助けられる。また、このマップでは、同じ問題を抱える人を見つけ、同じ地域で情報を共有して助け合える。

「コミュニティ健康手帳」サイトは二〇一七年三月に開始され、すでに数万人以上が報告している。多くの人が情報を追加することでパターンが見え、汚染の原因の情報を共有できる。地元紙の記事で知ったとか、化学物質が近くの古い工業用地から投棄されたことを直接知っている場合もある。このソフトウェアには、環境保護庁の違反事例や水質報告、化学物質の流出位置や地下ガス採掘のフラッキング地域などの公共データが掲載されている。一人ひとりの報告が、全米で何が起きているのか、汚染物質がどのような影響を与えているのか、より大きなストーリーを共有できるのだ。

この地図の考え方は、有名だったテレビ番組「アメリカの指名手配」に似ている。この番組を覚えているだろうか。地元の警察が犯罪者の居場所を探すのではなく、コミュニティの力を利用して犯罪を解決するという番組だった。このマップは、公衆衛生局や連邦政府の職員が保護された方法でデータにアクセスできるので、根本的な原因を迅速に調査し、今後の対策を決定することができる。私はこの情報が、新しい法律の制定や、法律の執行強化に役立つことを願っている。

病気のクラスター（集団発生）を追跡する際に障害となるのが法律である。クリントン元大統領が一九九六年に署名したH.R.三〇一三健康保険ポータビリティ説明責任（HIPAA）法は、患者のプライバシー保護を目的としていた。しかし、残念な副産物として、全国的な報告データベースの作成を妨害してしまった。私たちは、とにかく何が問題なのかがわかっていない。水問題と汚染問題は本来連動した問題なのに、それぞれ別々の問題と考えていることが問題である。私の地図はHIPAA法に準拠している。自分の健康問題を登録したら、そのデータは追跡できる。たとえば政府機関がケーススタディをしようと思えば、後からその人に連絡してデータ使用の許可を得ることができる。点をつなげて大きな見取り図を描くと、大規模な問題解決への大きな一歩になるのだ。

私たちは自己申告の時代に生きている。しかし今日、市民が問題を州政府に報告しても、それは奈落の底に落ちるだけで、全く役立たない。私は「コミュニティ健康手帳」の自己申告データを一般的な情報として活用して全体像を見られるようにしたい。問題を米国議会に訴えたいなら、全員にメールを送り、データの共有の許可を求めることができ、あとは専門家に任せることもできる。

私は長年にわたって、地元でドアをノックすることで、最近ではフェイスブックに投稿することで、「数の力」の価値と影響力を直接学んだ。問題解決において、数は重要である。数学では一＋一＝二だが、原則と影響力に関しては、一＋一は一〇〇〇である。ガンで一人か二人が倒れるのは、悲しいけれど心配の種ではない。しかし、同種のガン患者が小さな町に何百人もいるとなると、大きな危険を示す赤旗を掲げることになる。六価クロム汚染では、どの町の人たちも、同じような健康問題を抱えていた。慢性的な鼻血、頭痛、直腸・腎臓・心臓の病い、骨粗鬆症、ガン、不妊などである。

町の人が説明してくれる症状や水の色によって、私はその化学物質をほとんど言い当てられる。明るい緑色は常に六価クロム。これは現在、三分の二以上のアメリカ人の飲料水から安全でないレベルで検出されている。カリフォルニア州フリントの汚い黄色や茶色の水は、腐食した水道管によるものだった。水が漂白剤の臭いがするのは、水の中に化学物質が溜まっているからである。水の変化は注意が必要で、今こそ気づいて声を上げる時なのである。

この仕事を続けているのは、真実を知りたいからだ。だから私の地図はとても重要なのである。

ガン・クラスターとトレバー法

腫瘍クラスターの問題をもう少し詳しく見てみよう。米国では、毎年約一六八万人がガンに罹患し、六〇万人近くの人が亡くなっている。[1] 全米で、ガンが予想外に増加している。メールボックスに届いたメールの一部を紹介したい。統計数字の裏側の実態がよくわかるメールだ。

ミシシッピ州トレモントより。

私たちの小さな町では、誰もがガンにかかっている。私は四〇代の兄と妹を亡くし、夫は五〇代の二人の妹を亡くした。私の父もすい臓ガンで亡くなった。私たちが住んでいる地域では、ウェアーハウザー・ティンバー・カンパニーが広葉樹を伐採するために何年間もスプレーを使った後、代わりに松の木を植えた。この散布が原因で、私たちの地域でガンの発生率が高くなったのかどうかを知りたい。

フロリダ州メルボルンより。

私はニュージャージー州のセイアビルで育った。理由はわからないが、私の町では多くの人が年齢を問わずさまざまな種類のガンで亡くなっている。デュポン社の工場とハーキュリーズ社があった町なのだ。セイアビルにはガンのクラスターがある。

コロラド州グランドジャンクションより。

私は乳ガンの治療から四年が経過した。ステージ二の浸潤性乳管ガンだった。夜眠れず、この町にガン患者が多いことを考えていたら、一九九七年に私が家を買った女性が二〇〇〇年に乳ガンで亡くなったことを思い出した。二〇〇三年に私の家を買った女性は、今乳ガンだ。製粉所跡地に分譲地や公共の建物がある。住民のことが心配だ。コロラド州で最もガンの発生率が高い。

アリゾナ州ギルバートより。

親友は、まれな進行性の肉腫を患っている。彼が診断されたのは二年前、三一歳になった時だった。イラクとアフガニスタンへの六回の遠征に耐え、帰国後にこの病気と診断された。私は、彼の妻にあなたと連絡する許可を得た。彼の子供時代の何かと関連性があるはずだからだ。彼はイリノイ州ボリングブルックで育った。彼と一緒に育った他の五人が同じ年齢で進行性のガンにかかり、彼だけが生き残っている。あなたはより多くの情報を持っているので、原因を解明できるかもしれない。もっと患者数は多いかもしれない。エリンさんを詳細な情報の提供者とつなぐことができる。

ジョージア州ウェイクロスより。

これは、私たちのコミュニティの話である。ジョージア州南東部に住んでいるが、ガン発生率が高い。家族や周りの人たちは、原因が不明なので、水を飲むのが怖くなってしまった。地元のニュースになっているが、政府の反応は鈍い。疾病予防管理センターは地元団体の研究を自分たちの研究として利用し、禁煙を勧めている。夫は、あなたに手紙を書くことを勧めてくれた。彼は、私よりもガンの影響を受けている。彼の甥っ子（一五歳）と祖母はガンで亡くなった。彼の姉と義理の姉は、ガンサバイバーだ。グーグルで「ウェイクロスのガン」を検索すると、ここの問題について読むことができる。あなたが時間を割いて、困っている人たちを助けていることに感謝する。

メリーランド州クリントンより。

私の息子は、二一歳の時に大腸ガンで亡くなった。私の家は、六軒の家がある袋小路にある。そのうちの四軒には、ガンになった人がいて、息子を含む三人が亡くなった。残りの二人は年配の男性で、もう一人の生存者は五〇代の男性である。何か関連性があるはずだがどこから探せばいいのかわからない。私の息子は、高校と大学でバスケットボールをしていた健康で活発なアスリートだった。食事に気を配り、常に運動をしていた。その息子がガンで亡くなるとは考えられないことだ。知っているだけでも、近所の数人がガンで亡くなっている。知らないだけで、もっといるかもしれない。

インディアナ州ニューバーグより。

私は六三歳の女性で、一九九八年にサルコイドーシスと診断された。インディアナ州ライルズステーションに長年住んでいた。この地域は、イリノイ州のマウント・カーメル市の発電所にとても近い。この地域の人口が非常に少ないのに、個人的に知っているだけでも、同じ診断を受けた人が少なくとも四人はいる。一人は数年前に合併症で亡くなった。珍しい病気なので、何が原因か心配している。疾病予防管理センターに問い合わせたが、回答はなかった。また、インディアナ州エバンズビル地域の飲料水の水質について、あなたが心配していることも知っている。私は一五年以上、この地域に住み、働いてきた。私はアルコア工場の近くに住んでいる。私はあなたの話に注目しているので、もし心配するような原因があれば、私を助けてくれると思っている。

彼らは、よい質問と観察をしている本物の人々である。今こそ、誰かが答える時なのだ。

ガンに関しては、遺伝や生活習慣が関係していると言うのは簡単だが、それでは子供のガンについてどう答えるのだろうか。ガンは事故に次いで子供の死因の第二位である。[2] 子どもたちは喫煙も飲酒もしないし、ストレスの多い仕事もしない。しかし、米国では毎日四六人の子供たちが、遺伝や家族歴とは無関係のガンと診断されている。[3] 子どもは大人よりも化学物質の影響を受けやすい。代謝が速く、免疫システムが未熟なためなのだ。これらの数字を見ると、もっと多くの研究が必要だと感じる。

この問題を非常によく理解しているのが、アイダホ州ボイジーに住む友人のトレバーである。彼は二〇〇二年、一三歳のときに悪性の髄芽腫と診断された。トレバーだけではない。のどかな山間の小さな町に住んでいるにもかかわらず、彼と同じ年に他の四人の子供たちが同じ病気と診断され、その前後の時期に町のガン患者数が異常に多かった。トレバーの母親チャーリー・スミスは心配になって、この情報を腫瘍情報データ・レジストリーに提出した。ところが担当の役人は、このデータが事実であったとしても、この町は小さすぎて、ガンクラスターにはならず、統計的に有意ではないと言ったのだ。

しかし、トレバーはめげなかった。侵襲的な検査に耐え、八時間に及ぶ手術でゴルフボール大の腫瘍を脳から取り除き、一四カ月に及ぶ放射線治療と化学療法に耐えた挙句、もし生き残ったら、他のガンの子どもたちを助けるために時間を割くと約束したのだった。彼は政治に目を向け、その約束をワシントンD.C.に持ち込んだ。二〇一一年には、「疾病クラスターの子どもと地域社会の保護強化法」（通称：トレバー法）が、上院議員のバーバラ・ボクサー議員（民主党、提案者）と上院議員のマイク・クラポ（民主党、共同提案者）により提案された[4]。この超党派の法案は、ガンや先天性障害などの病気の「クラスター」との関連性を地域社会が判断できるようにする法案だった。

二〇一三年、私はトレバーと共に連邦議会で証言した。この法案は、アイダホ州だけでなく、アメリカ全土の小児ガンや成人ガンのクラスターを連邦政府が記録し、追跡することを義務付けるものだった。私の証言の一部を引用する。

「この二〇年間、活動してきて、私は確信を持てる結論に達した。この国にはあまりにも多くのガン患者がいて、理由は説明できていない。これらのコミュニティがやろうとしていることは、『数カ月前まで健康だった息子が、なぜ白血病になったのか?』という最も基本的な疑問に答えることである。『なぜ娘は六歳なのに二つの脳腫瘍があるのか?』なぜ近所の子供たちにも同じことが起こっているのか。毎週、何百人もの母親や父親からこのような質問を受けている」

「私は科学者ごっこをしに来たのではなく、また非難や責任転嫁をしに来たのでもない。これは党派的な問題ではない。人の健康を守る行動を起こすために必要な情報を集めることは、長くて大変な作業である。特に、子供たちの健康を考えると、急いて間違った結論を出すわけにはいかない。しかし、もうこのような地元の訴えを無視するべきではない。いったい何人の子どもが脳腫瘍になれば、その原因究明に真剣に取り組むと言うのか。地域住民が『自分の地域で何かがおかしい』と言う時、私たちは耳を傾けなければならない」

「この委員会の委員であるあなた方は、この国に奉仕するためにあなた方を選んだ人々を代弁している。住民は助けを求めている。有権者は恐怖と不満を抱えている。答えを求めているコミュニティが離散しないためにも、委員の助けが必要なのだ」

「水や空気の汚染も、毎日使っている製品の汚染も、私たちの時代の問題だ。政府は、すべての米国人を助けるために、より強く、より良い役割を果たしてほしい。これはあまり嬉しくない役回りかもしれないが、私は、人生の大半を大規模な汚染者に嫌がられるような立場で過ごしてきたので、全然気にしない。議長殿、提案者クラポ上院議員の立法案である『疾病クラスターの子供と地域社会の保護強化法』は、それを切実に必要としている米国人を助けることになる。また、超党派で上程されているこのトレバー法は、きれいな空気と水と健康な地域社会が政治的な問題ではなく、人間の問題である、という貴重なメッセージを伝えるものだ。これは米国人の問題である。私は国民の皆さんに、環境保護庁を設立したのは共和党のニクソン大統領であったことを思い出してもらいたいと思う」

「もう一つ、連邦政府が町に来て、検査をして、すぐ帰ってしまうことにならないことが重要だ。はっきり言うと、連邦政府には、州や地方自治体にはない調査、対応、実施の能力があるので、多発する疾病を特定し、対応する上で重要な役割を果たせる。しかし、起こりうる病気を特定し、対応するために最も重要なのは、これが米国市民のためであることを見失わないことである」

トレバー・シェイファーは13歳の時脳腫瘍診断を受けたが生き延びた。写真はエリンがトレバーとともに2013年連邦議会で、連邦政府が全米の子供・成人のガン多発を記録し追跡するよう求めたトレバー法案のために証言した時のもの。

「私は、気づきと人の知る権利を擁護する活動家だ。ふつう自分自身に個人的に影響が及ぶまで、他人に起きたことを考えない。ガンや慢性疾患は、誰もが経験する。そして、病気は政党に関係がない。この法案を支持できることを誇りに思う。この法案が超党派の支持を得ていることを誇りに思う。今こそ、連邦政府しか持っていない専門知識とリソース（職員や予算）を提供してほしい」

トレバー法は、二〇一六年に有害物質規制法（TSCA）改革法案の一部として成立した。これは、一人の人間に何ができるかを証明している。トレバーと彼の母親は、決意を持って、この多くの人に影響を与える驚くべき健康関連法案を推進したのだ。この法律は、米国保健社会福祉省長官に直接、米国内で発生する可能性のあるガンの多発を監視、追跡、対応するための基準策定を求めている。そして、全国登録簿を作成し、どこに多発地域があるのか、なぜあるのか、誰が影響を受けるのかを調査し、記録することになる。地方自治体、州政府、連邦政府間のコミュニケーションとデータ共有の改善に寄与するものだ。しかし、多くの優れた法律と同様に、この法律もまだ宙に浮いたままで施行されていない。

「ふつう出勤しなければクビになるが、ワシントンでは仕事をしなくても大丈夫だ」と、トレバーは最近話してくれた。「彼らがこの国と子供たちのためになる法案に取り組まなくても、何も起こらない。これは説明責任の問題だ。ワシントンの誰も実行しなければどうなるか？　何も起こらない。どうすればそれを変えることができるか？　彼らに責任を負わせる必要があるのだ」。

ありがたいことに、トレバーは今でもこの問題に取り組んでいる。彼は小児ガンの認知度向上を目的とした基金「トレバーズ・トレック財団」を設立した。米国各地の小児ガンやガン多発地の認知度を高めるとともに、広報や共同開催や調整を通じてトレバー法の実施を支援している。今、財団は、連邦政府がきちんと仕事をするよう監視していて、彼が当初意図していたよりも大きな役割を担っている。彼は、故郷の州のマイク・クラポ上院議員とは今でも頻繁に連絡を取り合い、保健社会福祉省に彼のためのコーディネーターを任命してもらうよう働きかけている。彼は、草の根レベルで意識を高め、問題を掘り下げている。一人の少年がガンを克服し、立ち上がって声をあげ、戦い続けられるなら、あなたもできるはずだ。

【コラム】活動に参加したい？

1　コミュニティ健康帳

あなたの話をシェアしてほしい。コミュニティ健康手帳　www.communityhealthbook.com に書き込んでほしい。登録できたら、あとは、直面する問題のアンケートとテーマをクリックして、詳細を入力するだけである。私たちがあなたの案件を確認し事情を理解する。さらに調査が必要な場合は、私が訪問して近所で何が起こっているか確認することもある。このコミュニティ健康手帳は何回でもアクセスでき、問題を報告し、自分の地域で起きていることを確認し、新たなアンケートに参加できる。

2　トレバーのトレック財団

ウェブサイト www.trevorstrek.org に行って、この重要な活動にあなたの時間とリソースを提供してほしい。地元議員や職員にガンの事例はどのように追跡調査しているか質問し、有害汚染物質の子供たちへの悪影響を、さらに研究する予算を要求してほしい。

第4章　化学物質の海に浮かぶ

蛇口から水道水をグラスにつぐ時、化学物質、医薬品、除草剤、殺虫剤、さらには消毒副生成物などの有害物質が混じっている。もちろん、水処理システムは、有害で不快な物質を濾過するはずだ。しかし、多くの不要な物質が紛れ込んでいることが全国各地で報告されている。水道水の質は日に日に低下している。これはどうして起きるのだろうか。

まず理解してほしいのは、地表の七〇％以上が水で覆われていて、たくさんあるように感じるかもしないが、そのうちの約九六％は海の塩水だということだ。[1]飲める水は一％以下で、次の二種類がある。

(1)　小川、川、湖、湿地帯などの地表水

(2)　地表の下の土、岩、砂の割れ目や隙間に存在する地下水

これらの水はすべて飲む前に処理しなければならない。

私たちの水路は、さまざまな汚染物質の影響を受けている。汚染物質は、有機物、無機物、生物の三つのカテゴリーに分けられる。有機汚染物質とは、炭素やその派生物を含む物質であり、土から、石油化学製品、トリクロロエチレン（ＴＣＥ）、アトラジンなどの除草剤まで含まれる。無機汚染物質とは、六価ク

ロムや鉛など、人間が生産した工業化学物質や農業化学物質のことである。生物（または微生物）学的汚染物質は、バクテリア、ウイルス、寄生虫などの水中の生物を指す。現在、特にレジオネラ菌が増加していて、重症の肺炎「レジオネラ症」が全米で発生している[2]。脳喰いアメーバも発生している。米国水処理品質健康委員会は、レジオネラ菌を「公衆衛生上の最大の敵」と見なしている[3]。

産業革命以来、工場や製造業者は、廃棄物を捨てる便利な場所として淡水を利用してきた。それに加えて、農業や下水処理場からの廃棄物、雨水の流出があるので、水系に多くの物質が浮遊している。私たちは、化学物質のことをよく知らないまま、環境に放出している。

長年、私たちは「汚染の解決策は、希釈である」という言い伝えに従ってきた。しかし、有害物質は増加し、大きな水域でも希釈できなくなった。水に化学物質を入れ、水を飲む人たちはモルモットになり、何年も後に、科学はその化学物質が深刻な健康問題をひき起こすことを発見する。被害が明らかになるまで、二〇年以上も飲み続けることになる。よりよい方法は、化学物質が水道に入る前に、その影響力を知ることだ。多くの企業が良き隣人として、人や環境に害を与えない物質を扱ってほしい。

水の処理にも問題がある。米国には一五万一〇〇〇以上の公共水道システムがあり、水質は全部違っている[4]。同等の品質の水を供給できるわけではない。水源の化学的特徴が水処理技術に影響する。飲料水をきれいにする特効薬はない。すべての水に当てはまるシステムもない。

「あなたの飲み水は安全である」という言葉は誤解を招く。『きれいな水法』は、飲料水の全米の最低基準を何とか定めているに過ぎない。水質処理の専門家であるボブ・ボウコックによれば、水処理の専門家は「この水は、すべての連邦および州の飲料水の要件をクリアしているか、それ以上である」と言うよう訓練されている。確かに、ある日のテストに「適合」しているかもしれないが、その水は安全な飲料水なのだろうか。飲料水が連邦政府の基準を満たしていたとしても、未規制物質で汚染されていたり、住宅の配管から生じる汚染などで汚染されたりすれば、安全ではない。最後に一九九六年に改正されて以来、『きれいな水法』は、飲料水の健康リスクを特定し、評価し、管理するために、科学的でリスクを減らすプロセスを提案してきた。[5] しかし環境保護庁は、一九七五年以降、九一種類の汚染物質を対象とした飲料水規制しか策定していない。

またボブは、「水の浄化問題は、処理と並んで廃棄物の管理の問題でもある」と言う。水処理管理者は廃棄物管理者である。人気クイズ番組「六万四〇〇〇ドルの問題」に出てくるような質問として、廃棄物はどう処理されるのかという質問が挙げられる。廃棄物を責任を持って管理する方法を考えなければならない。この巨大な問題を解決するためには、今日の有害物質の処理問題を解決する必要があるのだ。

私たちは今、有害物質のあふれた時代に生きている。毒物が環境中に長期間蓄積されている事実にも対処しなければならない。米国の子どもたちは、歴史上最も多くの化学物質にさらされながら育ち、その結果が表れている。特に貧困層の子どもたちの慢性疾患の割合が増加しているのだ。[6] 米国の成人の約半数（一億一七〇〇万人）が、慢性的な健康問題を抱えている。[7] 私たちは、監督官庁や政府の基準によって安全が確保されていると思い込んでいる。しかし、健康記録を見ると、そうではない。大企業が牛耳っていて、市民の安全を考えずに、余った化学物質を好きなところに捨てている。化学物質は、私たちの水、健康、そして未来に影響するのだから、情報の透明性と一層の教育が必要なのだ。

毒物規制法には八万五千種類以上の化学物質が登録されている。[8] 現在使用されている化学物質は四万種類以上あり、シャンプー、ベビーローション、携帯電話やタッパーウェアなど、あらゆる製品に含まれている。絶え間ない暴露が健康にどう影響するかは、まだ解明されていない。これまでに調査されたのは、一％、約二〇〇種類だけだ[9]。人間は有害物質をどれくらい摂取して健康を保てるのだろうか。

一九七五年、当時環境保護庁副長官だったジョン・クワールズは、危険な化学物質の拡散を防ぐ法律は「最も緊急に必要とされる環境法」であり、「現行の連邦法は、有害物質の問題を公平に、また包括的に扱うことができない」と述べている[10]。当時制定されたばかりの飲料水安全法についても、「汚染物質が制御不能になった時点で問題」に対処するものだと言っていた。

彼は、化学物質の健康や環境へのリスクを理解するために、すべての化学物質に市販前通知を義務付けることを提唱した。当時、毎年六〇〇種類もの化学物質が新規に商用化されていたのだ。現在では、毎年約二〇〇〇種類の化学物質が導入されているが、健康への影響はまだわかっていない[11]。国民の健康を守るためには、化学物質の一般的な影響と、どの暴露濃度が有害かを理解する必要がある。

米国議会は一九七六年に有害物質規制法を制定した[12]。それ以前は、どの化学物質が製造され、使用され、環境中に放出されたか記録はなく、規制する手段もなかった。この法律は、環境保護庁に新規および既存の化学物質を規制する権限を与えた。また同庁は、化学物質リストで在庫管理の権限も得た[13]。

ところが同法は、現在ある環境法の中で最も効果の薄いものである。同庁には、企業が化学物質を市場に投入するのを防ぐ能力はほとんどない。この法律の制定時にすでに使用されていた六万種類以上の化学物質には、毒性試験も行われなかった。この法律はまた、安全性データ収集の責任を企業ではなく同庁に負わせた。企業に化学物質の試験を義務付ける前に、同庁がリスクを証明する必要が生じたのだ。これは

有毒物質規制法律改正についてニュージャージー州フランク・ラウテンバーグ上院議員と話す。同氏は2013年に亡くなった。「ラウテンバーグ21世紀化学物質安全法」は2016年6月22日に成立した。

基本的に「有罪が確定されるまでは無罪」というアプローチだが、業務過多と資金不足の同庁には大きな負担だった。同庁は、使用されている化学物質のリスクを定期的には評価していない。稀に評価することもあるが、その場合には何年もかかる。また化学物質の情報を保護する条項があるので、メーカーの競争上の優位性は保てる。つまりこの法律は、企業を繁栄させ、私たちの健康は危険にさらされる仕組みだった。

この法律は善意の法律だが、ほとんど実効性がない。二〇〇九年に上院の環境公共事業委員会で行われた証言で、ジョン・ステファンソン天然資源環境部長は、「環境保護庁は多くの化学物質の毒性について十分な科学的情報を持っていない。その大きな理由は、既存の化学物質のデータを入手するのが、化学薬品会社ではなく環境保護庁の負担になっているからだ」と述べている。(14)

有害物質規制法で規制されている化学物質は、

PCB、アスベスト、ラドン、鉛、水銀、ホルムアルデヒドの六種類だけである。他方で発ガン性物質は二〇以上ある。水に含まれる有害物質の上位を見ると、クロム、TCE、PCBなど、そのリストと重複しているものがある。[15]企業はこれらの物質が有害であり、水道水に含まれていると知っているのに、問題を解決しようとはしないのだ。ちなみに、発ガン性が疑われる物質のリストはもっと多い。データがない化学物質のリストはそれよりさらに膨大だ。

二〇一六年、私たちは米国の時代遅れになった一連の有害化学物質関連法の改革を試みた。議会での長年の取り組みの後、六月二二日、バラク・オバマ前大統領が「フランク・ラウテンバーグ二一世紀化学物質安全法」に署名した。この日は私の誕生日でもあるのでよく覚えている。この修正案は、有害化学物質に対する公衆衛生面の保護を強めることを目的としているが、産業界に甘い案で、新規制に伴う費用を環境保護庁がどう調達するかが明記されてなかった。さらに、各州が独自の厳しい法律を制定しにくい仕組みになっていた。同庁は、一〇種類の化学物質を優先的に見直すことにした。しかし、まだ何千もの化学物質が見直しを必要としている。たとえ法律が改正されても、大規模な変更には、数十年かかるかもしれない。結論として、これらの化学物質の悪影響は、流通前に知っておくべきなのである。

私がこの本を書いている間に、水道水のプラスチック汚染物質に関する最初の研究結果が発表され、米国内の三三の水道水サンプルのうち九四%でプラスチック陽性反応を示したことが明らかになった。[16]その中には、ワシントンD.C.の米国議会議事堂や環境保護庁本部ビルも含まれていた。今日、世界で生産される年間三億トン以上のプラスチックのうち、約半分はPETボトルなど使い捨ての容器である。[17]小さなプラスチックの破片は、分解性のない大きなプラスチックが細切れになったものだが、それらを摂取した場合の影響について、長期的な研究はない。プラスチックに広く添加される化学物質であるビスフェノールＡ（ＢＰＡ）やフタル酸ジー（２ーエチルヘキシル）（ＤＥＨＰ）のような内分泌撹乱物質が、今や水道水に混入するようになってしまった[18]。

ビスフェノールＡ（ＢＰＡ）は、科学的毒性評価の大きな問題点を浮き彫りにする化学物質である。一九三〇年代、英国の科学者が、ＢＰＡと人間のエストロゲンとが酷似していることを発見したが、ＢＰＡの製造を減らすことにはつながらず、何世代にもわたってプラスチックにごく当たり前のように添加され続けた。一九九〇年代、スタンフォード大学の研究者がプラスチックから微量のＢＰＡが溶出することを発見し、その有害性が問題になった。最近の研究では、検査を受けた米国人の九〇％以上が、体内にＢＰＡを保有しているが、それでも、いまだに規制はない。リスク評価は議論の的になっているが、結論はまとまらない[19]。内分泌系の変化は微妙で、完全に解明されるまでには何年もかかり、ＢＰＡの影響だと特定するのが困難である。規制当局者は監視する上で参考になる研究を見極める必要がある一方、研究者は、規制当局者に強い影響力を持っていないのである。

私たちは汚染水を飲まされるべきではない。それだけである。プラスチックも飲まされるべきではないが、問題は健康を守るための安全基準がないことなのだ。

有害物質が膨大に蓄積しているのは、全米にある何千もの連邦政府指定のスーパーファンド汚染・公害浄化施設である。スーパーファンドサイトとは、有害廃棄物によって汚染された土地のうち、環境保護庁が包括的環境対応補償責任法に基づいて、「健康や環境に悪影響を及ぼす」という理由で浄化候補地として認定したものだ。それらは家庭、企業、学校、保育園、老人ホームなど、あらゆる場所に、病気を引き起こす汚染された空気を撒いているが、私たちはそのことを全く知らされていない。同庁のスーパーファンド・プログラムは、米国内の最悪の有害廃棄物処理場を浄化し、地域や国の環境緊急事態に対応する政策として一九八〇年に始まった。しかし、これまでに、徹底的に浄化された場所はいくつあるのか。また、その存在を知る人はほとんどいないのではないか。

これらのサイトは、有害廃棄物があると環境保護庁に報告が上がってきて初めて「発見」される。つまり、地域住民が最初に発見するのは、人々が病気になってからなのだ。このうち特にひどい場所は、国家優先事項リストに登録される。米国には約三万三〇〇〇のスーパーファンドサイトがあり、その数は増え続けている。そのうち約一四〇〇の施設が国家優先事項リストに登録され、アスベスト、鉛、放射能、その他の有害物質が含まれていて、浄化は進んでいない。

二〇一五年、私はフェイスブックに、ロサンゼルス郡トーランス近郊のサイトについて投稿した。環境保護庁が何十年もかけて浄化してきた二つの隣接するデル・アモ・スーパーファンドとモントローズ化学スーパーファンドだ。大企業が有害な足跡を残したサイトでは、現在も浄化作業が続く。『ロサンゼルスタイムズ』紙は、この二カ所は全米で最悪の化学物質のゴミ捨て場である、と報じた[20]。企業は、トリクロロエチレン、ベンゼン、クロロベンゼンを防水していない開放型の溜池に投棄し、それが地下水に溶出し、環境中に拡散したのである。

第一次世界大戦中、米国政府所有の二八〇エーカーのデル・アモ・サイトに、合成ゴム工場やスチレン、ブタジエンの製造会社があったが、一九五〇年代にシェル社に売却された。一九四三年以来、一九七二年に閉鎖されるまで、グッドイヤー・タイヤ・アンド・ラバー社、ダウ・ケミカル社、シェル社などが、四エーカーの漏水防止処理をしていない六つの埋立地と三つの蒸発池に有害物質を投棄した。その後、開いていたピットと池は土で埋められ、二〇〇二年にスーパーファンドサイトに指定された。

隣接地にある一三エーカーのスーパーファンドサイトは、モントローズ・ケミカル社の工場跡地である。同社は一九四七年から一九八二年まで農薬DDTを製造していた。工場は閉鎖後解体され、すべてアスファルトで舗装された上で、一九八九年にスーパーファンド・サイトに指定された。[21] この製造工場は、地下水を汚染しただけでなく、パロス・ベルデス海洋棚に化学物質を投棄していたこともわかっている。『ロサンゼルスタイムズ』紙によれば、一九九〇年代にボウリング用ボール大のDDTの塊が発見されたので、六三軒の家が取り壊された。[22] 汚染軽減の措置として、廃棄物エリアを覆う工事や土壌・水の浄化処理が続く。住宅地ではトリクロロエチレン濃度が上昇している。

この現場の南側一マイル（約一・六km）以内に住む住民一万四〇〇〇人、および周囲四マイル（約六・四km）以内に住む三万四〇〇〇人が、深い帯水層の水を飲む。これは、私の家からそう遠くない。五歳未満の子どもの一七％を含む全米約五三〇〇万人が、スーパーファンドの周囲三マイル以内に住む。[23]

自分の地域は以下のサイトから検索してほしい：www.epa.gov/superfund/search-superfund-sites-where-you-live.

この地図はネット上でコミュニティ健康手帳・サイトのすぐ隣りにあり、病気のクラスターがこれらの有害地域とどれほど密接に重なっているかを確認できるようにしてある。

化学物質の安全性については、もっとテストを行う必要がある。新たに市場に出す際には、慎重に確認する必要がある。新旧両方のスーパーファンドサイトのモニタリングとテストは継続してほしい。そして、産業界に「汚染者税」を復活させようと考えている。一九九五年まで、スーパーファンド・プログラムは、原油、輸入石油製品、有害化学物質、有害化学物質を燃料として使用する輸入品への税金、および企業の修正された代替ミニマム課税所得に対する税金が主な財源だった。これらの税金は期限切れとなり、一九九六年以降、スーパーファンド・サイトの監視と浄化には、私たちの税金が使われている。

最終的に、これらの有害物質は水に流れ込む。もし水に毒物が含まれていたら、皆も心配だろう。私は地域社会と協力して、住民と公的機関や政治とのギャップを埋める手伝いをしている。私は政治は好きではない。党派も関係なく、金持ちも貧乏人も肌の色も関係なく、みんなきれいな水にアクセスする必要がある。党派を超えて一致団結すべき問題は、安全な飲み水の確保だ。これは明白なことである。

水に何が含まれているか、困ったときに誰に相談すればいいか。あなたは、水道水が安全に飲めるか知る権利がある。飲料水は、州および連邦の飲料水基準を満たしているか。コンプライアンス（基準に適合すること）の真のコストはいくらか。公共水道システムから水を購入する消費者にとって、本当のコストはいくらか。これが本当の疑問なのだ。次章では、私が心配する有害物質を紹介したい。

新しいことを始めるのは気が重い。枠コラムでは、自分の水がどこから来ているのか、どんな汚染物質が入っているかを理解するための行動を紹介する。

【コラム】誰が水道水を浄化しているのか。

あなたの家の水道水の浄化の責任者は誰か確認しよう。調べるためのアプリはまだない。しかし環境保護庁は、地元の公共水道事業者を探せる地図を提供している。[24] あるいは、隣りの人や町の年配の人は知っているかもしれない。アパートに住んでいるなら、アパートの管理会社にたずねよう。

水道水報告書を探す

家の水道水にどの有害物質が入っているか。知識は力である。水道事業者から消費者信頼報告書（水質報告書とも呼ばれる）を入手してほしい。この年次報告書は、毎年七月一日に公表され、水道水の汚染物質について詳述している。水道代請求書とともに郵送されてくる。水道代をオンラインで支払っているなら、水道事業者のウェブサイトから入手するか、ＰＤＦ形式のファイルを請求できる。

水道水報告書の重要な点

報告書は、湖も川も公共井戸も、汚染物質と検出濃度が記載されている。環境保護庁の推奨基準より高濃度の汚染物質は掲載されているべきである。違反がないか確認してほしい。違反とは、環境保護庁諸法の限度濃度より高濃度の汚染物質が検出されることである。違反が掲載されているなら、報告書には汚染物質の健康への影響、および、水道事業者の取り組みが含まれていなければならない。

井戸水

もし、市町村上水道ではなく私設井戸または地域井戸から取水している場合、水の安全性はあなたの責任である。環境保護庁は井戸水の維持管理について情報提供している。

www.epa.gov/privatewells

必要なことが見つからない場合は、地元の保健所か環境課にコンタクトして、水道水を検査できる州認定（許可）検査センターのリストを要求してほしい。自分の分水嶺（水の流域）を調べて、井戸水を汚染するかもしれない近くの産業・農業事業者を把握しよう。[25]

自分でやる

自分で水を検査して何が検出できるか確認することもできる。環境保護庁は「安全な飲料水ホットライン」を設置している。電話して、地域の水検査機関を見つけるか、友人や近所の人にどこか推薦してもらってほしい。環境ワーキング・グループ（ＥＷＧ）の水道水データベースも利用できる。

www.ewg.org/tapwater

郵便番号を入れれば、どの汚染物質が連邦または州の規制基準を超えているかわかる。

有毒物質を調べる

すでに地元で水質の改善に向けて活動しているグループやＮＰＯがあるかもしれない。メンバーになろう。地元で探すか、きれいな水・ネットワーク、ウォーターキーパー連盟、きれいな水・アクションのような全米組織にコンタクトして、どうすれば活動に参加し手伝えるかたずねてほしい。汚染源になっているかもしれない企業があれば、こうしたグループに知らせてほしい。また地元の事情を説明した上で、団結して担当機関に圧力をかけ、法律に従わせ、変化を実現する手伝いができるか聞いてみてほしい。

問題に加担しないために

流しやトイレは、ペンキや化学洗浄剤、廃油、未使用薬品を捨てる場所ではない。市町村の衛生課、公共事業課あるいは保健所に連絡して、有害廃棄物の適切な捨て方を確認しよう。使い捨てプラスチックをできるだけ減らしてほしい。まとめ買いやプラスチック容器を選ばないことで減らせるだろう。

第5章　有害物質のトップ

この章では、水道水に含まれる六つの有害化学物質に関して、水道水や体に入ってきた経緯、規制の実情、そしてそれらの健康被害について述べている。これら六つの汚染物質は、全国の市町村（地域社会）を悩ませている最悪の張本人である。

【1】六価クロム

その他の名称／表記：クロミウム六、クロミウムⅥ、Cr－Ⅵ

この物質はしばしば「エリン・ブロコビッチの化学物質」と呼ばれるが、私よりもずっと前から存在していたことは確かだ。そう呼ばれているのは、私がその危険性を明らかにしたからかもしれない。しかし、重要なのは、この化学物質がどのようにしてあらゆる町で、飲料水を汚染したかということなのだ。全国の水道水検査から得られた連邦政府の二〇一六年データを分析すると、六価クロムが米国全五〇州、二億人以上の米国人の飲料水を汚染していることがわかっている。[1]しかし、連邦政府の規制では「クロム全般」しか監視していない。クロムには天然の金属元素である三価クロムと、自動車のバンパーから繊維用の染料、木材保存剤、防錆剤など、あらゆるものの製造に使用されている有害な六価クロムがある。連邦政府がこの二つを区別していないことが大きな問題だ。

クロムという用語は、ギリシャ語で「色」を意味する「クロマ chroma」に由来する。三価クロムは自然界に存在する無臭の金属元素であるのに対して、人工的に作られた六価クロムは、水道水中に多くなりすぎると鮮やかな緑や黄色になる。産業界では、六価クロムは防錆性において傑出していて、耐久性を高めるために塗料や下地塗装剤、プラスチック、ステンレス、表面処理剤などに添加されていた。六価クロムが評価されたのは、自動車のバンパーや航空機のエンジン部品に明るい光沢を与えたためだった。最も有効で安価な防錆剤の一つであったため、全米のオフィスビルや工場の冷却塔にも使用されていた。しかし、六価クロムはきわめて毒性が高い。一九八〇年、「全米毒性プログラム」と米国保健社会福祉省は、「発ガン性物質に関する第一次年次報告書」を発表したが、その中で六価クロムはヒト発ガン性物質としてリストアップしてあった。一九八六年、カリフォルニア大気資源委員会は、六価クロムを急性および慢性の疾患を引き起こす有害大気汚染物質（TAC）と認定した。[2]これは、歯の黄ばみ、息切れ、咳、喘ぎ、気管支炎、肺炎、皮膚潰瘍、皮膚炎、肺ガン、鼻ガン、副鼻腔ガンなどの疾病である。最近になって、飲料水に含まれた場合の危険性も研究によって明らかになっている。

国の規制

環境保護庁は、六価クロムを含む総クロムの国家飲料水基準を一〇〇ppbと定めている。これは混乱を招くものだ。なぜなら、クロムには、発ガン性物質の六価クロムとそうでない三価クロムがあるからである。この総クロムのMCL（最大汚染度）は一九九一年に設定された。[3] これは当時の科学的知見に基づいて設定されたものである。最新の科学的知見が安全基準に反映されるまでには時間がかかる。二〇〇八年、専門機関である国家毒物学プログラムは、動物対象の二年間の飲料水研究で、六価クロムには経口摂取による発ガン性があると示した。[4]

同庁のウェブサイトによると、同庁は定期的に飲料水基準を再評価していて、六価クロムに関する科学的根拠に基づき、二〇〇八年に厳密かつ包括的な飲料水基準の見直しを開始した。しかし二〇一八年になっても、六価クロムはまだ「新興汚染物質」に分類されたままである。監視対象になっている八〇種類以上の新興汚染物質のうち、ロケット燃料や爆発物に含まれる過塩素酸塩のみが規制の対象となった。[5] 公営水道の水道水がクロムの連邦基準を超えると、消費者に通知されるが、ほとんどの人は通知をもらっても途方に暮れるだけだろう。

州の規制（最大汚染度と公衆衛生基準）

第二章で述べたように、唯一、六価クロム規制を設けているカリフォルニア州の最大汚染レベルは一〇ppbだ。これは連邦基準よりもはるかに厳しいが、同州の公衆衛生目標の〇・〇二ppbより緩い。公衆衛生目標は、同州の環境保健有害性評価局が策定したもので、同州でも全米でも初めてのことだった。しかしている。

二〇一七年に、最大汚染レベルは裁判により棄却され、現在、同州水道公社が新最大汚染レベルを作成している。

公衆衛生目標を設定するプロセスは、かなり詳細で綿密なものだ[6]。同局は、化学物質の動物や人間への影響に関する研究を含むすべての関連情報をまとめる。これらのデータをもとに、健康リスク評価を行い、水道水の化学物質のレベルを特定し、七〇年間毎日飲み続けても、健康に重大な影響を及ぼさないレベルを明らかにする。同局は、成人が毎日二リッターの水を飲むことを想定し、妊娠中の女性、子ども、高齢者、持病のある人など、社会的弱者にも配慮した上で、最終的な目標を設定する。これには強制力はないが、公共水道公社は、毎年の消費者信頼報告書に、汚染物質に関する情報を提供する一方、水質が目標値を超えた場合は住民（顧客）に伝えなければならない[7]。

追伸：報告書は、毎年七月一日までに水道業者から顧客に送付される。

どうして、同州の公衆衛生目標（〇・〇二ppb）は最大汚染レベル（一〇ppb）よりもこれほど厳しいのだろうか。最大汚染レベルは、化学物質の健康リスクに加えて、検出可能性、処理可能性、処理コストなどの要素を考慮している。特定の化学物質の最大汚染レベルは、「技術的にも経済的にも実現可能」な範囲で公衆衛生の保護に主眼を置きながら、できるだけ公衆衛生目標に近づけることが求められている[8]。同州公衆衛生局の試算によると、最大汚染レベルを守るためのコストは年間約二〇〇〇万ドルにもなっている[9]。

ニュージャージー州とノースカロライナ州は、水道水中の六価クロムについて、法律に明記していない規制値を実施している。両州でも、石炭火力発電所で発生する有害な石炭灰の管理不行き届きが問題である[10]。石炭灰には、六価クロム、鉛、ヒ素、水銀などの有害な重金属が含まれ、それらが水道水に混入している。二〇一〇年、ニュージャージー州の科学者、電力会社関係者、市民で構成された飲料水品質機関は、最大汚染レベルを〇・〇七ppbとすることを推奨した[11]。しかし、環境保護活動家によると、州の規制当局は、法律の制定を躊躇している。ノースカロライナ州では、デューク・エナジー社の石炭灰堆積場の近くに住む住民が、二〇一五年に、州規制当局から「水道水を飲まないように」という手紙を受け取った[12]。井戸水から安全でないレベルの六価クロムが検出されたからである。しかしこの基準はその後、ノースカロライナ州の環境品質局と保健社会福祉局の政治任命職員によって覆されている。同社に二八年間勤務していたパット・マクローリー知事（当時）の任命した州職員が、この基準を覆したのだった。

健康への影響

六価クロムには男女ともに発ガン性と生殖毒性がある[13]。また、目や呼吸器への刺激、喘息、貧血、急性胃腸炎、めまい、消化器官出血、痙攣、潰瘍、肝臓や腎臓の損傷や機能低下を引き起こす可能性がある。

【2】クロラミン類

その他の名称／表記：二次消毒、モノクロラミン、クロラミド、クロロアザン

私は、クロラミンを水道水問題の名付け親と呼ぶ。水道水問題のどこで道を誤ったか、はっきり示しているからだ。自治体の水道局は、環境保護庁が設定した消毒副生成物の基準を満たすために、塩素処理水

にアンモニアを添加している。業界では消毒副生成物を「意図しない結果」と呼ぶ。クロラミンには、モノクロラミン、ジクロラミン、トリクロラミン、有機クロラミンなどがあり、一般的な飲料水処理にはモノクロラミンがよく使われるが、本書ではこのグループ全体を「クロラミン」と呼ぶことにする。

　クロラミンの問題を理解するためには、水処理の歴史を振り返る必要がある。飲料水は、湖、川、小川などの自然の水源から取得している。それには落ち葉や土、魚の排泄物などの有機物が含まれている。水に塩素を添加する「塩素処理」は、水処理の主要な方法の一つで、一〇〇年以上前から行われている。バクテリア、ウイルス、寄生虫などの有害な生物を殺す効果が高いからだ。病気の予防にも効果がある。実際に、塩素処理が始まる前、世界中の都市で、腸チフス、コレラ、赤痢、下痢などの病気が発生していた。塩素処理することで、これらの健康問題を克服できたが、進歩に伴い副作用の可能性が出てきた。

　一九七四年、科学者たちは、塩素自体が、水に含まれる天然化合物と作用して消毒副生成物を生むことを突き止めた[14]。これには、発ガン性が指摘されているものが数多くある。現在、水道水に危険なレベルの総トリハロメタンが確認される都市は、全米で一〇〇〇を超えている。総トリハロメタンとは、クロロホルム、ブロモジクロロメタン、ジブロモクロロメタン、ブロモホルムの四種類の化学物質が同時に存在する場合のことを指す。総トリハロメタンが増加すると、システムのバランスが崩れる。これらの化合物は、水中の有機物が塩素と反応して発生する。つまり、給水システムの塩素処理が適切に行われておらず、添加する塩素に過不足があることになる。しかし、多くの都市では、問題の根源である「有機物」を見つけようとしていない。水に何が含まれているかがわかれば、新たに化学物質のカクテルを作るのではなく、より効果的に浄化処理することができる。この四〇年の間に、塩素処理された水道水から六〇〇種類以上の他の消毒副生成物が発見された。その中にはハロ酢酸もある。[15] 水道水には有機物も無機物も増えて、悩みや違反が増加しているのだ。

環境保護庁は、第一、第二段階の消毒剤および消毒副生成物に関する規則を採用して、規制に取り組んでいる。第一段階の規則は、飲料水の規制を強化するもので、水道供給事業者に消毒副生成物の監視と削減を義務づけ、よりクリーンな飲料水を提供できるようにした。この規則は、公共水道（年間を通じて同じ人口に水を供給する公共水道）と、一時的でないノンコミュニティ・システム（少なくとも二五人に水を供給する公共水道で、学校や事務所ビルや病院に年間最低六カ月間給水する公共水道）の両方に適用されている。同庁の規制により、これらの水道供給事業者は、処理プロセスのどの段階でも、飲料水に殺菌剤の添加を義務付けられている。これらの規則は、微生物による汚染からの保護を強化し、総トリハロメタンなどの危険な消毒副生成物を削減することを目的としている。第二段階の規則では、配水管の評価を行い、消毒副生成物の多い地域の特定が求められる。これらの場所は、水質監視のための採取場所になるが、水道会社は当初から、この規制は費用がかかりすぎると懸念していた。

そこで登場したのがクロラミンである。この代替消毒剤は塩素とアンモニアの混合物であり、水処理施設では、塩素からクロラミンへの切り替えが急速に進んでいるが、これは連邦政府の消毒副生成物基準を満たすためである。便利な解決策ではあるが、私は、これが必ずしも安全かつ効果的な方法だとは言えない、と考えている。

クロラミン処理は、環境保護庁の規制を満たす最も安い方法である。しかし、最も危険な方法の一つでもある。まず第一に、塩素は比較的早く空気中に蒸発してしまうが、クロラミンはより安定していて、水道管内でより長く効果を発揮する。添加する目的は、細菌やウイルスによる汚染の抑止であり、確かにクロラミンはその役割を果たす。しかし、クロラミンには発ガン性のあることが知られている[16]。さらに、急速な設備の劣化や、水道のバルブや継手の劣化を引き起こす。まだ鉛管や鉛製の部品を使用しているシステム（つまり全米何百万もの家庭やビル）では、クロラミンによって鉛やその他の金属が水道水に溶け出し、蛇口やシャワーヘッドから出てくることになり、水道水が汚染される。また、クロラミンは、オゾンや二酸化塩素などの他の処理方法に比べて、より多く有害な副生成物を作り出すこともわかっている。

クロラミンの最も有名な事例はワシントンD.C.である。首都では二〇〇〇年にクロラミンを使用するようになったが、これが原因で市内の老朽化した鉛管に大きな腐食問題が発生した。二〇〇一年には安全基準の八〇倍以上の鉛が検出された。その後、米国議会による調査と訴訟が行われている。

さらに、多くの水道事業者は、水質基準を満たすために、クロラミンを併用した塩素の焼き捨て（バーンアウト）を行っている。バーンアウトは、クロラミンをやめて、より強力でより早く作用する遊離塩素に切り変えるときに行われる。これにより、水道管を洗浄し、システム全体を洗い流せる。そのため、燃焼前と後に検査する。ほとんどの水道事業者は、四半期ごとの水質検査報告だけ求められているので、燃焼中に検査する必要はない。塩素の焼き捨ては九〇日に及ぶこともある。定期的にクロラミンを使用しても、有害な有機物や汚れをすべて取り除けないので、水道システムは塩素で「洗浄」されるが、その結果、ガンやその他の健康問題を引き起こす何千もの化学物質が発生してしまうのだ。

私が担当した町の例を紹介しよう。二〇一五年、私はテキサス州タイラー市の市議会に公開書簡を書いたが、その中で私は、環境保護庁の規制を守ることと、安全な飲料水を確保することの違いを強調した。

テキサス州タイラー市議会への公開書簡

報道では、私が飲料水の「安全性」について語るとき、正確には何を意味しているのか、混乱が生じている。私が言っているのは、五月に発生し、一〇月下旬に報告されたハロゲン物質の最大汚染レベル違反のことではない。最も心配しているのは、タイラーでは、一〇月下旬のテキサス州環境品質委員会の違反報告義務に至るまでの何カ月もの間、飲料水に強い塩素の味があり臭いがする、という問い合わせが私の事務所に何度もあったことである。

タイラーの水質問題については、事実無根の重大なフェイク・キャンペーンが行われ、率直に言って、きっかけとなったテキサス環境品質委員会の違反通知が狙い撃ちにされている。

タイラーの議員である皆さんは、私が言っている水質の苦情が、私たちが介入して調査を開始するよりもはるか以前からあったことはご存知と思う。

私たちは、地区によっては問題がもっと深刻であることを知っている。選挙区の何十人もの消費者と直接話しているからだ。

この問題は、水道水処理過程で、消毒副生成物の発生を抑制するために、クロラミン（塩素＋アンモニア）を誤って使用していることである。この誤用で給水システムが破壊されてしまった。二〇一四年には、一カ月間、今年も八月と九月の二カ月間、システム全体での焼き捨てがあった。

市の給水システムは、深刻な硝化（アンモニアが酸化すること）とバイオフィルム（微生物の膜）の再増殖に悩まされている。タンクや貯水池、末端の水道管で殺菌剤が残留しないよう、システムに過剰投与されている。クロラミンを過剰投与するとアンモニアの酸化が進み、バイオファウリング（異常な生物付着）が発生する。自滅への悪循環に陥っていると同時に、塩素が切れている間、消費者は高濃度のハロゲン物質や総トリハロメタンにさらされる。水処理の専門家に、六〇日間の焼き捨て中の消毒副生成物の濃度を聞いたか。私たちは確認したが、これは規制の抜け穴だ。水道事業者は、焼き捨て中に確認する義務がないのだ。事前に計画を立て、制度を悪用し、好きな時に好きなことだけを報告すればよい。検査をしないからといって、化学物質で汚染されていないわけではない。

それ故、住民が燃え尽きると、私の問題が増える。一年のうちの残りの一〇カ月にアンモニアを再開したら、水は「安全」になるのだろうか。いいえ、それは水が規制基準に「適合」しているだけのことである。安全と適合は、全く異なる概念だ。私たちは、当然、「安全」を重視している。

議員のみなさんが硝化、バイオフィルム、および残留物の削減に対処するために投入しているクロラミンは、即時的で急性の健康被害を引き起こしている。どのような量であっても、長期にわたる慢性的な健康被害を引き起こす。毒物学者は、「まだ規制されていない」クロラミンによって形成される副生成物は、遊離塩素の副産物よりもはるかに毒性が高いと考えている。

クロラミンは鉛や銅をさらに腐食させる（真鍮製の水道メーターや配管設備には鉛が使用されている）。クロラミンは、配管、給湯器、器具、電化製品など消費者の財産に損害を与えている。特に、配管にピンホールリーク（小さな水漏れ）を発生させ、構造的なダメージを与える。クロラミンは給水システムを破壊するだけでなく、環境破壊を引き起こしている。極めて高レベルの塩素やクロラミンを含んだ排水は、どこへ行くのだろうか。

1. 二〇一五年六月一日以降、処理場と給水管で実施された全水質検査データを教えてほしい
2. 二〇一五年六月一日から現在までの浄水場の運転ログ(記録)のコピーがほしい
3. タイラー市が最近依頼した第三者調査員の業務範囲、氏名、連絡先を教えてほしい

速やかに開示を依頼している情報の提出にご協力いただき感謝したい。

この手紙からもわかるように、クロラミンに切り替えたことでさらに問題が拡大した。クロラミンは、味や臭いや色に影響するだけでなく、給水システム自体にも影響する。タイラー市で見たように、これは自滅的だった。多くの自治体では、重要部品であるゴム製のバルブ、ガスケット、フィッティングの故障が報告されている。クロラミンは安価な対策だが、安いなりに弊害も大きいのである。

もう一つの興味深い点は、水がクロラミンのような臭いがする、と連絡してくる人がいることである。それはたいてい、水道事業者が塩素の焼き捨てを実施しているからなのだ。これは、システムを悪用する汚いやり方である。焼き捨てで使用される塩素はクロロホルムを生成する。もし熱いシャワーを浴びたり、医療機器(加湿器、CPAP[睡眠時無呼吸症候群の治療器]、ネビュライザー[吸入器])から吸い込んだりすると、喘息や肺炎を起こす可能性がある。きれいな飲料水の塩素は臭わない。塩素の臭いがするのは、非常に多くの有毒な化学物質が塩素と反応している証拠である。水道事業者には、汚染を除去する他の選択肢がある。しかし彼らは、市民からの圧力がなければ、よりよい方法は採用しないのだ。

テキサス州ハリス郡は、ヒューストンとその周辺地域を含む全米で最も人口の多い都市圏で、四〇〇万人以上の人口を誇る。その住民が二〇一四年に私に手紙を書き始めたのは、水道水に強い塩素臭があり、土砂や泥が混じるようになったからだった。これに対し、水道事業者は次のような声明を出した。

住民の方々の懸念は承知している。この水は常に飲料水として安全であり、テキサス州環境品質委員会の基準に適合している。私たちは、大規模なシステムで表流水を供給する際に義務付けられている定期的なメンテナンス（点検・修理）を実施している。住民の方々には、水道料金の請求書のメッセージと、地区内の掲示板で、定期的なメンテナンスを周知していた。その一環として、私たちは消毒剤を変更し、フラッシングの回数を増やした。

彼らの言う「フラッシング」とは、塩素の焼き捨てのことである。使用されるレベルの塩素はクロロホルムを発生させ、これが臭いの主因となる。タイラー市議会への公開書簡にもあるように、この物質を熱いシャワーや医療機器から吸い込むと、喘息や肺炎を引き起こす。解決策は、飲料水の汚れを除去し、アンモニアの添加を止めることなのだ。アンモニアは、生物付着反応を起こし、塩素の焼き捨てにつながり、それを隠すためにさらにクロラミン（アンモニア）を添加するという悪循環に陥ってしまう。はっきり言えば、クロラミンは飲料水に絶対に入れてはいけない。その理由は以下の通りだ。

1．クロラミンは効果のない殺菌剤である。水質検査の世界的企業であるハッハ社によると、クロラミンの殺菌効果は塩素の二五分の一である。[17] 投与と混合が正確でない場合、水道事業者は住民に未消毒の生水を飲ませることになる。実際、クロラミンの効果は非常に低いため、事業者は、アンモニア慣れしたバクテリアを一掃するためだけに、年に一度、塩素に戻すことが義務付けられている。

2．アンモニアはバクテリアの餌になる。クロラミンが分解すると、アンモニアが発生し、本来止めるべきバクテリアの餌になってしまう。さらに、クロラミンの副生成物としての硝化により、窒素が水中に放出され、バクテリアがさらに増殖してしまうのだ。硝酸塩は、新生児の血中へモグロビンを減少させ、致命的なブルーベビー症候群を引き起こす可能性がある。

3．イリノイ大学アーバナ・シャンペーン校の研究では、クロラミンは遺伝的損傷を起こす。[18] さらに、クロラミンを日常的に使用していた病院では、呼吸器系の患者に五倍もの被害を与えてしまった。

4．クロラミンは特に鉛や銅に対して強い腐食性を示す。ワシントンD．C．では水に鉛が溶け出し、五歳未満の子供に学習障害を引き起こした。[19] 関連する訴訟は二億五〇〇〇万ドルで和解している。

5．クロラミンは、システムを騙して（お金を節約して）、水道事業者が現行の基準を満たせるようにする。クロラミンは、消毒副生成物の量を減らすが、ニトロソアミンも発生させる。これは消毒副生成物で、クロラミンが除去するとされるどんな副生成物より、一万倍も発ガン性が高いものである。

クロラミンの害を心配する人々には、他に選択肢があると言いたい。事実を知り、水道会社担当者と話をしてほしい。健康と安全を危険にさらすような手抜きはやめさせるべきである。

国の規制

環境保護庁は、水処理事業者に対して、二段階ある「消毒剤および消毒副生成物に関する規則」の遵守方法を定めていない。クロラミンを一次または二次消毒剤として使用することを提案、指示、要求したことはなく、水処理事業者にどの方式を採用すべきか指示したこともない。最大残留量は四ppmだ。[20]これは飲料水の消毒剤に関して、健康被害の可能性がない最大許容レベルのことだ。この強制力のある規制により、水道事業者は、水道水がこの基準値を超えた場合、市民に違反を知らせなければならない。

健康への影響

クロラミンは、腎臓透析患者に害があり、魚にも有害である。[21]私はクロラミンの健康問題を示す科学的研究は把握していないが、何千人もの人々が、水道システムがクロラミン類を使用するようになってから発生した健康問題を報告してきている。症状としては、重度の皮膚発疹、皮膚の乾燥とはがれ、「じんましんのような」皮膚の発生、耳の腫れ、極度の疲労感、空咳、鼻づまり、かゆくほてって腫れた目、腹痛、酵母菌感染などがある。また、高濃度の総トリハロメタンを含む飲料水を飲んでいた妊婦は、妊娠第一期に流産リスクが高くなり、低体重児を出産する可能性が高いことがわかっている。[22]

【3】鉛

その他の名称／表記　Pb：原子番号八二

鉛は何世紀もの間使用されてきた重金属で、特に古代ローマでは水道橋の建設に使われた。水道橋は、遠い水源から噴水、公衆浴場、住宅、農場、庭園に水を供給していた。このシステムは、当時一〇〇万人以上の人々に水を供給していた。多くの歴史家は、この鉛管の毒がローマ帝国の崩壊の原因になったと考えているが、二〇世紀に入って記憶喪失になった私たちは、水道管、パイプ、配管、弾薬、陶器の釉薬（ゆうやく）、塗料などに再び鉛を使い始めた。現在、ガソリンや塗料への鉛の使用は禁止されたが、六〇〇万本以上の鉛製水道管が今でも全米で飲料水を供給している[23]。二〇〇七年、米国有害物質・疾病登録局は、人間の活動によって、過去三世紀の間、特に一九五〇年から二〇〇〇年にかけて世界中で有鉛ガソリンの使用量が最も多かったため、環境中の鉛の濃度が一〇〇〇倍以上になったと報告している[24]。

今日、鉛は蓄積性の毒物であり、最もよく研究されている神経毒として、今世紀最大の環境犯罪の中心となっている。これは、ミシガン州フリントだけではなく、全米の学校のことである。二〇一七年に、ニューヨークの五つの行政区の校舎の八〇％以上で鉛の濃度が上昇していた。この数字が明らかになったのは、アンジュルー・クオモ州知事が厳格な検査を命じたからだった[25]。

オレゴン州のポートランド市では、州最大の公立学校群が、蛇口や水飲み場で高濃度の鉛が検出されたことを通知するのに二カ月以上もかかったことがニュースになり、保護者が校長の辞任を求めた[26]。ニュージャージー州のクリス・クリスティ知事は、ニューアーク市の三〇の学校で、連邦政府の基準値の三五倍もの鉛が検出されたことを受け、公立学校三〇〇〇校に検査を要請した[27]。

鉛は発達中の脳に最も有害であり、特に強く影響を受けるのは六歳以下の子どもたちである。ミシガン州のフリント市では、約一万人の子どもたちが安全でないレベルの鉛を含む飲料水を飲んでいる。しかし、全米の学校の話は、まだ明らかにされ始めたばかりである。学校や保育施設は、独自の公共水源を持っていたり、運営していたりしない限り、連邦法では飲料水の検査をする必要はない[28]。子どもたちにとって鉛がいかに危険であるかを知っているにもかかわらず、推定九万八〇〇〇の公立学校と五〇万の保育施設では、検査は任意なのだ[29]。鉛の摂取量に安全なレベルはない[30]。どんなに微量でも危険である。飲料水に鉛が混入する原因は配管の腐食であり、クロラミン類が配管内の鉛と反応し水に溶出することで悪化する。速やかに全米のすべての鉛管を交換するとともに、私たちを守る法律も改正しなければならない。

国の規制:「鉛・銅の規則」

飲料水中の鉛は、安全飲料水法の一部である「鉛・銅の規則」によって監視されている。これは処理技術に関する規則で、一九九一年に初めて制定されて以来、何度も改訂されてきた。当初、鉛・銅の規則は最大汚染物質レベルの目標をゼロに設定していた。水道局は契約者(顧客)の蛇口からサンプルを採取することを義務づけられていた。この規則は、鉛のアクションレベルを一五ppbに設定し[31]、一〇%以上の顧客からのサンプルがこのアクションレベルを超えた場合、水道局は腐食を制御するとともに、一般の人々に通知することになっている。しかし、この規則の実施状況はシステムの規模によって異なる。

人口五万人以上の水道事業者は、薬品を加えたり、飲料水のpH(酸性度)を調整したりする腐食防止処理装置の設置が義務付けられている。人口五万人未満の水道システムは、連続した二回の六カ月のモニタリング期間中に鉛と銅の基準を満たしていれば、その装置を設置しなくてよい。小規模なシステムで鉛濃度が基準を超えた場合は、州と協力して水質を監視し、腐食防止処理装置の設置と維持管理が求められる。「鉛・銅の規則」は、住民の自宅で水道水の検査を義務付けている唯一の国の飲料水規制であるだけでなく、頻繁に消費者自身が飲用水を検査しなければならないと定めている。

この規制は聞くだけで複雑に思えるが、それを実施・施行する人々にとってどれほど複雑なことかを想像してみてほしい。環境保護庁は二〇一六年に白書を発表し、この規則に必要な改訂について詳しく述べている。[32]その要約には、「この規則とその実施は、緊急に抜本的な見直しが必要である。……規則を近代化し、その実施の強化が急務である……公衆衛生の保護を強化し、実施要件を明確化することで、より効果的に施行しやすくする必要がある」と明記されている。白書では、規則が複雑であることや、学校など重要施設が軽視されていることなどが挙げられている。

「鉛・銅の規則」は複雑なので、腐敗の温床になる。二〇一六年一月の『ガーディアン』紙の調査結果では、私たち内部の人間にとって既知のことが暴露された。[33]水道局が鉛の量を低く見せかけるために、疑わしい方法を使っているのだった。法律は曖昧なので、誰かが環境保護庁の検査手順書に違反しているとまでは言えないが、多くの都市では、水道事業者が検査の前に水道水を数分間流してパイプから鉛を洗い流すよう市民にアドバイスしている。これは検査結果に影響するので、真のサンプリングにならない。

二〇一六年のロイター社の報道によると、三〇〇〇近くの地域でフリントの少なくとも二倍の鉛中毒率が報告されている。[34]ペンシルベニア州のウォーレン、インディアナ州のサウスベンド、テキサス州のゴートアイランドでは、水道設備が崩壊しかかっているが、ほとんど注目されず、資金援助もない。米国水道協会が発表した別の報告書によれば、蛇口ではなく鉛の水道管から直接採水した場合、最大で九六〇〇万人の米国人が安全でない濃度の鉛を含む水を飲んでいる。[35]

鉛・銅の規則は、私たちが鉛や銅に触れにくくしたが、まだ道のりは遠い。二〇一七年、フランク・パローンJr.下院議員は、「安全な飲料水法改正案」を提出した。[36]これは、二〇年以上たった安全飲料水法を大幅に改訂するもので、鉛、有機フッ素化合物（ＰＦＡＳ）、藻類毒素について、厳しい基準を設定している。また、この法案は学校や地域社会が鉛の配管を交換するための補助金を出す。環境保護庁は、二〇一九年一〇月に、子どもたちやリスクのある地域社会を守るべく、鉛・銅の規則の初めての大規模改正を発表した。[37]今回の改定案では、鉛の基準は現行の一五ppbのままだが、トリガー（警告）レベルを一〇ppbに変更している。市の水がこのレベルに達したら、水処理計画を再評価し、腐食防止用の化学物質を追加することが必要になる。また、この法案では、すべての水道局が、鉛配管記録システムを導入・更新するとともに、顧客の家でのサンプルが一五ppbを超えた場合、二四時間以内に顧客に通知することを求めている。加えて水道事業者は、鉛配管を使う住宅の所有者に、定期的に働きかける必要がある。今回の法案は、配水している地域の学校と保育園の二〇％について飲料水を毎年検査すると定める一方、住宅所有者が敷地内の鉛管を交換した場合、市が公共の鉛管も交換するよう求めた。ただし、市が毎年交換を義務付けられるのは現行法が求める全体の七％よりも低い三％の鉛管だけである。[38]

「新しい鉛・銅の規則は、数十年にわたる鉛の暴露削減をさらに前進させるいい機会だ。ミシガン州フリント市のような失敗はあったものの、塗料、ガソリン、玩具、土壌、粉塵、飲料水など、あらゆる鉛への暴露を低減するための全国的な取り組みが進んだ結果、米国では過去四五年間、鉛への暴露が劇的に減った」。米国水道協会のデビッド・ラフランス社長は言う。「しかし、まだ重要な課題が残っている。水道協会は、環境保護庁、各州、電力会社と協力して、さらなるリスク低減を実現する安全で安価な方法に期待している」と。[39]

州の規制：ニューヨーク州とカリフォルニア州

連邦法の不足を補うために、いくつかの州では、特に学校での厳しい鉛規制を導入している。二〇一六年、ニューヨーク州は、全校で鉛検査を行い、必要に応じて修復計画を義務付ける法律を全米で初めて成立させた。[40]ニューヨーク州の学校は、鉛の検査結果を州保護局に電子報告システム経由で報告する義務がある。しかし、自然資源保護協議会などの環境保護団体は、この法律は画期的だが、子どもの保護をさらに強化する必要がある他、州のデータはまだ不完全だと指摘している。[41]

カリフォルニア州議会のロレーナ・ゴンザレス・フレッチャー議員（民主党−サンディエゴ選出）は、幼稚園からコミュニティカレッジ、州立大学までの全公立学校に、水の鉛汚染検査を義務付ける法案七四六を提出した。[42]二〇一七年一〇月、ジェリー・ブラウン同州知事が同法案に署名し、州内の学校における鉛規制が強化された。鉛濃度が上昇した場合、水源を直ちに遮断し、すべての職員と生徒の保護者に通知することが求められている。

健康への影響

鉛は認知機能や学習に影響があり、ＩＱや学業成績が低下する。子供の注意力の低下、衝動性や多動性の増加にも関連する。[43]成人が長期に鉛に曝露されると、高血圧になり、冠状動脈性心臓病や心血管疾患による死亡の原因となる他、認知機能の低下、うつ病や不安神経症の症状、免疫機能の低下につながる。

【4】ＰＦＡＳ（有機フッ素化合物）

その他の名称／表記、一般的な表示：ＰＦＣｓ（パーフルオロケミカル）
ＰＦＯＡ（パーフルオロオクタン酸）、Ｃ８、パーフルオロオクタン酸アンモニウム
ＰＦＯＳ（パーフルオロオクタンスルホン酸）、パーフルオロオクチルスルホン酸
ＧｅｎＸ、パーフルオロ－２－プロポキシプロパン酸、またはＰＦＰｒＯＰＴＡ

現在、もっとも関心の高い汚染物質は、ＰＦＡＳである（ピーファス。有機フッ素化合物。ＰＦＣｓ［パーフルオロケミカル］とも言う）。ＰＦＡＳのうちＰＦＯＡとＰＦＯＳは、一九四〇年代から五〇年代にかけて多用されてきた産業副産物である。この人工化学物質は、泡消火剤や防汚スプレー、焦げ付きにくい調理器具や耐水性繊維など、あらゆるものに含まれている。水道水には本来関係のないものだ。驚くことではないが、ＰＦＡＳを製造または使用していた施設の近くで、ＰＦＡＳの濃度が最も高い。しかし、これらの物質は工場の外にも広がっている。

科学者たちは、米国で検査したほぼすべての人の血液からＰＦＯＡとＰＦＯＳを検出した。[44] ジョンズ・ホプキンス大学のブルームバーグ公衆衛生大学院の研究者は、新生児が胎内でＰＦＯＡとＰＦＯＳの両方にさらされていることを発見した。[45] ＰＦＯＡとＰＦＯＳは非常に安定した化合物で、環境や人体の中では

容易に分解されない。そのため、PFASは「永遠の化学物質」と呼ばれている。PFASは体内に蓄積され、何年にもわたって体内に留まるため、健康上の大きな問題となる。これらの化学物質は、企業の隠蔽体質の典型例であり、自社製品が有害であることを知りながら世界中に広めた一例でもある。二〇一七年、環境ワーキンググループ（EWG）とノースイースタン大学の研究者は、メイン州からカリフォルニア州までの四〇以上の産業および軍の汚染源が、二七州の一五〇〇万人のアメリカ人の水道水をPFASで汚染しているのを確認したのだった。[46]

PFOAは、世界最大級の企業である米国のデュポン社（およびその子会社であるケマーズ社）の成功を支えてきた。デュポン社のホームページによれば、「科学的ブレークスルーを商業的ブレークアウトに結びつけることで、世界で最も革新的な科学企業としての地位を獲得した」[47]。PFOAは、同社の代表的な焦げ付かないノンスティック調理器具に必要なテフロンに使用されている必須成分である。二〇一五年にデュポン社から分社したケマーズ社が、現在、テフロンを所有し、生産している。テフロンをはじめとするPFASに対する安全性の懸念が世間で注目され始めたのは、一〇年以上前のことだった。二〇〇五年、デュポン社は、PFOAの毒性と環境中での存在についての知識を隠していたことに関して有害物質規制法違反を告発した環境保護庁に対し、一六五〇万ドルの和解金を支払った。この和解金は、当時、同庁の民事行政処分としては最大のものだった。しかし、この罰金はデュポンのPFOAによる利益の二％にも満たないものである。[48]

同庁がこの違反行為を知ったのは、企業弁護人から転身したロブ・ビロットの書いた手紙がきっかけだった。彼はウェストバージニア州パーカーズバーグの牧畜業者の代理人として、化学会社を訴えた。この物語は、二〇一九年にアメリカの裁判スリラー映画『ダーク・ウォーターズ』として公開された。ウィルバー・テナントがビロットに連絡したのは、彼の農場の牛が驚くほどの早さで死んでいたからである。テナントは、自分の町にあるデュポン社の工場が原因だと考えていた。テナントの農場のうち六六エーカーは、一九八〇年代にデュポン社に売却され、工場から出る廃棄物の埋め立て地になっていた。これは大企業が小さな町でよくやることである。テナントの兄は健康上の問題を抱えていて、お金が必要になったのでこの土地を売った。デュポン社は、その土地に流れる小川の名前をとって、ドライ・ラン埋立地と名付けた。この小川は、テネント家の牛が草を食む牧草地へ流れている。

この事件の前、ビロット弁護士は大企業を弁護していた。化学会社の弁護を専門としていたため、環境保護庁の規制ガイドラインに精通していた。彼は、大企業がどのように動いているか、また、大企業に対するクレームをどのように弁護するのかを知っていた。親戚への好意としてこの事件を引き受け、一九九九年の夏にデュポン社を提訴したのだ。デュポン社は、同社が選んだ三人の獣医と、環境保護庁が選んだ三人の獣医に、この土地の調査を依頼した。報告書には、動物たちの健康状態は「栄養状態の悪さ、獣医のケア不足、ハエの発生対策不足」が原因だ、とされていた。

裁判が近づいてくると、ビロット弁護士は裁判の行方を変える重要な発見をした。デュポン社が環境保護庁に宛てて、PFOAについて書いた手紙を見つけたのだ。ビロットは、同社にその物質に関するすべての文書の提出を求めたが拒否されたので、裁判所の命令を求め、それが認められた。彼は程なくして、私的な内部文書、医療報告書、健康報告書、同社の科学者が行った極秘の研究を含む一一万ページ以上の書類を受け取った。ビンゴ、大当たり！　これらの文書によって、同社がPFOAの有害性を長い間知っていて、この危険な物質をパーカーズバーグ工場からオハイオ川に何十万ポンドも投棄していたことが判明した。また、同社は七一〇〇トンのＰＦＯＡ廃棄物をドライ・リッジ産廃施設にも廃棄していたが、この廃棄物は地中に浸みこんでいた。そこの水を検査したところ、極めて高濃度のＰＦＯＡが含まれていた。しかし訴えられた時、同社はテナントに何も言わず、情報も開示しなかった。同社は、この地域の一〇万人以上の人々に飲料水を供給している地下水にＰＦＯＡが含まれていることも知っていたのだ。

ビロット弁護士はこれらの文書から、デュポン社が四〇年以上も前からＰＦＯＡに関する極秘の医療テストや研究を行い、ＰＦＯＡが動物の臓器に損傷を与えるなど、健康に悪影響があると知っていたことを掘り起こした。一九九〇年代に、同社はＰＦＯＡが実験動物に腫瘍を引き起こすことをすでに知っていたのだ。テナントの訴訟は最終的に和解したが、ビロット弁護士は、何カ月もかけて九七二ページの公開準備書面を作成し、二〇〇一年には、当時のクリスティ・ホイットマン環境保護局長官とジョン・アッシュクロフト米国司法長官に送った。この準備書面が、環境保護庁による民事行政処分につながった。

二〇〇六年には、大手企業八社が自主的にＰＦＯＡおよびＰＦＯＳの全世界での生産量を段階的に削減することに合意した[49]。環境保護庁は、二〇〇九年までに、ＰＦＯＡの暫定的な健康勧告値を四〇〇ppmに設定した。しかし、健康勧告は、ＰＦＯＡの短期的な暴露に対処するためのもので、地域の水道局はＰＦＯＡが含まれているかどうか顧客に知らせる義務はない。二〇一三年、デュポン社はＰＦＯＡの生産と使用を中止した。生産している他の五社も、段階的に生産を中止するように取り組んでいる。二〇一七年現在、デュポン社とケマーズ社は、ウェストバージニア州パーカーズバーグ工場からのＰＦＯＡの廃棄に関連する三五〇〇件以上の訴訟で六億七一〇〇万ドルの和解金を支払うことに合意した[50]。

ＰＦＯＳにも似たような話がある。ＰＦＯＳはミネソタ州セントポールに本社を置く世界的複合企業３Ｍ社の生地保護剤「スコッチガード」の主要成分で、二〇一六年には三〇〇億ドルの売上げを記録した。[51] 一九五〇年代に発売されたスコッチガードは、カーペットを汚れから守るための業界基準となった。しかし、それに含まれるＰＦＯＳは、人々の健康に良いものではなかった。経済協力開発機構（ＯＥＣＤ）の環境局長による二〇〇二年の調査によると、「ＰＦＯＳは難分解性で、生物蓄積性があり、哺乳類に毒性がある」とされている。[52] これは、良い組み合わせではない。

ＰＦＯＳとＰＦＯＡは、一九七〇年代から全国の軍事基地で使用されている泡消火剤にも使用されていた。基地周辺の水道水を検査すると、広範囲に汚染が確認された。米国防総省は、この発泡体が環境や健康に悪影響を及ぼす可能性があることを、一般に知られる数十年前から知っていた。[53] ワシントン州[54]からニューヨーク州[55]までの基地周辺地域の住民は、水道水のＰＦＯＳ混入について、３Ｍ社を訴えている。

ＰＦＯＳは、３Ｍ社が二〇〇〇年から二〇〇二年にかけて米国内での生産を自主的に中止し、環境保護庁は、今後の製造を制限すると発表した。しかし、環境と私たちの生活への被害は続いている。二〇一六年、ハーバード大学の研究者は、六〇〇〇万人以上の米国人が、安全でない汚染水を飲んでいて、工業用地、軍事基地、廃水処理場の近くで最高レベルの汚染を確認している。[56] 実際の被害者数はもっと多い。なぜなら、米国人口の約三分の一、約一億人分の飲料水のＰＦＯＳ汚染について政府のデータがないからだ。興味深いことに、３Ｍ社は浄水器を製造していて、塩素、味と臭気、トリハロメタン、鉛、沈殿物、胞子、ヒ素、バリウム、カドミウム、クロム（六価）、クロム（三価）、銅、フッ化物、ラジウム、セレン、濁度、総溶解固形物、水銀、アスベスト、クロラミン、ＭＴＢＥ（メチル－ｔ－ブチルエーテル）、ＶＯＣｓ（揮発性有機化合物）を濾過するとうたっているが、ＰＦＡＳについては言及されていない。[57]

国の規制　ＰＦＯＡとＰＦＯＳに関する生涯健康勧告

現在、ＰＦＡＳに対する強制力のある全米飲料水規制はない。地域住民がこれらの化学物質の危険性について認識を高め、注意を喚起し続ける一方で、環境保護庁は、これらの化学物質の規制について、健康勧告の設定以外では足踏み状態である。その理由は、国防総省の何百もの施設がこれらの化学物質で汚染されていて、国の規制によって連邦政府が何十億ドルもの訴訟費用を負担する可能性があるからだ。[58]

二〇〇九年、環境保護庁は、ＰＦＯＡとＰＦＯＳの暫定的な健康勧告を発表した。当時入手可能な科学的証拠では「決定できない」という判定だった。最大汚染物質レベルは、ＰＦＯＡが四〇〇ppt、ＰＦＯＳが二〇〇pptだった。

二〇一六年五月、同庁は短期間だけ飲むのではなく、生涯にわたる曝露を想定して、これらの汚染物質の「安全レベル」を大幅に引き下げた。ＰＦＯＡとＰＦＯＳの新しい合算健康勧告値は七〇pptである。この新基準により、多くの市や町で水の汚染危機が一気に発生した。ＰＦＯＡの基準値を超えたのは一四カ所、ＰＦＯＳは四〇カ所だった。当時、私のウェブサイトは、アラバマ州、アリゾナ州、ノースカロライナ州、オハイオ州、その他多くの州からの問い合わせで、クラッシュ（麻痺）寸前だった。

ＰＦＯＳとＰＦＯＡの検査を行った水道事業者だけがその数値を報告できる。これら汚染物質の検査すらしたことがない水道事業者が全国に何万もある。今回の注意勧告は、ＰＦＡＳ汚染について環境保護庁が最初に注意喚起を受けてから何年もたってやっと出された。ハーバード大学公衆衛生大学院の二〇一三年調査によると、当時の同庁の曝露限度値は最大で一〇〇〇倍も高すぎた[59]。新勧告が出されるまでの数年間、人々はこの高レベル汚染水を飲んでいた。そして、その勧告はまだ義務化されていない。

州の規制

これらの化学物質に対して最も厳しい基準を設けているのはニュージャージー州で、現在の目標レベルを国の健康勧告の七〇pptよりも厳しい四〇pptとしている。州環境保護局は、PFOAの最大汚染レベルをさらに低い一四pptに設定しようとしている。PFOAは、同州の三七公共水域で検出されている。そのほか、一四州（アーカンソー州、コネチカット州、コロラド州、デラウェア州、アイオワ州、メイン州、ミシガン州、ミネソタ州など）では、地下水、飲料水、廃水にPFASの基準またはガイドラインを設けている[60]。

健康への影響

デュポン社の科学者は、PFOAが腎臓ガン、精巣ガン、潰瘍性大腸炎、甲状腺疾患、妊娠高血圧症、高コレステロール症の六つの病気に関連すると結論づけている[61]。

環境保護庁が独自に作成したPFOAとPFOSのファクトシートには、「PFOAまたはPFOSを一定量以上摂取すると、胎児や授乳期乳幼児の発育への影響（低体重の出産、思春期の促進、骨格の変化など）、ガン（精巣ガン、腎臓ガンなど）、肝障害（組織の損傷など）、免疫への影響（抗体産生や免疫の低下など）、甲状腺障害、その他コレステロールの変化などの健康被害につながるかもしれない」と記載されている[62]。同庁の健康勧告は、これらのPFASの実験動物の査読付き研究だけでなく、PFOAとPFOSにさらされた人間集団の疫学的研究にも基づいている。研究によれば、ＰＦＯＳへの曝露が免疫抑制、甲状腺疾患、高コレステロール、生殖能力の低下、膀胱や結腸、前立腺ガンなどと関連する。[63]

ＧｅｎＸ（ジェンエックス）

この本を書いている間、私のメールボックスには、ノースカロライナ州ウィルミントンに住む人々の心配を知らせるメールが殺到していた。また、ニューハノーバー郡の一一万二〇〇〇人以上の住民の約八〇％に飲料水を供給しているケープ・フィア・リバーで、科学者がＧｅｎＸの濃度上昇を発見していた。[64] Ｇ ｅｎＸは、ＰＦＯＡに代わる安全な化学物質として設計された新世代の化学物質である。デュポン社が建設し、現在はケマーズ社が所有しているファイエットビル工場は、ファイエット市の北一〇〇マイル近く離れたところにあるが、一九八〇年以来、ケープ・フィア川にＧｅｎＸを投棄してきた。[65] ノースカロライナ州のロイ・クーパー知事は、この新たな汚染物質について不明な点が多いものの、地域住民の声に応えて、この化学物質の投棄を阻止する行動を起こした。同社がこの規制に従うかどうかはまだわからない。
副生成物の化学物質はほとんど規制されておらず、ほとんど監視も報告もされていない。

また、環境保護庁は次のような声明も出している。[66]「環境保護庁は、飲料水に含まれるＧｅｎＸについて、飲料水規制、健康勧告、健康に基づく基準値を設定していないが、一般市民の健康を確実に守るための適切な次のステップを定めるために、各州および公共の水道施設と緊密に協力している」。

健康への影響

GenXの長期的な健康への影響については、研究結果が出ていないのでわからない。しかし、デュポン社は、実験室で腫瘍や生殖障害を引き起こした短期的な研究は行っている[67]。これまでの製品と同様にGenXは、公共の飲料水システムには適さない。公的な実験で汚染があってはならないのだ。

【5】フラッキング・ケミカル（水圧採掘用の化学物質）

その他の名称／表記：水圧フラクチャリング、フラクチャリング、ハイドロフラッキング

経済成長とエネルギー消費は本質的に結びついている。水圧破砕法（フラッキング）は、これまで到達困難だった化石燃料を外に出すための比較的新しい高度な抽出方法である。現代における最も重要なエネルギー革新であることは間違いない。二〇〇〇年代初頭から、独立系の小規模な石油会社が、国内に散在するシェール（頁岩［けつがん］：泥や粘土鉱物から成る堆積岩）や砂の鉱床から炭化水素を押し出す方法を改良し始めた。そして今、私たちは、「シェール革命」の真っ只中にいる。ハリバートン、エクソンモービル、BPなどの企業が、天然ガスや石油を取り出すために、何百万ガロンもの水と化学物質を地下に注入している。フラッキングは、米国の石油および天然ガスの産出量を増加させ、エネルギー価格の低下につながった。しかし、それだけの価値があるのだろうか。

米国環境保護庁は、米国では二〇一一年から二〇一四年の間に、新たに二万〜三万本の井戸が掘削され、

水圧破砕が行われたと推定している。カリフォルニア州からペンシルバニア州まで、二〇〇万本以上のフラッキング用井戸があり、全米原油生産は活況を呈している。これらの井戸の多くは、飲料水源の近くまたは水源内にある。二〇一三年までに、八六〇万人以上に供給されている約四〇〇〇の公共水道に関して、水源から一マイル圏内に少なくとも一つの水圧破砕井戸が掘られていたのだ。[68]

私は採掘そのものに反対しているのではない。安全に採掘するための適切な規制があるのに、それらが守られていないことが問題なのだ。フラッキングは、私たちと環境を守る主要な連邦環境法の適用を免除または除外されている。きれいな空気法、きれいな水法、安全飲料水法、国家環境政策法、資源保全再生法、緊急時計画およびコミュニティ情報公開法、そして包括的環境対応補償責任法（別名スーパーファンド法）などはフラッキングに全く適用されない。フラッキングは毎年、何十億ガロンもの有毒廃棄物を発生させるが、すべて有害廃棄物法の対象外となっている。何が問題かわかってもらえるだろうか。

フラッキングは雇用を創出し、米国のエネルギー自立を維持すると言われている。しかし、この危険な行為は、飲料水問題を深刻化させる。人工的な化学物質を（地下水の帯水層を通って）環境に送り込み、必然的に水を汚してしまう。環境保護庁の報告によると、全米でフラッキングに使用される化学物質は最大七〇〇種類ある。[69]ひ素、ベンゼン、カドミウム、鉛、ホルムアルデヒド、塩素、水銀など発達障害や生殖毒性に関連する化学物質である。[70]私たちは、フラッキングの水汚染について、有害な廃水、フラッキング井戸の噴出、化学物質の流出など、一〇〇〇件以上の事例を記録している。[71]フラッキングの廃水は、地中に注入する液体よりも毒性が高いので、その副生成物については、さらなる研究が必要である。

フラッキングは家や学校、遊び場など住宅地で行われている。活動中の油井・ガス井から一マイル以内に一七〇〇万人以上のアメリカ人が住んでいる。[72] 環境保護庁は、水圧破砕法が飲料水に与える影響を調査し、二〇一六年に、水圧破砕は、飲料水資源に影響を与える可能性があるという報告書を発表した。[73]
次のような活動や原因で、頻繁に深刻な影響が生じる。[74]

- 地下水資源が限られていたり、減少したりしている地域でフラッキングのための取水を行うこと
- フラッキング液や化学物質や水が溢れ出し、大量で高濃度の化学物質が地下水に到達すること
- フラッキング液を機械的に不完全な井戸に注入し、ガスや液体が地下水資源に漏れること
- 地下水資源に直接、水圧破砕液を注入すること
- 処理が不十分な水圧破砕液の排水を地表水資源に排出すること
- 地下水資源の汚染につながる水圧破砕排水を漏水処理をしていない投棄地に廃棄・貯蔵すること

国と州の規制

地域社会が最も深刻な影響を受けているのに、フラッキングの決定は州または連邦レベルで行われている。オハイオ州最高裁は地元の掘削規制を無効にした。[75] コロラド州最高裁も、有権者が承認した同州の都市での採掘禁止令を覆している。[76] これらはほんの一例にすぎない。危険性があるにもかかわらず、石油・ガス産業は豊富な資金力と政府との癒着を利用して、地域社会を押し戻している。ノースカロライナ州のパット・マックローリー前知事は、一九四五年以来の法律を廃止して、州内でのフラッキングを合法化した。二〇一四年八月、同州の鉱業エネルギー委員会がフラッキングの認可を決める公聴会に際して、地

元紙報道によれば、フラッキングについてよく知らないホームレスの男性たちが、ウィンストン・セーラムからバスでその公聴会に連れてこられ、フラッキング賛成派が集まっているように見せかけたのだ。[77]

二〇一七年三月、メリーランド州はガス埋蔵量のある州としては二例目となるフラッキング禁止令を制定した。[78] ニューヨーク州はすでに二〇一二年に井戸の掘削を禁止し、バーモント州はフラッキング・ガスの有無は不明のまま同年、予防的にフラッキングを禁止した。私たちは、州や連邦政府が地元住民の採掘管理権に介入しないよう、働きかける必要がある。

私はエネルギー政策の専門家ではないが、クリーンで再生可能で、環境負荷が少ないエネルギー源を探し続ける必要があると考える。天然ガスは、クリーンなエネルギーへの架け橋と考えられるが、規制を整備しないままフラッキングを進めると、環境と健康への影響が懸念される。

健康への影響

採掘井戸周辺の住民は、吐き気、頭痛、副鼻腔炎、睡眠障害などの健康問題を訴えている。[79] ジョンズ・ホプキンス大学の研究者が、ペンシルベニア州の採掘場周辺を調査したところ、住民は、偏頭痛、疲労感、副鼻腔炎などを抱える人が二倍多いことがわかった。[80] コロラド大学公衆衛生学部の研究者たちによれば、ガス採掘場から〇・五マイル以内の住民は、ガンを含む健康リスクが高い。[81] さらに、フラッキングで使用される化学物質は、内分泌機能を破壊し、ガン、先天性障害、発達障害を引き起こす。[82]

【6】TCE（トリクロロエチレン）

その他の名称／表記　一、一、二－トリクロロエチレン、トリクロール、トライク、トリ

トリクロロエチレン（以下TCEと略記）は、ハイドロフルオロカーボン化学物質を製造するために産業用品および家庭用品に使われる無色透明で不燃性の液体溶剤である。この名前を聞いてもピンとこないかもしれないが、様々な業界で広く使用されていることから、私たちは皆、この化学物質に触れている。二〇一一年、米国におけるトリクロロエチレンの商業生産量は二億七〇〇〇万ポンドと推定されていた[83]。しかし、この人工化学物質に関する情報が明らかになるにつれ、生産量は減少してきている。

一九〇〇年代初頭、TCEは金属部品に付着した油脂や汚れの除去に使用されていた。一九五〇年代から一九八〇年代には、航空機産業でも多用された。ゴム産業で塗料、ニス、接着剤、塗装剥離剤などの工業用溶剤として、また殺菌剤や殺虫剤など農業用化学品の製造にも使用された[84]。ドライクリーニングや美術・工芸品のスプレー固定剤にも重用された。

「お気に入りのシャツのシミ抜きから、クッキー作りまで、ワールプール社の製品は一日を快適に過ごせるようにサポートする」。アップルパイと同じように米国を代表する年商二〇〇億ドル以上の企業のウェブサイトにはこう書かれている。アーカンソー州フォートスミスには、四五年前から同社の冷蔵庫の生産拠点があった。一九六七年に脱脂剤としてTCEの使用を開始し、一九八一年に使用を中止した。しかし、二〇〇一年に同社は、敷地外の地下水と近隣の住宅の汚染に気付いた。TCEの健康への影響は二〇

年以上の潜伏期間がある。私がこの地域で活動していたとき、地域住民は脳腫瘍、咽頭ガン、鼻咽頭ガンなどを報告してきた。これらの珍しいガンは、危険を知らせる赤旗だ。フォートスミス工場は二〇一二年六月に閉鎖され、同社は汚染の浄化に取り組んでいる。

住民は、TCEに汚染された水道水を飲んで曝露する。水道水は、産業界の排出物や流出物、あるいは有害廃棄物処理場で汚染される。TCEはゆっくりとしか分解されず、土壌を通って飲料水源に入る。米国保健社会福祉省が二〇一六年一一月に発表した「第一四版発ガン性報告書」のリストにも加えられた[85]。TCEの健康被害が二〇一四年に『ニューズウィーク』誌の表紙を飾ったのは、それがノースカロライナ州のキャンプ・ルジャーン軍事基地の最重要汚染物質だったからだ[86]。TCEは、二四〇平方マイルの基地の飲料水から検出され、「工業用溶剤とドライクリーニング化学物質とガスが混ざった有毒な物質」と表現された[87]。第9章では、同基地のきれいな水を求める取り組みを紹介したい。

国の規制

TCEの最大汚染物質レベルの目標は〇(ゼロ)（不検出）だが、環境保護庁は最大汚染物質レベル（強制力のある規制）を五ppbとした[88]。二〇一六年一二月と二〇一七年一月に、同庁は有害物質規制法の六(a)条に基づく二つの規則案を発表している。一つは、蒸気脱脂におけるTCEの商業的使用の禁止、もう一つは、商業用・消費者用のエアゾール脱脂剤およびスポットクリーナーへの使用禁止である。これは、商業目的でのTCEの輸入、製造、加工および流通の禁止を目指すものである[89]。

健康への影響

安全でないレベルのＴＣＥを含む飲料水を飲むと、肝臓障害やガンのリスクが高くなる。[90] ＴＣＥの毒物学的レビュー（調査）において、環境保護庁は、ＴＣＥへの曝露と腎臓ガンとの因果関係を示す証拠に基づき、「すべての曝露経路においてヒトに対し発ガン性がある」と発表した。[91] 有害物質疫病登録庁によると、ヒトと動物の両方のデータから、ＴＣＥが腎臓、肝臓、免疫系、男性生殖系、胎児に影響を与えることが明らかである。小児白血病の発生率の増加とも関連している。

まとめ

水道水の安全性について、科学的知見が不十分だったり意見が割れたりする場合、予防原則を忘れないでほしい。十分なデータが得られるまで曝露を避けることが望ましい。本書では知る限りの科学的知見を伝えたが、政府の対応は鈍い。あなたの体をモルモットにしないでほしい。

第二部　希望に満ちた未来のために

「水はすべての生命を支えている。彼女の歌は、ほんの小さな雨粒から始まり、川の流れへと変化し、雄大な海や雷の鳴る雲へと旅し、再び地球へと戻ってくる。水が脅かされると、すべての生きものが脅かされる。」

——二〇〇一年「水に関するアメリカ先住民族の宣言」（古代ホピ族メッセージ）

第6章　立ち上がる地域の人たち

夜のニュースで、何百万人もの米国人が被害を被るバイオテロが報道されたら、国中が大混乱に陥るだろう。人々はパニックになり、逃げ惑い、政治家に助けを求めるだろう。しかし、今現実に何百万人もの米国人が汚染水を飲んでいるのに、「何事もなかったかのよう」なのだ。水質汚染は、健康にとって最大のリスクである。この問題が自宅で発生するまで、全米の水汚染に誰も気づかないのだ。

水の危機というと、ミシガン州フリントの事件を思い浮かべる人が多い。しかし、すべての市町村は、様々な水危機に陥りやすく、実際、多くの地域住民が被害を被っている。水道設備の問題、職員や予算の不足、資金の横領、そして近視眼的な判断が、有害な汚染と相まって、水の供給に日々悪影響を与えているのだ。米国土木学会の事務局幹部のケイシー・ディンゲスによると、米国では、約二分半に一本水道管が破裂している。[1]原因は、気温の変化、腐食、古いパイプの劣化など様々である。修理には水を止める必要があるが、その時汚染物質が誤って混入することもある。

ウェストバージニア州の水不足

あって当たり前と思っているきれいな水も、突然なくなってしまうことがある。ウェストバージニア州のチャールストンに住む三〇万人の住民は、二〇一四年一月のある朝起きると、水道水の飲用禁止命令が出ていて、飲まないようにと言われた。彼らは歯を磨くことも、コーヒーをいれることも、オートミールを作ることもできなかったが、それは水に工業用化学物質が混入したからだった。それも小規模ではなく、約一万ガロン［約三万八〇〇〇リットル］の規制されていない四-メチルシクロヘキサンメタノールが貯蔵タンクからエル川に流出したのだ。原因は腐食だった。貯蔵タンクに一インチ［二・五cm］の穴が開き、そこから化学物質が川に流れ出たのだ。記録では、このタンクは一九九一年以来検査を受けていなかった[2]。

水飲み禁止令や煮沸勧告は、全米の市町村で一般的になってきている。これは、さらに大きな飲料水の問題を示唆する一方、インフラ設備の欠陥や障害も示している。電話やメールから私が推測すると、米国では毎月一五〇〇件の煮沸勧告が出ているが、全米レベルでは誰も集計していない。急に安全できれいな水が飲めなくなると、深刻な不便と健康被害が出る。誰もこのようなモーニングコールを受けたくはない。

ウェストバージニア州は、デュポン、バイエル、ストックマイヤーウレタンUSAなど化学工業の世界的な拠点である。ところが、これらの工場の化学物質貯蔵タンクが、浄水場など水道インフラ設備の近くに設置されていることは知られていない。

今回問題になった石炭産業用の化学物質を処理・保管していたフリーダム・インダストリーズ社のタンクは、ウェストバージニア・アメリカン・ウォーター社の浄水場の上流一マイル［一・六km］のところにあった。州都の浄水場では、強力な炭素濾過システムを備えていたのに、化学物質が刺激的なリコリス（駄菓子の一種）のような臭いを放った時、対処できなかった。[3]住民は一週間以上、飲用禁止の生活をさせられた。[4]何百人もの人々が、重度の皮膚の発疹やただれ、めまい、嘔吐などで病院を受診し、学校や企業が閉鎖された。サムズ・クラブなど半径二〇マイル［三二km］以内のすべての小売店で、ペットボトルの水が売り切れたのだった。[5]

流出事故後の数日間に、住民約五〇〇〇人が私に連絡してきた。ボブ・ボウコックと私は、地元の主催者と協力して、チャールストン市公会堂で、非常に早い時期に市民集会を開催した。討論会では、多くの地元住民が「自分は何もできない」と不満と無力感を訴えた。危機の時はリーダーが必要なのに、多くの住民によれば、地元議員は住民の質問に答えず、電話にも出なかった。これでは信頼が薄れる。人々は、水道についてどれだけ知らないかを自覚し、誰が健康を守ってくれるのかと途方に暮れるのだ。

ボブと私は、当局がこのタンクや、エルク川沿いにあるその他の一三基について、化学物質の目録作成を考えてもいないと知り、とても信じられなかった。何か発生すれば、明らかに水道水の供給を脅かすからだ。テロリストが未知の化学物質を投棄したら、私たちは化学テロと呼ぶだろう。ところが米国の企業が投棄した場合、黙認してしまうのだ。当時、ウェストバージニア州で保管されていた化学物質は定期的な環境検査の対象外で、工場には流出防止策や対応策がなかった。四－メチルシクロヘキサンメタノールは、有害物質規制法で登録された六〇種類以上の化学物質の一つである。使用は合法だったが、同州の化学者、毒物学者、救急隊員などの公務員たちは、その人体への影響に関する情報を求めて奔走した。

最も率直な意見は、当時ウェストバージニア・アメリカン・ウォーター社のジェフ・マッキンタイア社長のものだった。「この水が安全でないかどうかはわからないが、安全だとは言えない。この水の唯一の適切な用途はトイレの水洗だけだ」[6]。

一方、州当局は、米国疾病対策センターに連絡した。同センターは四－メチルシクロヘキサンメタノールの基準を定めていなかったので、メーカーであるイーストマン・ケミカル社に要請し、一つの動物毒物実験を含む限られた情報に基づいて、飲料水の勧告値一ppmを急いで決めたのである[7]。

当時、ウェストバージニア州の保健・人事長官だったカレン・ボウリングは、「未知の部分がある。だから、この化学物質の限られた情報や検査結果に頼らざるをえない」と表明していた[8]。

住民はこの勧告値を頼りにしていたが、フリーダム・インダストリーズ社のゲイリー・サザン（当時社長）は事件当日の記者会見で、ペットボトルのミネラルウォーターを飲み、地元記者の質問をはぐらかした[9]。「皆さん、今日は非常に長い一日だった。今、私は口がきけないほど疲れている。この件はこれで終わりにしてくれればありがたい」と発言したのだ。

これは、二〇一〇年、米国史上最悪のメキシコ湾原油流出事故後、「私ほどこの事故の解決を望んでいる者はいない。私の人生を返してほしい」と言ったＢＰ社のＣＥＯトニー・ヘイワードを思い出させる。

二人とも、苦しんでいる人たちのことではなく、自分自身のことを語っていた。彼らは責任を回避し、地元の人々にその後始末をさせるという悪しき企業文化を代弁した。案の定、化学物質流出事故の数日後フリーダム・インダストリーズ社は倒産を宣言し、営業を終了した。被害は、汚染水を飲んだ住民だけではなく、閉鎖せざるを得なかった企業、賃金未払いだった労働者、さらにはチャールストン市に及んだ[10]。市はこの事件後の数日間で一二万ドル以上の税収を失ったと報告している。

カナワ・チャールストン保健局のラフル・グプタ医師によると、汚染水の苦情は大災害の何カ月後になっても続き、人々は水道水を飲むことを拒否した。[11] その年の四月に保健局が行った調査では、蛇口から水を飲んでいる人は四〇％未満、安全だと感じている人は一〇％未満だった。

事件から二年後、連邦判事はフリーダム・インダストリーズ社に水質浄化法違反で九〇万ドルの罰金を科したが、すでに倒産した同社が支払いをする可能性は低いと言える。[12] サザン社長は、二〇一六年二月一七日に法廷に出頭し、この化学物質漏出の環境犯罪により、一カ月の連邦刑務所収監、六カ月間の監視下での保釈、及び二万ドルの罰金を科された。[13] 同社の他の五人の元幹部も同じ事件で有罪になった。しかし、これらの罰金や刑期は、経営陣には手首へしっぺを打たれるような軽いものだ。サザンはその後、貯金していた六五〇万ドル［約九億円］を年金口座に移し、債権者から隠した罪で有罪となった。[14]

この事件のブース・グッドウィン主任検事は、今回の流出事件を「完全に防ぐことができた事案だった」と言い、「二度と起こらないようにするためには、犯罪者にしっかり責任を取らせる必要がある。今回の起訴によって、それが現実となった」と語っている。[15]

約二二万五千人の住民と数千人の企業経営者が、イーストマン・ケミカル社とウェストバージニア・アメリカン・ウォーター社を集団訴訟で訴えた。訴状では、水道事業者が近隣での流出事故に対する準備ができていなかったと主張した。二〇一七年の一億五一〇〇万ドルの和解金は、平均的な家庭に五〇〇ドル以上を補償し、企業への補償金は、一件の請求につき六〇〇〇ドルから四万ドルの額に上った。[16]

和解に際して両社は、過失を認めないとの声明を発表した。[17] ウェストバージニア・アメリカン・ウォーター社は、「和解することで、当社と当社の献身的な従業員は、現在進行中の訴訟に煩わされずに、顧客サービスを提供することができる」と述べた。

イーストマン社は、「原告団の弁護士と協力して、すべての訴訟を解決し、地域社会に利益と終結をもたらすために、原告団と和解した」との声明を発表した。

流出事故から約二カ月近くを経て、州議会上下院は、化学物質の保管を厳格化する法案を可決した[18]。下院の法案は九五対〇で可決され、州環境保護局（DEP）は、地上に設置された一六〇〇カ所の化学物質貯蔵タンクを毎年検査する必要があると明記した。また、公共施設に対しては、化学物質が流出した場合の対策計画の策定を求めた。二〇一四年四月、ウェストバージニア州のレイ・トンブリン知事は、一般に「貯蔵タンク法」と呼ばれる法案に署名した。州政府は、二〇一五年一月にすべての検査を完了したが、貯蔵タンク約一一〇〇基が新要件に適合していないことが判明した[19]。

バージニア州、インディアナ州、ジョージア州など、他のいくつかの州もその後同様の法律を制定し、化学物質タンクの検査を義務付けた。ウェストバージニア州選出のジョー・マンチン上院議員は、この規則を全米に広げようとしたが、今のところ連邦議会は何の義務も課していない。全米規模の規制があれば、このような流出を防ぎ、州境を越えて地域社会を守ることができる。エルク川はオハイオ川に流れ込んでいるが、科学者は、ウェストバージニア州で放出された四－メチルシクロヘキサンメタノールそのものを二〇一五年にケンタッキー州のルイビルで検出したのだ[20]。つまり、この化学物質は州境を越えて何百マイルも移動したのだ。ケンタッキー州やその他の地域で、微量の化学物質を摂取した人々への影響は、まだ分かっていない。二〇一五年の議会の終盤で、ウェストバージニア州の議員たちは、二〇一四年の法律を部分的に廃止することを可決した。また業界のロビイストたちは、同法の全面的な撤廃を求めている[21]。

エルク川の流出事故で、産業界の過失だけでなく、米国の水インフラが微妙なバランスの上に成り立っていることがわかった。一つの不注意が町全体に災いをもたらす。米国の水道システムを維持するためには、何千億ドルもの投資が必要だ。環境保護庁長官のジーナ・マッカーシーは、二〇一七年一月に発表した退任挨拶の中で、環境インフラのニーズは大きく、今後二〇年間で、飲料水と下水に六五五〇億ドル以上の投資が必要だと述べた[22]。ちなみに、これには国内の鉛製配水管の交換は含まれていない。米国の平均的な町の水道システムは、少なくとも五〇年以上前のものを使っている。一〇〇年前の水道管も使われている。環境保護庁の水インフラ・補強財政センターのジム・ゲバート・ディレクターは、環境保護庁のブログで、「インフラの劣化の影響は全国的にある。アメリカでは毎年、約二四万件の水道管の破損があり、二六億ドルの損失が発生している。水道管からは何兆ガロンもの飲料水が漏れ、老朽化した下水から何十億ガロンもの生の下水が地域の地表水に排出されている」と述べている[23]。

老朽化した水道システムに有害物質が蓄積されていることこそが、この危機がこれほどまでに深刻化した理由である。被害を減らすためには、自治体や浄水場に適切な資金が必要だ。しかし、これは複雑な問題であり、慣れていない環境保護庁や、戸惑っている政権には解決できない。私は、警鐘を鳴らす手伝いをしている。そして、より安全できれいな水を求めて最前線で働いている人たちの話を紹介する。これらの人々は、汚染問題を目の当たりにしてきたからだ。毒入りの水が原因で、信じられないような健康上の問題に直面したり、人生に影響を受けたりした人は最大の疑問を抱いている。何故なのか？　彼らはこの最大の疑問の答えを探し、変化を起こす手助けをしてきた。私は彼らの物語を伝えることで、あなたにも是非仲間入りをしてほしい。変革が私たち一人ひとりから始まることを実感するときなのだ。

一滴も飲める水がない

水道インフラ設備が住民を傷つける例は、ケンタッキー州マーティン郡に見られる。同郡は、全米で最も貧しい郡である。一九六四年、リンドン・ジョンソン大統領は、「貧困との戦い」への支持を集めるために、同郡の小さな町イネスを訪れた[24]。それから五〇年以上経ったが、同郡の貧困率は四〇%近くで、全米平均の二倍以上だ[25]。米国で最も豊かだった炭鉱は閉鎖され、住民は失業している。

このアパラチア地方の田舎町では、長年の誤った管理と怠慢により、水問題が常態化している。パイプにはひびが入り、水漏れしている。二〇〇〇年に発生した炭泥の流出事故では、川に三億ガロン以上の有毒な汚泥が流れ込み、水質への懸念が高まった[26]。今でも住民の水道料金請求書には、消毒副生成物が環境保護庁基準に違反しているという警告が載っている。蛇口を開くと茶色い水が流れ、多くの人々が給水時間を制限され、何日も水が使えない状態になっている。老朽化した水道システムは長年住民を苦しめてきた。状況があまりにも悪化したので、二〇一八年一月、同郡財政裁判所の緊急会議の動画で、怒る市民が警察官に首を絞められ、会議の外に連れ出される様子がネット上で拡散したほどである。

「私はマーティン郡の人々のために立ち上がったし、そのことは何も後悔していない」。裁判所の規律を乱したとして法廷外に連れ出されたゲアリー・ハント氏は、地元のニュース放送局に語っている。「この冬だけの問題ではない。この五年間、ずっと続いている問題だ」。

学校は、二〇一八年一月だけで一〇日以上も閉鎖された。午前七時から午後三時まで水が止められていたからである。水が使えないと、トイレも使えず、食事も提供できないため、学校は開けられない。また、学校が閉鎖されると、学校での給食を必要としている地域の三五〇人以上の子どもたちが、その間、何日間も空腹を我慢することになった。

マーティン郡水道局は、この問題を解決するために、水道料金の五〇％近い値上げを提案した。これはほとんどの住民は払えない。ちなみに全米でも、一〇世帯に一世帯以上が水道料金を払えない状況にある。[27]新料金が承認されると、平均的な水道料金は月に六三ドル以上に上り、州内で二番目に高くなる。

「ミシガン州のフリント事件から二年、水問題が弱い者や貧しい村を直撃する現在、この国における水の貧困は一向に収まる気配がない」と、NGO「フード&ウォーター・ウォッチ」の幹部ウェノナ・ハーターは、声明の中で述べる。[28]「今、マーティン郡は、水道システム障害に対処するための緊急支援を必要としている。何週間も水が出ない。水質問題は何年間も同郡を悩ませてきた」。

繰り返すが、米国ではきれいな水が飲めることは当たり前ではない。ケンタッキー州のこの郡は、まともに機能する水道システムが必要なのだ。しかし、危機には明るい兆しもある。今回の危機は、住民が行動を起こすきっかけとなった。この話を広めるために、消費者は重要な役割を果たしている。マーティン郡の二つのコミュニティグループ、「マーティン郡の心配する市民」および「マーティン郡の水の戦士」（オンライングループ）は、メディアの注目を集め、同郡政府とともに解決策を模索している。

「私たちはただ、浄水場を助けたいだけなのだ」と、「マーティン郡の心配する市民」の地元オーガナイザーであるニーナ・マッコイは、地元のニュース局に対して語っている。「これは私たち自身の浄水場のことであり、私たちは浄水場と戦っているわけではない」。

地元の人々が連絡し始めたあと、私は二〇一八年二月に水の専門家ボブ・ボウコックを派遣して、問題を評価し、水の関係者と協力して解決策を探した。ボブは、彼らの水源と時代遅れの浄化施設に深刻な問題があることを発見した。この浄化施設は、一つの町のために設計されたもので、郡全体をカバーするものではなかったのだ。今は、他の州で研修を受けた専門家が現地に赴き、水漏れを修理したり、水道管理者を養成したりして、システム全体の問題を解決しようとしている。

この地域は正しい道を歩んでいる。水道局には、新しいアイデアや意見を前向きに受け入れる新しい職員が加わるとともに、彼らが説明責任を果たすよう見守る活発なコミュニティグループがあり、地元や全国のメディアにも取り上げられている。水道事業会社の新理事会は、郡のインフラ整備のために四七〇万ドルの資金を確保したが、そのうち三四〇万ドルは、マット・ベビン知事とハル・ロジャース下院議員のオフィスから提供されている。

「マーティン郡の人たちは、一致団結して最悪の状況から抜け出し、前向きに進もうと決意した」とボブ・ボウコックは地元の記者に語っている。「ケンタッキー州、そして全米の模範となってほしい」。

私が水問題のすべての答えを持っているわけではない。この仕事を始めたとき、六価クロムや水の汚染全般について何も知らなかった。一文無しで、難読症のシングルマザーとして生活費を稼ごうとしていた。誰かのヒーローになる可能性は最も低い人間だったが、人々の話に耳を傾けて、自分の常識で考えてみたいと思った。情報を求めてたびたび専門家に電話した。次に何をすべきかを理解するまで、時には同じ毒物学者に一日に何度も電話した。住民を助けるために自力でパズルを解こうとした。必要なのは、一つの質問をし、一本電話をかけ、一つの会議に出席し、一人の隣人に話しかけるだけだ。すべての手順を知っている必要はない。最初の一歩を踏み出す。まず始めてみようと思えばそれで十分だ。一緒に仕事をした人たちの話を読むと、まさに、そのようにしてまず始めてみたことがわかる。

私の仕事の肩書きは、私の信頼できる相棒であり科学者でもあるボブに支えられて、熱烈な活動家と「環境スーパーヒーロー」を合体させたようなものになった。彼と私は、五〇州すべてにそれぞれ複数回出向き、水やその他の汚染事件に対応し支援してきた。二〇一〇年に起こったBP社の原油流出事故では、私たちが最初の対応者だった。ルイジアナ州で、三つのコミュニティの飲料水から脳を食べる致死的なアメーバが発見されたときも現場にいた。また、退役軍人とその家族のために、北カルフォルニアの海兵隊キャンプ・ルジャーン基地の汚染飲料水について、最高裁判所の階段の前で集会を開いた。私たちは、大学や図書館、市民会館で開かれた無数の市民集会を支援してきた。目標は、地域住民が水道水の問題を理解し、誰もが安心して飲める水を得られるようにすることである。

私が地域で講演をすると、何か政治的な意図があると思われがちだが、私の唯一の役割は、人々の力を引き出すことだ。きれいな水には、政治や党派は関係ない。団結すべき議題は、安全な飲み水を手に入れることである。私のメッセージは、「自分の声を発見する方法」である。人々が声を上げ、政治家や政府機関に圧力をかけることで変化が起こる。事実や情報を手に入れ、共に立ち上がる力を得たら、必要な質問を政治家に投げかけ、重要な問題への関心を高められる。ひとりでも関心をもってくれれば、すぐに勢いがつく。一人が二人、二人が四人、四人が八人になる——何度も目撃してきたし、もっと広めたい。立ち上がって声を上げるのは簡単ではなく、最初は怖い。勇気と決意を必要とする。

飲料水の汚染物質の暴露、毒性、健康への影響を心配する消費者は、笑い者にされ、「飲んでも全く安全だ」と言われる。しかし、専門家でさえ、問題の全容を把握してはいない。先に述べたように、検査しなければ化学物質は見つからない。水の心配事は医師に相談とよく言われるが、医療関係者が一般の人より詳しいわけではない。水道水の情報は誰に聞くか。まず自分を信じて参加してみよう。

童話の枠を超えて

私の仕事は時に悲しいこともあるが、いつも、聞いている人の心に響くように話そうと心がけている。オズの国へようこそ。一九三九年に公開された映画『オズの魔法使い』はテレビで観たことがあるかもしれないが、原作は産業革命のさなかの一九〇〇年に出版されたL・フランク・ボームの小説で、彼がサウスダコタ州の干ばつ地帯で暮らした経験に基づいている。

ボームは自分の作品について、「私は、白昼夢――目を見開いて、頭をフル回転させながら見る昼間の夢――は、世界を良くすると信じている。想像力豊かな子供は、想像力豊かな男や女になり、創造や発明を通して、文明を育てることになる」と言う。[29]

カンザス育ちの私にとって、このドロシーの物語はとても心に響いた。彼女は家の農場で竜巻に襲われ、空に吹き飛ばされ、家族から離れてしまう。降り立ったのは、新しい、見知らぬオズの国だった。使命はただ一つ、家に帰る方法を見つけることだった。自分の家ほど居心地のいい場所はない。家に帰るためには、黄色いレンガ道を通ってエメラルド・シティに行かなければならない。その途中で、かかし、ブリキ男、臆病なライオンに出会う。この物語とその登場人物たちは、単なる空想上の子供の物語を超えた意味を持つ。ここでは、いくつかの解釈と教訓が今日でも非常に重要である理由を紹介したい。

ある解釈によれば、ボームは自分の四人の子供に、皆が画一的な考えや仕事をするようになってしまった世界で、個人主義の価値と自分で考えることの重要さを教えるためにこの物語を書いた。当時、世界は農耕社会から工業や製造業が盛んな社会へと移行していた。米国は、石油産業と鉄鋼産業に支えられて、世界有数の製造業が成長した[30]。工場で働く人が増え、一九一三年にはヘンリー・フォードが、自動車を大量生産するための最初の組立ラインを設置する。それと同時に、国の富も増え、ジョン・D・ロックフェラー、アンジュルー・カーネギー、コモドア・バンダービルトなどが巨万の富を築いた。その一方では、一〇〇〇万人のアメリカ人が貧困に喘いでいた。農家は最高の生産量を誇ったが、余剰のために作物価格は暴落した。一八七〇年から一八九七年にかけて、米国農務省によると、小麦は一ブッシェルあたり一・〇六ドルから六三セント〔〇・六三ドル〕へ、トウモロコシは四三セントから三〇セントへ、綿花は一五セントから六セントへと下落した[31]。農民と産業界の間に緊張が走っていた。このような時代にあって、努力すれば成功と繁栄が約束されるというアメリカン・ドリームは試練にさらされた。ボームは、この偉大な国の建設に貢献した農民、工場労働者、家族を見捨てるな、と伝えたかったのかもしれない。

この童話のもう一つの解釈は、高校の歴史教師のヘンリー・リトルフィールド氏によるものである。彼は、一九六四年に『アメリカン・クオータリー』誌の論文で、オズの物語は、ポピュリズム〔市民の関心事や権利を支持する政治改革運動〕の寓話だと提唱したのだ。彼は、各登場人物が当時の利害関係者を表していると書いた[32]。まず、ドロシーは、よりよい生活を求めるふつうの勤勉な市民である。臆病なライオンは、一八九六年と一九〇〇年の大統領選にポピュリストの民主党候補として出馬したネブラスカ州の政治家ウィリアム・ジェニングズ・ブライアンではないか。ブライアンは、その激しい言動から「ライオン」と呼ばれていた反面、一八九八年の米西戦争に際して米国の参戦を支持せず臆病者呼ばわりされていた。かかしは、エリート政治家から「もし彼らに脳さえあったら」と見下された情報に疎く無知な農民、ブリキ男は、金持ちで権力を持つ雇い主に機械の歯車として搾取され、こき使われる工業労働者だった。黄色いレンガの道は、当時、議論されていた金本位制を示す。多くの金持ちビジネスマンが支持した、固定金本位制経済にするのか、農民の支持する銀本位制が勝つのか。原著では、ドロシーは銀のスリッパを履いているが、これは農民や労働者が銀貨の自由な流通を支持していることを表す。映画では、ドロシーの靴はルビー色に変えられているが、これは当時最新のテクニカラーの映画でルビー色の方が見栄えがするとしてプロデューサーが好んだからだ。そして最後に魔法使いがいる。リトルフィールドによれば、これは誰かアメリカの大統領のことである。人々はこの地位の人を尊敬しているが、大統領は、ウォール街や大企業の利益を象徴する悪い魔女の利益に盲従しているに過ぎない。この筋書きに聞き覚えはないだろうか。今日、業界のロビイスト（おそらく空飛ぶ猿）がいるし、政治の分野においてお金にまつわる多くの問題がある。選挙で選ばれた議員に権力を与えているが、本当は誰が彼らをコントロールしているのか、心配なのだ。

パシフィック・ガス・アンド・エレクトリック（PG&E）社の事件に関わっていた時、私は魔法使いに会いに行くことにした。米国最大級の天然ガス・電気エネルギー会社がどう機能しているのか、内部事情を覗いてみたくなったのだ。見つけたのは、ドロシーも気づいたように、魔法使いは私たちが許す範囲でしか力を発揮しないことだった。魔法使いは、権力に飢えた少数の上級管理職の人たちに過ぎないのだ。彼らは恐怖と脅迫で支配している。もうひとつ学んだことは、私は、もう腹黒い魔女も空飛ぶ猿も怖くなくなっていたことだ。子供の頃は怖くてしかたがなかったのに。私の旅は、世の中には答えを出してくれる魔法使いはいないことを教えてくれた。ドロシーが家に帰る旅は、彼女自身の心の中への旅なのだ。それは彼女に、いつでも家に帰れること、彼女自身にそれを実現する力があると初めて理解させる旅でもあった。私は、産業界に対しても同じように言いたい——企業の皆さん、あなたがたには力がある、その力を良いことに使って、汚染物質を片付け、良い隣人になってほしい、と。

オズの物語の登場人物たちは、強力な産業界に立ち向かう能力がないと思い込んでいる人たちを代表している。自分は公害と戦う準備ができていない、と思い込んでいるのだ。しかし、私たちは皆、お金、雇用の安定、正義、健康を求めるために十分な頭脳、心、そして勇気を持っていることを忘れてはならない。あなたはドロシーのように、エメラルド・シティを探しに行ったり、魔法使いを追いかけたり、自由にしてかまわない。そこで誰かがあなたの人生をよくしてくれて、首尾よく家に帰らせてくれることも期待できる。私は、自分の旅を通じて、皆、家に帰るための答えをすでに持っていることを学んだ。問題なのは、あなたが無能力なのではなく、能力があることを自覚していないことなのだ。水は命である。今こそ、全員が前進して、水を救う時なのだ。

小説家のバーバラ・キングソルバーは、「希望は再生可能なオプションである」と書いている。一日の終わりにそれを使い果たしても、また翌朝からやり直せる。これこそが、水問題に取り組む他の何千人もの人々とともに、ボブと私が毎日行っていることだ。私は、自分にはとてもできない、この問題は大きすぎる、という雑音のような考えを捨てることを学んだ。代わりに、新しい希望を持って毎日を過ごしている。この地球を愛し、まだ救うことができると信じている。家族を愛していて、きれいな水のある世界で暮らしてほしいと願っている。愛があるので、私たちはこの困難を乗り越えることができるのだ。

行動は地域レベルから始まる。毎日、人々が、よりよい未来のために戦い、自分たちのコミュニティを助けている。それが、この本のすべてだ。この本は、あなたに変革の力を与えるためのものである。それは、あなた自身が主人公（ヒーロー）になることなのだ。本当の変化は、人々が知識と粘り強さを持って立ち向かい、戦うことで起こる。家の裏庭で問題を見つけたら、声を上げよう。私は、地域社会が団結して行動することの力を確信している。これらのストーリーが、町の問題に目を向け、隣人と話し、地方政治に参加して、水をきれいにするために米国で起こっている運動に参加するきっかけにしてほしい。

タイソン社を町から追い出す

この物語は、私が育ったローレンスから一五マイルほど離れたカンザス州トンガノクシーが舞台だ。二〇一七年九月、地元では「トンジー」と呼ばれている母親たちが、タイソンフーズ（以下タイソンと略記）社の大規模な鶏肉加工工場（別名：屠殺場）の建設に反対する運動を支援してほしいとメールを送ってくるようになった。一九三一年に設立されたタイソンは、米国の生産施設で九万五〇〇〇人以上の従業員を雇用する世界最大の食肉・鶏肉生産企業である。同時に、米国の川や運河に何百万ポンドもの有毒化学物質を投棄している最大の汚染企業でもある。

チキンは米国のビッグビジネスだ。全米鶏肉協議会によると米国民は世界で最もたくさん鶏肉を食べている。[33] 大企業三五社で構成される鶏肉産業は、毎年、食用として約九〇億羽の鶏を飼育・屠殺している。[34]

その鶏肉チェーンの頂点に立つのがタイソンで、年間一一〇億ドル以上の鶏を販売し、調理済み鶏肉の生産でもトップを誇っている。[35] タイソン社は、環境汚染と労働慣行の両方で刑事訴追を受けた長い歴史のある会社だ。環境保護庁の有毒物質放出記録によると、タイソンは二〇一〇年から二〇一四年の間、米国の水域ではAKスチール社に次ぐ深刻な汚染者であり、米国国防総省のすぐ上に位置している。[36] タイソンとその子会社の加工工場は、同じ期間に、一億四〇〇〇万ポンド以上の有害汚染物質を水路に投棄した。その量はカーギル、コーク・インダストリーズ、エクソンモービル三社を合わせた量よりも多い。次回、スーパーで鶏肉を買うときには、このことを思い出してほしい。

何千もの動物が狭い施設で一緒に暮らすことは、大きな汚染問題につながる。商業用の養鶏場や加工施設では大量の廃棄物が発生する。施設の近くの巨大な山に保管される糞尿が水道水システムに漏れ出ることがある。さらに、屠殺場では何トンもの鶏の内臓、頭、羽、血液を洗い流すために、何百万ガロンもの水を使用する。施設は下水に流す前に廃水処理が義務付けられているが、毒物が流出することもある。

バージニア州、デラウェア州、メリーランド州の南東部沿岸は、大規模な養鶏農場や加工施設が多く、「チキン・カントリー」と呼ばれている。一九九八年、タイソンは、メリーランド州バーリンで買収して引き継いだ工場から、リンや窒素その他の有害物質を米国最大の河口であるチェサピーク湾近くの小川に違法に投棄したとして、メリーランド州の食品加工会社に課された最高額の罰金である四〇〇万ドルの民事制裁金を支払った。窒素とリンは植物や動物の生命維持に必要な栄養素だが、そのバランスは微妙で、過剰になると藻類の餌となって繁茂が制御できなくなる。藻類は、人や魚、鳥などにとって有毒である。一九九九年には、この地域の地下井戸の三分の一が、環境保護庁の硝酸塩の飲料水基準に適合しなかった。[37]

硝酸塩は、鶏の排泄物に多く含まれる窒素化合物である。

企業は、全米汚染物質投棄除去システムの許可があれば、合法的に廃棄物を水路に捨てることができる。きれいな水法では、この許可証がない限り、特定の排出拠点である「点源」を通じて、汚染物質（産業廃棄物、都市廃棄物、農業廃棄物）を川や海や運河など米国の水域に排出することはできない[38]。「点源」には、パイプ、溝、排水溝、容器、および集中動物飼育施設などが含まれる。許可証には、企業が排出できる物質が限定されていて、水質と人の健康の両方を維持するためのモニタリングと報告が義務づけられている。

タイソンはこの法律に違反し続けている。二〇〇三年に同社は、ミズーリ州セダリアの鶏肉工場におけるきれいな水法違反二〇件の重罪を認め、米国とミズーリ州に七五〇万ドルを支払った[39]。同社は、鶏肉処理工場からの未処理排水をラミン川の支流に違法に流したことを認めたのだった。この工場では、週に約一〇〇万羽の鶏を処理しており、毎日数十万ガロンの廃水を流していた。タイソンは、一九九六年から二〇〇一年の間に、未処理または処理の不十分な廃水を繰り返し排出していたのだ。しかし、ミズーリ州天然資源局からの通知、数多くの警告、行政命令、二つの州裁判所からの差し止め命令に続いて、セダリアの施設で連邦政府の捜査令状に基づき不法な排出を停止するための強制執行が実施されたのに、タイソンは未処理の廃水を嵐対策の雨水管から流し続けたのだ[40]。

また、二〇〇三年、オクラホマ州タルサの訴訟では、タイソンと他の養鶏会社五社が、七五〇万ドルで和解している[41]。ルサ市当局は、一億七〇〇〇万ポンドの養鶏場廃棄物が、タルサ市の水源であるユーチャ湖とスパビノー流域を汚染したと主張していた。

タイソンは、二〇〇九年六月、アーカンソー州テクサカーナにあるリバーバレー・アニマルフーズ社の工場で労働者安全規則に違反したために、最高額の罰金五〇万ドルを支払った。[42] 整備員が施設内の漏水修理中に硫化水素ガスを吸って後に死亡したからだ。もう一人の従業員と二名の救急隊員は救助活動中にガスを吸い込んで入院した一方、さらに他の二名の従業員は現場で治療を受けた。

司法省は二〇〇九年八月、ミズーリ川に廃棄物を投棄したとして、タイソンに二〇〇万ドルの罰金を科した。[43] 同社は二〇一一年二月にはさらに、鶏肉製品の輸出証明をとるためにメキシコの公務員に賄賂を渡したとされる訴訟で和解するために、五二〇万ドルを支払った。[44] 同年九月にも、時給制の鶏肉工場の労働者が作業服や防護服の着替えにかかった時間の分を支払うべきかの一二年間の訴訟で、三二〇〇万ドルで和解している。[45] 二〇一四年にも同じ種類の裁判で、テネシー州グッドレッツビルにあるタイソン・フレッシュ・ミーツ社の牛肉・豚肉工場の労働者に七七五万ドルを払い、裁判を回避した。[46] 二〇一六年、NGOの米国オックスファムは、タイソンの鶏肉労働者がトイレ休憩を拒否され、一日中勤務するために、シフト中おむつをつけて仕事をしているとする報告書を公表している。[47]

これまでの法律違反にもかかわらず、この会社は、持続可能な食料生産への取り組みや、職場環境の改善の努力を続けていると宣伝している。「我々は、持続可能性とは、継続的な改善と永続的な解決策であり、より健康的な職場の実現も含まれる」とタイソンのノエル・ホワイト最高執行責任者は二〇一七年に発表した。[48]「私たちは常に従業員サポートに尽力し、健全な職場環境を整えているが、さらに上を目指したいと考える。だからこそ、トレーニングの拡充、職場の安全性と報酬の改善、透明性の向上、従業員のライフスキル向上支援などの施策を行っている」。

二〇一七年九月にトンガノクシー市で、同社関係者は、二〇一九年までに三億二〇〇〇万ドルの鶏肉工場を建設すると発表した。同社にとって二〇年ぶりの新工場計画だった。カンザス州知事も乗り気で、町に一六〇〇人の新規雇用をもたらすと発表して盛り上がった。これは、人口五三〇〇人の町にとって重要なことだったのだ。しかし地元の母親たちは、このニュースを快く思っていなかった。彼女らは、子供たちの遊ぶ写真を送ってくれる中で、この巨大企業に小さな町を壊されたくない、子供たちの安全が脅かされるのは嫌だ、と訴えた。候補地は、野球場から数ブロック、小中学校から数マイルのところだった。

ある女性は、「私たちは町から約二・七マイル［約四・三km］離れたところの井戸水を使う場所に住んでいる。子供たちと私は、敷地内を流れる小川で遊ぶ。池もある。私たちのコミュニティは破壊されてしまう。私たちを助けてほしい。私たちには多くの支援の声が必要だ」と書いてきた。別の女性は、「米国人は、タイソンのようないじめっ子が、私たちのような小さな町をいじめないようにする法案を提案するために、全米各地で集まる必要がある。エリン、どうすればこの問題に勝利できるか」と質問した。

私はしばしば、巨大企業とその手先が、買収された政治家を引き連れて雇用創出を約束させられようとしている地域社会に対して、どのような助け船を出せるか悩んできた。一〇年以上前から、タイソンに対する公害や環境の苦情を受けていて、記録を残してある。タイソンの工場に関する記事をフェイスブック（FB）に投稿したところ、何千ものシェアと四〇〇以上のコメントが寄せられた。時には、メディアが取り上げ、私が意見表明することで、コミュニティが自発的に動き出すこともあった。トンガノクシーでも彼らは非営利団体（NPO）を設立し、ソーシャルメディアでのキャンペーンを開始したら、立ち上げたFBのメンバー数は瞬く間に六〇〇〇人を超えた。FBは、近年多くの論争に直面しているが、今でもグループ立ち上げにとって最も早くて簡単な方法である。活動家たちは、"No Tyson in Tongie"（トンジ

「ノーサンキュータイソン、ここは間に合っています」
2017年、地元で「トンジー」と呼ばれるカンザス州トンガノクシーの母親たちは、タイソン・フーズの巨大な鶏肉処理工場と戦うのを助けてほしいと私にメールを送ってきた。「トンジーにタイソンは要らない」運動の主催者は看板をたくさん作り、市民集会に大挙して押しかけた。

ーにタイソンはいらない）と書かれた白と赤の看板を作って、家の芝生に立て、同じスローガンのTシャツを作った。立て看は意識を高め、多くの人に関心をひくための素晴らしい方法だ。

「地域住民が地元の政治やコミュニティ運動に参加していることは、この地域の将来的な利益につながる団結力を物語っている[49]」。「トンジーにタイソンはいらない」運動の主催者であるジェン・ピークは、声明の中で「『タイソン出ていけ』がいまだに町中や地方の道路に掲げられていることは、住民が、強い意志をもって団結してタイソン建設プロジェクトに反対し、警戒し続けていることの証である」と述べている。

カンザス州共和党のジム・カールズキント州議会議員の主催する二〇一七年九月の集会にも、町の人が大勢集まった。町の近くに住んでいる同下院議員は、「今までにない大集会だった」と話している。郡の委員会は、タイソンのために五億ドルの産業収益債を発行したばかりだったが、五日後にその決定を取り消した。[50] タイソンはすぐに、他の工場候補地を探す間、計画を保留すると発表した。企業が小さな町でビジネスをするなら、自らの行動を清算し、米国の最大汚染者リストから抜け出す必要がある。タイソンは、住民の質問に答えるために市民説明会を開催したいと言っていたが、結局一度も来なかった。住民は、環境に配慮した持続可能なビジネスを求めている。今こそ、利益重視の環境汚染を私たちの裏庭でやらせないようにする時なのだ。

六価クロムの浄化

正義は一度にまとめてではなく、段階的に到来する。カリフォルニア州のヒンクリーほど、これを如実に体現する好例はない。ここでは争議勃発以来二五年以上が経過し、三億三三〇〇万ドルの和解金が支払われた後も、汚染が続いている。飲料水に関する六価クロムの国家規制は、一九九一年以来変わっておらず、総クロムで一〇〇ppbとなっている。[51] カリフォルニア州は、二〇一四年に六価クロム基準をより厳しい一〇ppbに設定したが、州が経済的な実現性の調査を行わなかったとする訴訟のため、二〇一七年に撤回された。ヒンクリーの人々は、今もなお汚染問題を抱え、パシフィック・ガス・アンド・エレクトリック(PG&E)社に正しいことをするよう、そして汚染物質を浄化するよう求め続けている。この問題について、もっと良いニュースに期待したい。ようやく復興に向けて動き出したが、その道のりは予想外に長いものだった。私は、二〇年以上経った今、この小さな砂漠の町で起きたことをまだ話しているのが信じられないが、この話は今日の水危機を象徴している。PG&E社のような企業が、どのようにして汚染しながら処罰を免れるか、を物語っている。

九〇年代、ロバータ・ウォーカーは、町を救う活動の先頭に立った。彼女は、地元の水道局で何時間もかけて近所の地図を見たり、古い書類のコピーを取ったりした。彼女は膨大な書類の箱を抱えて、マズリー・ビティトー法律事務所を訪れた。当時は今のようにはデジタル化されていなかったのだ。これが、法律事務員から消費者擁護者への私の旅のきっかけとなった。ロバータの粘り強さと優れた調査力、そしてコミュニティの支援のおかげで、私たちはこの訴訟に勝利した。私は、この訴訟がヒンクリーの人々に正義をもたらし、町の生活を守れると期待した。しかし、映画のように簡単には解決しなかったのだ。

訴訟が和解してから約一四年後の二〇一〇年一二月、ロバータにはヒンクリーの住人から何度も電話がかかってきた。昼休みにようやく会えたカミーラは、ロバータに驚くべき書類を差し出したのだ。カミーラは一九九六年の和解の原告ではなかったが、和解案の内容は知っていた。その後自分の馬が家の水を飲まなくなったので、心配になったのだった。PG&E社の浄化が遅れていることは、町では周知の事実だったが、カミーラは、汚染が実はさらに拡大した証拠を持っていたのだ。ここでも、水にはまだ毒が入っているという常識を信じた一人の人の行動から始まった。ロバータは、汚染を避けて、以前のヒンクリーの家から七マイル北東に引っ越していた。汚染はコンプレッサー施設近くだけだと思っていたからである。今では、同じ汚染の広がりが新居からわずか一マイルのところまで増殖していた。

イレイン・カーニーは、一九九五年に、姉の一〇エーカーの所有地近くにある夢のマイホームに引っ越してきた。ヒンクリーの最初の訴訟が決着する直前だった。二〇一〇年までに、彼女の娘の一人は五回も流産を経験し、痛みを伴う卵巣嚢腫に悩み、別の娘は進行性のガンの治療を受けていた。家族で飼っていた犬にも腫瘍ができた。イレイン自身も心臓病と脳卒中で入退院を繰り返した。近所の家がＰＧ＆Ｅ社に買われてブルドーザーで壊されるのを見てきた。『ニューヨーク・タイムズ』紙に、彼女は資産価値と健康問題について「家を売ることはできない。和解のチャンスを失ってしまうから」と語っている。[52]

ここでも住民が動いた。今回は、ＰＧ＆Ｅ社に圧力をかけ、長引く浄化作業に対する認識を高め、ラホンタン地域水質管理委員会に説明責任を求めるためだった。同紙の記事では、「慢性的に資金不足の状態にある州機関で、同社の汚染除去計画を評価し実施している」と紹介された。水質管理委員会は、同社の汚染処理をチェックしていた。当時の計画は、汚染された六価クロムの地下水にエタノールを注入して有害性の低い三価クロムに変換するもので、すばらしい錬金術というほどではない。しかし、同委員会の調査によると、この方法では土壌の回復に一〇〇年以上かかる。[53]間もなく、同社がロバータの家のドアを再びノックして、家を買い取り家族にペットボトルの水を届けると提案してきた。

買い取りを提案された住民は、ロバータだけではなかった。二〇一〇年から二〇一四年一〇月までの間に、ＰＧ&Ｅ社はさらに約三〇〇件の不動産を買った。[54]汚染が広がったため、二〇一二年までに、同社はさらに三六〇万ドルの罰金を町に支払った。同社はそれでも悪事を働いたと認めなかったが、新しい井戸を設置し、小学校の飲料水を改善することを約束した。[55]その後、住民が町を離れていき、ヒンクリーの小学校は二〇一三年に閉鎖された。これはＰＧ&Ｅ社との間で学校運営の補助を求める交渉が決裂したためだった。[56]一九〇二年に開校したこの学校は、何世代にもわたってヒンクリーの子どもたちを教えてきた。ほどなくして、町の郵便局も閉鎖された。

二〇一三年までに、ＰＧ&Ｅ社は七億ドル以上の費用を投じて汚染浄化に取り組んだ。しかし、水の汚染は続いた。当時、同社の浄化作業を担当していたシェリル・ビルブレイは、公共放送局ＰＢＳのジャーナリストのマイルズ・オブライエンに、ニュースアワーという番組で次のように語っている。[57]「これはたいへん複雑なプロジェクトだ。私たちは高度な規制を受けている。多くの利害関係者がいる。もう一つ、私たちは正しくやることが非常に重要であると考えている」。同じ番組で私もインタビューを受けた。私も国や地域も、「浄化は計画通り実施されていると思っていたが、現実は違った」と話した。

水質管理委員会報告によれば、二〇一一年七月から二〇一四年七月にかけて、アカシア通り近くの井戸で六価クロムの濃度が九ppbから一九ppbへと着実に上昇した一方、二〇一三年から二〇一四年にかけてサンタフェ通りとマウンテン・ビュー通りの南東に位置する別の井戸で、七・八ppbから二四ppbに上昇した。[58]二〇一五年、ラホンタン水質管理委員会は、過去の浄化命令で未解決だった要件に加えて、今後の浄化と修復のための新しい要求と期限を明記した新しい浄化命令を発令した。[59]

私は、あの訴訟と映画の後には、ＰＧ＆Ｅ社は必ずこの汚染を浄化するだろうと思っていた。しかし、そうはならなかったのだ。隠蔽工作が続き、浄化は何年も停滞した。このトラブルや心の傷が、ガス冷却塔の錆止めの化学物質によって引き起こされたのは、信じがたいことである。同社の行動に、悲しみと失望、そして嫌悪感さえ覚える。このような汚染事件とその後始末について、とても多くの疑問が浮かぶ。これほどの大企業に最終的に正しいことをさせるにはどうすればいいのか。地域住民と町を知る人にとっては、企業が正しいことをしないのはとても歯痒い。そこは、人々が都会よりもゆっくりとした時間の流れを感じ、夜は星を見て、昼は野原で乗馬をして過ごすために住んでいる場所である。彼らは汚染に苦しめられるようなことは何一つしていないのだ。

二〇一五年にヒンクリーを訪れたとき、かつて多くの家が建っていた場所が空き地になっていて愕然とした。多くの住人は、家族との良い生活を求めて去っていった。悲しいことに、そこには資産価値の下落した数軒の家と数エーカーの土地にまだ育っているアルファルファ以外、生命の印はない。私たちはもっと良い仕事をしなければならない。この国には何千ものヒンクリーが存在する。企業は小さな農村に廃棄物を投棄してはばからない。多くの人に現実を伝え、忘れられた町に活気を取り戻したい。

二〇一六年四月、ラホンタン委員会は、エタノールの注入を促進する別の条例を提出した。二〇一六年一一月には、包括的な浄化命令を承認し、PG&E社が規制当局の承認なしにエタノール注入を継続できるようにした。同社は、土壌のバクテリアが六価クロムを三価クロムに変換するためと称して、汚染水をアルファルファ畑に流している。二〇一七年四月、同社の環境担当幹部は、カリフォルニア州の水規制当局に対して、ヒンクリーの地下水から六価クロムの半分は除去され、汚染の範囲は減ったと報告した[60]。

ヒンクリーは始まりに過ぎなかったのだ。この訴訟が決着する前の一九九四年に、私はPG&E社のケトルマン・ヒルズにある冷却塔付近の地下水の六価クロム汚染に関連して、病気の原告約一〇〇〇人とともに訴訟を始めた。ケトルマン・シティは、ロサンゼルスとサンフランシスコの間の農村地帯にあり、町で最も長い通りは、ゼネラル・ペトロリアム・アベニューとスタンダード・オイル・アベニューだ。ここでも、ヒンクリーの場合と同じように、五〇年代、六〇年代には同社の冷却塔の廃液が地中に浸透し地元の水道水を汚染していた。私は四つの大きな冷却塔を見るために車で町を走ったが、いつものような汚染の兆候はなかった。そこで、車から降りて、周囲を観察しながら歩き始めたところ、すぐ何かを見つけた。針葉樹タマリスクの木の葉には、ヒンクリーと同じ白い粉（六価クロム）がついていたのだ。私はもう少し詳しく調べようと、地元の水道局に向かった。そこで、町の井戸から過剰な六価クロムが検出されたとする米国内務省のPG&E宛ての一九六四年の手紙を見つけたのだ。[61]

住民に話を聞いてみると、汚染された井戸は飲食や入浴に使われていた。私たちは証拠を集めて裁判を起こしたが、決着まで一〇年かかった。ちょっと考えてみてほしい。弁護士や科学者、研究者が、この会社に真実を白状させせようとしている間、この町の家族は病院通いや出生異常などの健康問題に悩まされながら、ミネラルウォーターを買うために、いちばん近いハンフォードまで毎週三〇マイル（約五〇キロ）も運転させせられたのだ。二〇〇二年、PG&E社のスポークスマンだったジョン・トレメインは、『サンフランシスコ・ゲート』紙の取材に対し、ケトルマン事件の詳細を語ることを拒否したが、同社は戦う準備ができていて、「我々は法廷で必ず自分たちを守る」と言ったのだ。[62]

この有毒な事件が明るみに出たとき、PG&E社はすでに危機に瀕していた。エンロンによる市場操作、[63]カリフォルニア州のエネルギー危機による卸売り価格の高騰と州内の計画停電などによって、[64]二〇〇一年四月に連邦破産法第一一条の適用を受けたが、その時、負債九〇億ドルがあった。これは、電力会社としては米国史上最大の倒産となったが、破産法適用のおかげで同社は営業を続けられ、同州の何百万人もの住民に電力を供給しながら、債務の再交渉に臨んだ。グレイ・デイビス州知事は、「カリフォルニアの顔に泥を塗った」と言い、[65]消費者保護団体は、「州の規制を回避するうわべだけの努力」と酷評した。[66]

PG&E社は財政問題があったが、ケトルマン訴訟では二〇〇六年に三億三五〇〇万ドルで和解した。[67]米連邦破産裁判所のデニス・モンタリ判事は、二二ページの判決文の中で、「クロムの訴えで倒産したわけではない。州裁判所での裁判は、できるだけ迅速に進めるべきだ」と述べた。[68]和解案の一部には、同社から住民への謝罪が含まれていた。会社の文書には「明らかに、この事態は起こるべきではなかった。起きてしまって申し訳ない。これは当社のビジネスのやり方ではなく、今後は起こりえないと信じている」と書かれていた。[69] しかし、これは口先だけであり、役員や取締役会は残留し、同社幹部は一人も処分されなかった。同社は罰金を支払い、それまで通りのビジネスを続けたのだ。

二〇一六年、連邦陪審員はPG＆E社に再び有罪判決を下した。[70] 今回は、安全規則に違反して、ガスパイプライン爆発事故を起こし、サンフランシスコ湾地区のサンブルーノで八人が死亡し、三八棟の家屋が倒壊した。同社が有罪となったのは、爆発事故だけでなく、危険なパイプラインを見つける方法について、連邦政府の調査官を欺いたことも含まれていた。同社は、組織的にパイプラインを検査と規制の対象外に分類することで、費用を節約していたのだ。今回も、幹部の誰も刑務所に入ることはなかった。最終的に、同社は六つの重罪で有罪判決を受け、最高刑である三〇〇万ドルの罰金を払った。[71] 加えて、州の規制当局からの罰金一六億ドルもあった。裁判所は、同社が負担を納税者に転嫁することを禁止した。

二〇一九年一月、投資家が所有するこの電力会社は、再び連邦破産法第一一条の適用を申請した。これは、北カリフォルニアの大規模な山火事に対して、最大三〇〇億ドルの賠償請求を受けたためだった。これは、同社が二〇一八年に一七〇万ドルを投じて州議会でロビー活動を行い、山火事の損害賠償責任を免除された後のことである。[72] 猛暑と強風が火災のきっかけになったのは確かだが、同社の送電線と複雑な設備には安全上の重大な欠陥があり、そのせいで二〇一四年から二〇一七年の間に約一五〇〇件の火災が発生したと推定されている。[73] 二〇一八年に発生した最大の山火事「キャンプ・ファイア」では、同社の機器が火種となり、八五人が死亡し、一万四〇〇〇軒近くの住宅と五〇〇社の事務所が焼失した。[74] この火災は、二〇一八年に世界最大の自然災害となった。

ＰＧ＆Ｅ社にとって破産宣告は、安全対策や経営の不備の責任を回避する戦術だ。連邦破産法第一一条では、会社の業務、負債、資産の再編成が行われるが、その過程で、会社はさらに混乱した状態になってしまう。二〇一七年に就任した同社の初代女性代表取締役ガイシャ・ウィリアムズは、今回の倒産で二五〇万ドルの退職金を受け取って退任した。そもそも彼女を雇ったのは、サンブルーノ市の混乱から会社を遠ざけ再出発させるためだったが、三〇年以上電力業界での経験を持つ彼女をもってしても、企業文化は変わらなかった。後任には総務顧問のジョン・サイモンが暫定取締役に就任した。同社の取締役会が今後数年間で脱皮し、正義を実行できるか注目される。

一方、ＰＧ＆Ｅ社の株式を四〇〇万株以上保有している資産運用会社のブルーマウンテン・キャピタル・マネージメント社は、ＰＧ＆Ｅ社は支払能力があり、破産は「損害を与えるだけであり、回避できるし、不必要だ」としている。[75] ＰＧ＆Ｅ社の取締役会に宛てた書簡の中で、ブルーマウンテン社は、「ＰＧ＆Ｅ社の支払能力を示す強力な証拠がある。我々は、市場価値のある企業が、明らかな疑問に答えないまま破産申請をした例は記憶にない」と述べたほどだった。

私の見る限りでは、ヒンクリー発電所事件以来、二〇年以上、州内いたるところで扱ってきた数十件の訴訟で、ＰＧ＆Ｅ社は責任を一切認めていない。彼らは法的義務を果たさず、収益を安全対策や新設備に再投資していない。カリフォルニアの気候変動や天候の変化に対応するには、強風や嵐に耐えられる新しいインフラ設備がこれまで以上に重要なのだ。

「ＰＧ＆Ｅ社は、顧客からの資金をインフラ設備や安全対策に使わず、自社利益と幹部報酬に使っている」というのが、キャンプ・ファイアー大山火事訴訟で同社に対して使われた表現である。[76]

企業が管理を任されると、安全よりも利益を優先する。この会社の破壊的で過失に満ちた過去は、破産手続きにおいて見過ごされてはならない。裁判所がＰＧ＆Ｅ社の責任を追及するだろう。裁判官を新取締役に選任するからだ。カリフォルニア州の新知事も、新しい目で厳しく同社を見ている。

「ＰＧ＆Ｅ社は、失礼ながら、これまで信頼できる会社ではなかった」ギャビン・ニューサム州知事は、同社が破産を発表した数日後、このように述べた。[77]「同社はごく最近、故意に規制当局を欺いていたことを認めている。これは到底容認できない」。

また彼は続けて、「生き残った人は、公正な手続きで苦痛と経済的損失を訴える権利がある。私は、消費者が確実に安全で手頃で信頼性の高いサービスを受けられるようにし、山火事の被災者を公平に扱い、州として気候変動対策に沿った解決策を求めて関係者と協力することを約束する」とも述べた。[78]

悲しいことに、約三〇％が貧困層であるケトルマン・シティの住民は、ＰＧ＆Ｅ社の訴訟をはるかに超えた問題がある。[79]人口約一六〇〇人のこの小さな町は、六価クロム以外にも多くの汚染物質と向き合っている。労働人口の半分以上がラテン系の農業従事者で、トマト畑やアーモンド畑で散布される農薬にさらされている。また、この町は、米国最大級の有害廃棄物処理場であるウェイスト・マネージメント社からほんの三マイル［約五㎞］しか離れていない場所にある。住民は長年にわたり、有害物質への曝露が健康問題に関係しているのではないかと疑ってきた。[80]その中には、頭が大きくなったり、口蓋裂を持ったりする赤ちゃんの出生異常も含まれる。しかし、最大の問題は、科学者が、個々の化学物質の健康への影響について、ほとんどデータを持っていないことなのだ。複数の化学物質の複合的な影響については、なおさらわかっていない。化学物質の体内への進入経路は、正確には追跡できない。異なる病気や健康問題となる場合は特にそうだ。化学物質の作用や体内での被害を把握するには、さらなる研究とバイオマーカー（生理学的指標）の追跡が必要である。常識的に考えて、これらの化学物質は関連しているだろう。長年の経験から見て、科学が有害化学物質への曝露の原因と影響を解明するのは、時間の問題だろう。

私は、今でもカリフォルニア中からメールを受け取る一方、ケトルマン・シティの周知活動を続けている。同州のインターステート高速道路五号線を運転したことがある人なら、ガソリンスタンドやホテルの蛇口で「汚染されているので自己責任で利用すること」という表示を見たことがあるだろう。二〇一六年、私は、ケトルマン・シティの二つの井戸から高濃度のヒ素が検出されたという記事をフェイスブックに投稿したが、これは環境保護庁が同州に「安全な飲料水法」の違反を通知してから三年後のことだった。二〇〇八年に環境保護庁の検査で、ケトルマン・シティの飲料水から発ガン性物質のヒ素が危険な高濃度で検出されていたが、[81]その五年後、州は毎月三〇ガロンのミネラル・ウォーターを住民に届け始めた。ひ素は、セントラル・バレー全体の水道水を汚染していた。環境統合プロジェクト社の調査によれば、実際、五万五〇〇〇人が州内の九五の公共水道システムからひ素の汚染水を飲んでいるのだ。[82]

公営水道事業者は、水が連邦規制に適合しない場合、顧客への通知が義務付けられている。ひ素について郵送された通知には、「ペットボトルの水など別の水源を使用する必要はない」と書かれていたが、[83]州は個人の井戸（連邦政府の管轄外）の所有者には別の警告を送っていた。「井戸にヒ素が含まれている疑いがある場合は、検査するまで水は使用してはならない。ひ素が含まれていた場合、慢性的な健康被害がありうるので、家族のために適切な対策をとるように」。私たちは、連邦政府に、飲料水の汚染物質に関する厳しい基準を要望する必要がある。それがなければ、各州は一貫性のない、潜在的に安全ではないガイドラインを使い続けることになり、市民は飲料水の安全性について混乱することになる。

一生に一度も、蛇口からグラスに水を入れたことがない人がいるだろうか。これはケトルマン・シティの環境活動家マリセラ・マレス・アラトーレの娘のことだ。マリセラは、水質と汚染で悪名高い自分の町で集会を開いたり、水問題活動に参加したり、ラジオやテレビに出演したりしている。

彼女は娘の話を地元のニュース局に伝えた。「私は去年、娘と観ていた映画の中で、誰かがシンクに行ってグラスに水を入れた。すると娘は、『ああ、彼は蛇口から水を飲んでいるのね！』と言ったのだ。彼女は今まで蛇口から直接水を飲めるような場所に住んだことがないからである」。マリセラは、「娘がペットボトルの水を持たずに出かけることはないが、地元の子供たちは、学校の水飲み場で水を飲んでいる、濾過装置が設置されたのはやっと最近のことだ」と言っている。カリフォルニア州政府は、町の近くを流れるカリフォルニア水路からの水を処理する九六〇万ドルの浄水場の建設を支援する計画だ[84]。

水道水汚染が怖くて洗濯ができず、お皿を洗うのが嫌になって、永久に紙皿に変えてしまうようなことを想像できるだろうか。まるで未来の悪夢のようだが、これはミッドランドで起きたことのほんの一例である。テキサス州ミッドランドは、二つの大きな町に挟まれた中規模の町だ。ミッドランドの名は、一八八一年にテキサス・アンド・パシフィック鉄道のダラス・フォートワースとエル・パソ間の中間地点だったことに由来する。ミッドウェイという名の町はすでにあったので、代わりにミッドランドになった。ミッドランドは、元大統領夫人ローラ・ブッシュの出身地であり、元大統領ジョージ・W・ブッシュの幼少期の故郷でもある。また、パーミアン盆地油田の近くなので、石油やガスが長年、地域経済を支えてきた。

私は、ヒンクリーとケトルマンの後も、何千通もの電子メールを受け取り、できるだけ早く返信していた。その中の一通が、二〇〇九年にミッドランドの地域活動家シシー・サスリからのメールだ。彼女は、住んでいる地域を助けてほしいと訴えていた。この地域では、皆水道水の使用を恐れていた。製氷すると緑色の氷ができるからだ。シシーは一〇〇〇通以上の手紙を地元の政府や議員に出したが、効果はなかった。夜中の一時に吹雪の中をボブが運転している間に、彼女のメールが届き、私は三〇分以内に返信した。それはミシガン州での市庁舎集会を終えて、シカゴ空港に向かうところだった。彼女は緑色のプールの写真を送ってきた。娘が朝皮膚がただれていたりかぶれたりすると書いてあった。隣人のシェルドンとその妻が腎臓病と診断されている。他の人々も発疹、耳痛、頭痛、抜け毛、珍しい種類のガンに悩まされていた。動物も健康問題を抱えていて、複数の腫瘍ができている犬が何頭もいるとの報告もあった。あまりにも見慣れた症状だったので、六価クロム汚染と直感した。ボブは翌日の飛行機に飛び乗って水の検査に行った。案の定、井戸水で最高の六価クロムの数値が出た。ヒンクリーのどの数値よりも高かった。

この事件で、私は改めて国内の井戸の問題に気づいた。今でも関わっている事件の多くは、安全な飲料水に関する法律が適用されないことが原因である。環境保護庁が規制するのは公共の水道システムだけである。多くの州や町では、自家用井戸の検査は義務付けられていないため、ひとたび設置が許可されたら、きれいな飲料水を維持する責任は家主にある。問題なのは、近隣の工場が有毒な化学物質を投棄し、それが地下水に浸透していることを地元住民に知らせないまま、アメリカ人の約一五％（約四三〇〇万人）が自家用井戸から飲料水を得ていることである。[85] 井戸も汚染から守られるべきなのだ。[86]

ミッドランドのコットン・フラッツ地区に住む四〇家族にとって朗報だったのは、ボブと私が市庁舎集会に参加してから二週間後に、州の保健当局が、住民のために家庭用浄水器の設置を始めたことだった。人々が一致団結することで成果を獲得するのを目の当たりにした。今回は訴訟ではなく、地域住民の組織化と団結を支援することに重点を置いた。シシーたちは、一軒一軒の家を訪ね、汚染状況を地図に描き、健康アンケートを実施した。これは草の根運動の見本であり、彼らの素晴らしい活動で市民の意識は確かに高まった。しかし、濾過装置は一時的な解決策に過ぎず、住民は頻繁に不具合を訴えていた。被害を受けた住民は、水を飲む前に白いバケツに水を入れて色を確認することが習慣となっていた。緑の色が出れば、フィルターが機能していないことがわかる。次のステップは、汚染源を突き止めることだ。そのためにボブは地元の活動家と協力して、六価クロムの最大の使用者を特定した。それは、汚染された地下水の井戸のすぐ北側の工業地帯にある油田サービス会社シュランバーガーだった。

同社は述べている。「テキサス州ミッドランドのシュランバーガー工場施設の製造過程ではクロムは使用されていない。独立の水質検査結果によれば、汚染源は当社と無関係の隣接地である可能性が高い[87]」。

企業が有害化学物質は使っていないと主張するたびに一ドルもらえたら、私は大金持ちになれるだろう。二〇〇五年に、米国議会は、安全飲料水法はフラッキング業界に適用されないとする「ハリバートンの抜け穴」を可決した。当時、ハリバートン社は水圧破砕法で年間約一五億ドルの利益を得ていた。この除外規定のおかげで、同社やシュランバーガー社は、使用している化学物質を隠蔽しながら利益を上げることができた。しかし独立調査によれば、六価クロムはフラッキングによく使われていた。

テキサス州環境品質委員会は、住民に対して、優先されるべきなのは、汚染個所を特定し、住民にきれいな水を提供することだ、と伝えたものの、シュランバーガー社など潜在的な汚染者にそれ以上の措置は講じなかった。同委員会は、汚染された井戸の濾過装置を維持管理しているが、その費用は年間一〇〇万ドルを超える[88]。この施設は、環境保護庁のスーパーファンド産廃地の国家優先事項リストにも加えられた。ヒンクリーのように、何世代も汚染が続く可能性があるのだ。

ミッドランドのケースは、私たちの油断を物語る。どこかの機関が私たちの健康や福祉を監督していると思っていたが、実は誰も監督していなかった。水問題の難しさは、それが見えない点である。町には素晴らしい水道システムがあるが、蛇口の水が緑色になったり、悪臭を放ったりするまで、システムを確認しない。この事件で友人となったシシーは、二〇一五年にガンで亡くなった。五〇州すべての水道水から高濃度の六価クロムが検出され、二億人以上の米国人に影響を与えている。対処するまでに、あと何人失うだろうか。この問題を始めて二〇年近く経った今でも、六価クロムの国家規制はないのだ。

私たちはケシ畑で眠っているのか？

『オズの魔法使い』では、小説でも映画版でも、ドロシーとその仲間たちが「黄色いレンガの道」を進んでいると、ケシ畑に出くわして、思わず眠ってしまうシーンがある。エメラルド・シティを目指すドロシーたちの目的を妨害するために、悪い魔女が仕掛けた罠なのだ。

よく知られているように、この花がたくさん集まると、その匂いはとても強力で、それを吸うと眠ってしまう。花の香りから離れなければ、いつまでも眠り続けられる。しかし、ドロシーはそのことを知らなかったし、周りに咲いている真っ赤な花から逃げ出すこともできなかった。そのうち、目が重くなってきて、早く座って休みたい、眠りたいと思うようになった。……「このまま放っておいたら、彼女は死んでしまうよ」とライオンは言った。「花の匂いがみんなを殺しかけている」。

——『オズの魔法使い』一九〇〇年

この物語では、ケシは無関心や油断を表す。社会として、私たちは睡魔に襲われている。政府機関や大企業が、面倒を見てくれていると思い込んでいる。しかし、誰も救ってはくれない。自分のことは自分で救いながら、全員のための良いシステムを作る必要がある。

あなたの生活の中のケシについて考えてみてほしい。「ブラボー」チャンネルの最新のリアリティショーを見るのに忙しいのか。スマート・デバイスやソーシャル・メディアを絶えずチェックしていないか。直面する現実的な問題から目を逸らしていないか。テレビを見るな、とは言わないが、テレビに支配されないでほしい。目を覚まして学び続けてほしい。水問題の記事を一日一本読んだり、友人に関心事を相談したりしたらどうなるか。次回の市議会の開催日を調べて、ご近所さんを連れていこう。どんな小さな行動でも、正しい方向につながる。今こそ、ケシ畑から抜け出して、行動に移す時なのだ。

【コラム】あなたの「なぜ」は何か

自分自身の「なぜ」を忘れないことはとても大切だ。私の場合、それは孫だ。孫の無邪気な顔と私の愛情を思い浮かべる。私たちの声を必要としている子どもたちのことを考える。彼らの幸せを願い、健康でクリーンな世界を実現したい。それが私のやる気につながっている。特に、仕事が困難な時ほど逆にやる気が出るのだ。自分の「なぜ」を考え、それを闘争心の源にしてほしい。

第7章　「意図しない結果」にノーと言う

ニューヨーク州ダッチェス郡西端のポキプシーは、ハドソン川を飲料水源とする三万二〇〇〇人の町である。ハドソン川は全長三一五マイルあり、ニューヨーク州北部のアディロンダック山脈から、ハドソンバレーの農地を通り、ニューヨーク市近くの大西洋に流れ出ている。ゼネラル・エレクトリック（GE）社は、一九四〇年代後半から環境規制が始まる七〇年代までに、一〇〇万ポンド以上のポリ塩化ビフェニル（PCB）を川に捨てた。[1] 無臭の人工化学物質であるPCBは、免疫系の抑制、血圧の上昇、低体重児の出生、甲状腺ホルモンの変化、ガンなど、人や動物の健康被害との関連が指摘されている。[2]

ミュージシャンで活動家のピート・シーガーは、何年もかけて汚染に対する意識啓発を続けていたが、一九八四年には川の二〇〇マイル分が全米最大級のスーパーファンド埋立地に指定された。GE社は、長年の草の根運動と政治的圧力により、川に堆積した有害物質の除去作業を開始した。米国史上最大かつ最も複雑な環境浄化の一つとして、川の底から土砂やゴミを取り除く浚渫（しゅんせつ）作業が行われている。このプロジェクトでは、環境保護局とGEが協力していて、大規模なモニタリングと修復作業が現在も続いている。[3]

ポキプシーには、ヴァッサーやマリストなどの名門私立大学があり、灰色の空が多く、固定資産税が高い。何年もの間、下水処理場から硫黄と汚泥が混ざった不快な臭いが漂っていたので、『フォーブス』誌の「最も悲惨な都市」に選ばれてしまった。[4] この処理場では、処理工程の改善、メンテナンス問題への対応、新しい臭気除去装置の設置などによって臭気の苦情が減った。さらに、この町は長期にわたる源流水の汚染にもかかわらず、誠実な飲料水処理の模範となっている。

ポキプシー水処理施設の水処理管理者ランディ・アルシュタットは、一九九七年以来、きれいな水を提供している。最大の課題は、現在全米で多発する消毒副生成物の管理である。この浄水場では、そのために、アンモニアと塩素を混合したクロラミンを二〇〇〇年から使い始めた。クロラミン処理は、薬品供給ポンプ、薬品貯蔵タンク、そしてアンモニアの費用だけで済む、安価な対策だ。ランディは当時、低コストの解決策に満足し、将来的に何か問題が発生したら、代替手段を検討すると言っていた。

クロラミンを投入するとすぐに、浄水場と市民の家で、配水管の腐食が始まり、ガスケット（パッキン）が破損した。水道水の利用者は、配水管を何度洗浄しても茶色い水が出ると言い出した。彼は私に、「直後から苦情の電話がかかり、発疹や呼吸器の異常、植物の枯死が始まった、と言われた」と話した。

彼は当時、健康被害を認識していなかった。当時はクロラミンに関して、今ほどは情報がなかったのだ。この問題は、現在クロラミンを使用している地域でも起きている。違うのは、すべての水道会社がランディの会社と同じく自覚的で誠実であるとは限らないことだ。ポキプシーの水道事業会社の理事会は、錆びや腐蝕が止まらず、苦情が絶えないので、何度もランディに連絡した。彼は結局、外部技術者を雇って調査し解決策を探った。その結果、二〇一〇年、彼はアンモニアの使用を全面的に中止したのだった。

「クロラミンを止めた途端、茶色い水が出なくなった」と、彼は話してくれた。健康上の苦情もなくなった。ランディによれば、クロラミンは、水中の有機物の問題を隠蔽し、有機物を除去できないばかりか、規制対象でない多くの消毒副生成物をかえって発生させてしまう。水の処理のため、これ以上未知のものは要らない。その後、ポキプシー浄水場では、オゾンと生物学的活性化フィルターの一八〇〇万ドルの新浄化システムを完成させた。これで、クロラミンが不要になり、塩素の量も減らすことができる。

私とボブは、膨大な時間をかけて、地域から地域へと移動し、クロラミンに関する懸念を表明してきた。私は、ランディがどうやって資金を調達したのかも気になっていた。クロラミンのコストは年間約二万五〇〇〇ドルなのに対して、数百万ドルの新システムを導入するのは大変なことだからである。「新システムは高いが、水汚染で苦しむ利用者を放置するわけにいかない。クロラミンには同意できない」。ランディはそう語った。「水道システムの改修は一〇〇万ドル以上だ。でも、健康被害を考えると、クロラミンは正当化できない。利用者が改修費用を分担すると、月々の負担増は、一カ月あたり一回の食事代に収まる。利用者には、良質の水を提供するためだと伝えると、納得してもらえる」。

ランディは、水処理管理者でもセールスマンでもある、と自認する。それは利用者に最高品質の飲料水を届けるために正しいことをするという意味だ。ランディが一ドルで一〇〇〇ガロンのきれいな水を作ることができるのに、どうして一本のミネラル・ウォーターに二ドル払う必要があるのか。

新オゾンシステムがポキプシーで稼働したのは二〇一六年一〇月だった。消毒副生成物が三分の一から二分の一程度になった、とランディは言う。これは、管理者が夢に見るような数字だ。また、オゾンの使用で塩素の量も減った。化学物質ＰＣＢは懸念材料だが、この浄水場では一度も検出されていない。

ランディは簡単そうに言う。彼は誠実で、自分の常識を駆使して、利用者に最も安全な飲料水を提供している。ポキプシーが、選択肢を検討中の多くの市町村の見本となることを願っている。

残念ながら、多くの水道局では、環境保護庁の第一、第二段階の消毒剤および消毒副生成物に関する規則を守るために、過去一〇年間でクロラミンの使用量が急増した。確かに、クロラミンを比較的安全に活用している都市もいくつかある。一九一八年以来クロラミンを使用しているデンバー、一九三〇年代以来のボストンなどだ。しかしこれらは例外的で、普通はうまくいかない。これらの都市で成功しているのは、クロラミンが水の中に長く留まり、何キロものパイプを通る水を処理するのに役立つからである。大規模なパイプラインがなければ、ポキプシーのように、問題点の方が多くなってしまう。処理施設では、システムとクロラミンの相性を調べ、アンモニアの問題点と安全性を予測する必要があるのだ。

ジャネット・キアリは、水研究財団の論文の中で、三〇年分のクロラミンに関する研究を要約している[5]。「クロラミン処理は複雑なプロセスであり、不適切な管理によって意図しない結果を招く可能性がある」。

ボブと私はクロラミンの問題を話し合った大部分の地域集会で、混乱や抵抗に遭遇した。抵抗したのは処理場の人たち、つまり科学を否定し、地域の複雑な状況を無視する人たちだった。ポキプシーでランディが言ったのは、まさに私たちが市町村で言っているのと同じ問題ばかりなのだ。蛇口からの茶色い水、健康被害、水道管の腐食、劣化したインフラの故障などである。二〇一七年六月に発行された『アメリカ水道局ジャーナル』誌はクロラミンの問題を扱っている。ゲスト編集者のスチュアート・W・クラズナーは、全国の水道事業者が、「州や連邦政府の規制、運用上の要件、美観の問題を満たすために、様々な微小汚染物質を制御する処理・消毒プロセスを費用対効果の高い方法で最適化している」と述べる。クロラミンにより新たな汚染物質が発生し、水道水業界の新たな課題となっていることも指摘している。その一つが、新種の消毒副生成物N－ニトロソジメチルアミン（NDMA）だ。これは発ガン性が疑われながら、規制されていない。[6] 高濃度で曝露された場合、NDMAは人と動物に肝臓障害を引き起こす。[7]

クラズナーは、「クロラミンは、規制対象のトリハロメタンやハロ酢酸を抑制するが、新たにN－ニトロソジメチルアミン（NDMA）が生成されるようになった」と書いている。[8] その上、クロラミンに切り替えると、配水管、器具、その他の配管部品から鉛が浸出する。二〇〇七年の研究では、浄水場では規制を満たしていても、契約者宅に届く頃には飲用に適さない状態になる。二〇〇七年の研究では、ノースカロライナ州ウェイン郡の七二七〇人の子どもたちの飲料水源と血中鉛データ、および国勢調査の結果から、鉛への曝露状況を調べた。[9] この郡には、塩素を使うウェイン水道事業者と、約七年間クロラミンを使ってきたゴールズバラ水道事業者の二つの公共水道がある。ゴールズバラ社がクロラミンに変更した頃、子どもたちの血中鉛濃度が上昇したので、クロラミンにより鉛への曝露が増加したことがわかった。

環境保護庁でも、クロラミン問題が各都市から報告される中、二〇一六年にクロラミン規制を再検討した。[10] 二〇〇九年の同庁報告書は、クロラミンの適切性は水質と水道事業者によって異なり、人の健康への影響に関する研究も、クロラミンによる消毒副生成物の研究も不足し、処理水には、規制対象外の副生成物が高濃度で含まれていると指摘する。[11] 電力会社から資金提供を受けている非営利団体「水研究財団」の研究ですら、一一の市を調べた結果、消毒副生成物の削減には、他の選択肢を推奨している。

「米国でクロラミンをこれほど多用することに疑問を感じる」と、この研究の筆頭著者デイビッド・レクハウは言う。[12] 彼は飲料水処理に関する全米屈指の専門家であり、マサチューセッツ州立大学アマースト校の「持続可能な小システムの水イノベーション・ネットワーク」の責任者である。

現時点で、環境保護庁は、クロラミンは、規制値以下なら安全であるとしている。

クロラミンに反対するタルサ住民

二〇一〇年に、ポキプシーではクロラミンを中止したが、二〇一一年、オクラホマ州タルサ市は、二次消毒剤としてクロラミンの使用計画を発表した。[13] 当時、同市の給水管理者であったロバート・ブラウンウッドは、「環境保護庁のより厳しい要求に応えるため」と述べている。切り替え費用は一〇〇万ドル未満であるとの報道に、ブラウンウッドは「住民は変化に気づかないだろう」と語った。『フォーブズ』誌によってポキプシー市は「最も悲惨な都市」に選ばれたが、タルサ市は「最も住みやすい都市」のリストに載った。[14] 市の中心街には、二〇世紀初頭の建設ブームにより、全米でも有数のアールデコ建築が集中している。タルサ都市圏は、森林に覆われたなだらかな丘や山があり、「緑の国」と呼ばれる。オクラホマ州の他の地域が、乾燥した埃の多いグレートプレーンズ地域のように見えるのとは対照的である。

タルサは、オクラホマ州で二番目に大きな都市だが、そこで生まれ育ったジニーン・キニーは、タルサは小さな町のような温かいコミュニティだと言う。実際、彼女がクロラミン使用の開始計画を知ったのは、散歩中に近所の人に声をかけられ、水道料金の請求書を見せられたのがきっかけだった。そこには小さな文字で、塩素からクロラミンへ変更するが、利用者は変化に気づかないだろうと書いてあった。当時ジニーンは、水道水のことも、クロラミンのこともよく知らなかったが、隣人が心配していたので、調べてみることにした。ジニーンはその日のうちに調べ始め、ワシントンD.C.のクロラミン水危機と、カリフォルニアの非営利団体「クロラミンを心配する市民」という組織があることを知り恐怖心を抱いた。なぜタルサは急にアンモニアを入れるのか。私に「エリンさん、私の名前はジニーン・キニー、オクラホマ州タルサに住んでいる。自分で調べ研究してきたが、市の水道事業者はクロラミン殺菌に変更しようとしている。どうしたらいいのか」と質問してきた。私は彼女に、「その通り。この変化は全米で急速に起きている。これが一番安いから」と返信し、市議会議員に声をかけてみてはどうか、と伝えた。

彼女はアドバイスに従って、市議会議員に電話をしてみた。その議員は、天地がひっくり返っても、この問題には触れたくないと答えた。彼の関心事ではなかったのだ。次に、水問題に詳しい地元の人々に連絡を取り、市議会議員のジム・マウティーノを紹介してもらった。彼は、クロラミンに敏感に反応するかもしれない息子がいるので、関心を持っていた。会ってすぐジニーンは感銘を受けた。彼は基本的な調査はしていて、可能な限りクロラミンを議題にあげようとしていたのだ。ジニーンは、NGO「クロラミンを心配する市民」の会長であるデニス・ジョンソン・クラに連絡を取り、詳しい情報を教えてもらい、懸念を明確に伝えるために議会で読み上げられるような声明文を書くのを手伝ってもらった。

二〇一一年一〇月四日、彼女がタルサ市議会委員会で読み上げた声明文は以下の通りである。[15]

保健省、水道局、環境保護庁は、飲用、入浴、調理など、日常のすべての用途でクロラミンは安全だと主張している。しかし、同庁自体は、呼吸器系、消化器系、皮膚系、および疫学的研究を行っていないことを認めている。クロラミン処理水に関するガン研究は非常に少なく、評価するには不十分だが、これらの研究でも、クロラミン自体は発ガン物質であるとされている。

国内でも海外でも、何千人もの人々がクロラミン処理水に触れると、重篤で命に関わる呼吸器系、消化器系、皮膚系の症状が出たと報告している。クロラミン処理水を避けたあと、再び浴びると症状がぶり返すことを確認している。これは、クロラミン処理水が症状の原因であることを証明している。クロラミンの安全性に関する科学的データはあるものの、呼吸器系、消化器系、皮膚系の症状の研究はないので、症状に関するこうした証言は、そのギャップを埋める貴重なものである。

クロラミン処理水による直接的な健康被害に加えて、クロラミンによる消毒副生成物についても重大な懸念がある。クロラミンの消毒副生成物はほとんど全く知られておらず、科学的研究も始まったばかりである。クロラミン消毒副生成物はまだ規制されていないが、塩素の副生成物（ＴＨＭｓとＨＡＡｓ）より何倍も毒性が強いことはわかっている。

最後に、クロラミンは、配管、鉛パイプ、鉛ハンダを使った銅パイプ、鉛を含む真鍮製の配管器具を腐食させる。飲料水に鉛が溶出するのは、金属の組み合わせに対するクロラミンの腐食作用による。溶出する鉛の濃度が非常に高くなることもある。クロラミン処理水を飲む子どもたちの血液中には、高濃度の鉛が含まれている。また、環境を気にする私たちにとって、クロラミンは、魚、カエル、両生類、その他の水生生物に対して強い毒性があることも心配の種である。塩素による水道管の破損は、塩素濃度が極端に高くない限り、問題はない。しかし、クロラミンの場合は、水道管の破損や漏水、あるいは洗車や芝生の水やりで流れ出すわずかな量でも、近くの池や川や湖の魚やカエルと両生類を絶滅させる。もっとよい方法があるのに、なぜ壊れやすい環境を危険にさらすのか。

最後に、私は、あなた方九人の市議会議員が、タルサ市民を助け、保護し、最善の利益を見守るために市議会議員に就任したと心から信じている。私はタルサの水消費者の健康を守るために、皆さんにお願いしたい。クロラミンは、健康に対する悪影響があると全米及び世界中で報告されているが、研究は進んでいない。クロラミンの使用にぜひ反対してほしい。

新米の水の戦士にしては上出来だ。ジニーンによると、会議の後、議員たちは首から頭がもぎ取れそうなほどかしげていた。市議会は、彼女とジム・マウティーノの意見はすべて有効と認めた。このような会議に何度も出席していると、会議終了後に議員たちが声をかけてくる。「こんなことをしても、どうにもならない」と言う人もいれば、「よくやった、ありがとう」と言ってくれる人もいる。

彼女は、勝っても負けても、自分が母親として、タルサ住民として、町の人々のためにできるだけのことはやった、と納得して夜眠りに就きたかった。何もしないよりは、挑戦して失敗した方がよいと感じていた。ジニーンはじきに、タルサ都市圏公益事業局を見つけた。これは市の憲章に基づき、市長と六人の任命職員が、四年の任期で就任している。彼らが、上下水道システムを管理・維持する責任者なのだ。タルサの五〇万人以上が住むメトロプレックス（都市圏）全体の意思決定権と最終決定権を持っている。ジニーンは、彼らがクロラミンについてどれだけ知っているか、透析を受けている人、慢性閉塞性肺疾患や呼吸器系、皮膚、消化器系の問題を抱えている人、ガン患者など、免疫力が低下している人を考慮しているかどうかを心配していた。赤ちゃんの哺乳瓶に水道水を入れる女性はどうか。何故たった数人の人間が、多くの人にとって重要な決定を下すことができるのだろうか。彼女は、みんなのために回答を引き出し、正しい決断のために圧力をかけようと考え、都市圏公益事業局の公開集会に顔を出し始めた。

彼女はもう一つ、ミーガン・ランプキンとビクトリア・クラークと一緒にフェイスブック・グループ「クロラミンに反対するタルサ市民」を立ち上げた（このグループは現在も八〇〇人以上のメンバーが登録している）。この二人も水道水のことをとても心配していた。彼女たちは協力して、デューウィー・バートレット・Jr.市長、タルサ都市圏公益事業局、そして州議会のメンバーと会い、結局、クロラミンの代わりに活性炭濾過に切り替えられるかテストすることに同意させた。テスト後、市は活性炭濾過は費用がかかりすぎると言ってきた。これに対して彼女らは、選任された事業局のメンバーが、ゴムパッキンなどクロラミン耐性部品製造会社の所有者であることを突き止めた。これは大きな利益相反なのだ。

ジニーン、ミーガン、ビクトリアの三人は、自分たちの戦いを進め、支援者を集め、タルサ住民への啓蒙活動を続けた。集会のために図書館の無料会議室を予約したり、切り替えを伝えるパンフレットを作成したりして、クロラミンの危険性を周知した。このグループの本気度を目の当たりにして、ボブは何度もタルサに足を運び、活動家と市の担当者の両方に会い、教育や意識の向上に努め、両者の架け橋となることを目指した。彼は最初の公聴会で説明し、その結果、七対二でクロラミン導入の延期が決まった。市の担当者は、ボブとの間に食い違いがあることに困惑し、ボブがタルサ都市圏公益事業局のメンバーに直接説明できるように手配した。ところがジニーンは、ボブが町に来る前に、事業局がクロラミン導入を決定しようとしていることを聞きつけた。そこでボブは早めに町に来て、事業局の会議に顔を出したので、事業局のメンバーは顎が外れるほど驚いた。ボブは、彼らの行動を非難し、「何が起こっているのか分かった。私が町に来て説明する前に、それを通そうとしたのか」と言ったのだった。

これとは別に、ジニーンは、この事業局会議に一〇〇人以上のタルサ市民を呼んでパブリック・コメントとして発言してもらう準備をしていたが、事業局は説明会の会場に市の職員を多数動員したため、消防署長が、会場は定員になったのでもう誰も入れないと宣言する事態となった。この説明会は職員のためのものではなく、タルサの住民が意見を述べる場だったのに、市民は中に入れず廊下に人があふれていた。ボブは、水浄化の信頼できる安価な方法を紹介したのだが、彼の情報と集まった人数にもかかわらず、事業局はクロラミンの使用を決定してしまった。二〇一二年夏には、モホーク浄水場とA.B.ジュエル浄水場でクロラミンの使用が始まり、現在も使用されている。[16] この市は、アンモニアを添加しなくても環境保護庁の基準をクリアし、米国の模範になれたはずだった。タルサ市は短期的には安価な解決策を見つけたが、長期的には、水道管の破損、配管や器具の交換、顧客からの苦情など、他の問題を招いてしまった。

サンディエゴに住むジニーンに最近話を聞いたところ、彼女は、勝てなかったが、町に明かりがついたような気がした、と言っていた。学んだ活動方法や、私たちの検証内容やサポートに感謝していた。

調べている間に、ジニーンは、クロラミンの使用を拒否した地域のリストを見つけている。

- フロリダ州セミノール郡：クロラミンの使用を調査し、拒否した。
- テネシー州：問題を認識していて、クロラミンを推奨していないが、禁止はしていない。
- オハイオ州：クロラミンでなければ規制を満たせないことを水道会社が証明する必要がある。
- バージニア州リースバーグ：クロラミンの使用を検討したあと拒否した。
- ペンシルバニア州ウェストビュー：クロラミンの使用を試みたが、鉛の問題が発生したため、現在は一年のうち三カ月のみ使用している。

・サウスカロライナ州ウェストコロンビア：二〇〇七年に塩素に戻した。
・バージニア州シャーロッツビル・アルベマール：クロラミンの使用を検討した結果拒否した。
・アリゾナ州スコッツデールとグレンデール：クロラミンを採用せず、粒状活性炭を採用した。

また、ジニーンはポキプシー市のランディとも話をしている。彼女は「なぜ、意識的にクロラミンを使わないようにしたのか」とたずねたところ、彼は、「それが正しいことであり、私たちにはそれが可能だったから。私はベストなものが欲しかった」と答えている。

芸術、文化、緑地を備えた国内の「最も住みやすい」都市の一つであるタルサ市が、成功する方法を採用できずに「最も悲惨な」都市になってしまったのはどう考えても変な話だ。住民を疑わしい水処理の実験台にせず、清潔で安全な水を提供することがそれほど難しいことなのだろうか。

コーパス・クリスティでお湯を沸かす

湿度の高い海岸沿いの都市、テキサス州コーパス・クリスティでは、インフラの老朽化に加えてクロラミンの使用が問題となっていた。人口三二万人のこの都市では、わずか一年足らずの間に三回も水道水の煮沸勧告が出されたのだ。二〇一六年五月、二週間にわたる市全域への煮沸勧告が住民に通知されると、市民は怒り、市政担当者は辞任した。[17] 市の検査で、水道システムの塩素濃度が低く、飲用には危険であることがわかった。私のメールボックスには、心配する住民からの問い合わせが再び殺到した。

水道事業者は、高濃度の細菌が検出された場合、予防的な公衆衛生勧告として「煮沸勧告」を出す。沸騰させれば、有害なバクテリアと寄生虫を両方とも殺せる。住民は通常、少なくとも一分間沸騰させて生命体を殺すようにと指示される。勧告が出ている間、多くの人がミネラル・ウォーターを飲食に使った。住民に水を沸騰させるよう指示することは、安全に飲むには有効だが、消費者や市当局にとっては頭痛の種だ。テキサス州環境品質委員会の推計データによると、二〇一五年にテキサス州では煮沸勧告が一五五〇回出されたが、二〇一二年の約一一〇〇件、二〇〇八年の約六五〇件よりも明らかに増加している。[18]「テキサスのリビエラ」と呼ばれるこの町の場合、トラブルは二〇一五年九月、市が塩素からクロラミンに切り替えた時に始まった。これは新しい消毒剤と呼ばれた。しかし、より深刻な問題は、先延ばしになっていた維持管理と、システムを更新するための資金不足だった。またしても悪条件の重なる「パーフェクト・ストーム（完全な嵐）」が到来したのだ。コーパス・クリスティには二二二五マイルに及ぶ鋳鉄製の水道管があるが、その半分以上が交換時期を迎え、劣化しやすい状態だった。[19]「歴史的に見て、水道管システムの寿命や破損率に合わせて交換してこなかった」と元コーパス・クリスティ市助役のダン・バイルズは地元紙に認めている。[20]「微妙なバランスの上に成り立っている給水システムは、一つのミスやトラブルがシステムの破滅につながる。パイプを交換しても、煮沸勧告が不要になるわけではないが、ミスや単発の問題には対応できる強靭なシステムにはなる。これはコーパス・クリスティだけの問題ではない。私たちは、社会としてインフラにもっと投資する必要がある」。

水の専門家であるボブは、コーパス・クリスティを訪れた際、市議会議員と話をし、設備を調査し、アドバイスを出した。臨時市議会が開かれ、水の危機について具体的に話し合われた。「九カ月の間に三回も水の煮沸勧告があるのは、無駄なことだし、キリがない。何か問題があるということだ。ここが特別変わっているわけではなく、全米で起っている問題である」。

市は煮沸勧告などの水問題に対応するため、二〇一六年夏に水特別班を結成した。それを受けてボブは、機器やシステムの改良だけでなく、設置されたシステムの使用方法に関するトレーニングの強化も推奨した。一九九六年、市は粒状活性炭による浄水を試みた。しかし、当時の資料によると、従業員が使用方法を理解していなかったため、バクテリアが急増して失敗した。ボブによれば、「本当にひどい使い方をしていた」。アンモニア混合液を使用する現在のシステムは、痛んでいるシステムに一層ダメージを与えてしまうが、活性炭浄化システムを適切に使用すれば、現在のシステムを置き換えることができる。

二〇一六年一二月、コーパス・クリスティ市は、アスファルトによる化学物質汚染の可能性があるとして、住民に水道水の使用を全面的に中止するよう指示した。煮沸通知や勧告とは異なり、住民には沸騰させるという選択肢はなく、すべての蛇口の使用を中止しなければならなかった。地元政府は「工業地区での逆流事故」と説明したが、後になってその化学物質は、重度の火傷を起こす有毒なアスファルト乳化剤インドリンＡＡ86であったことを認めた。この発表により、学校や会社は閉鎖され、食料品店にはペットボトルの水を求める人たちで長蛇の列ができた。水の使用禁止は四日間続いた[21]。この水危機は、度重なる煮沸勧告と相まって、住民を緊張させた一方、警告を受けた担当職員は住民との信頼関係を回復する必要があると痛感したのだった。

多くの課題にもかかわらず、市当局は提言に耳を傾け、この問題に多くの資金を割り当て、成果を上げている。ボブは、市がこのまま新しい道を進めば、全米で最高の浄水施設ができると信じている。しかし、最終的には、クロラミンで手抜きせず、安全な飲料水を供給し続けられるかがポイントである。

ハンニバル市から投票によりクロラミンを追い出す

マーク・トウェインが幼少期を過ごしたミズーリ州ハンニバル市は、ミシシッピー川の水を飲料水としている人口約一万八〇〇〇人の町である。「ウィスキーは飲むために、水は争うためにある」とは、この町の水問題を象徴する言葉だ。二〇一六年四月、故郷の水問題に憤慨していた二人の女性が、市の飲料水システムにアンモニアを使用することを禁止する条例を提出した全米初の市民となった。この町は、二〇一五年九月に水の消毒にクロラミンを使い始めていた。ハンニバル公共事業委員会ボブ・スティーブンソン総務部長は『ウォールストリート・ジャーナル』紙に、アンモニア混合物を使用することにより、飲料水に含まれる副生成物に関する連邦および州の規制に適合できた、と語っている。

「私たちの考えでは、クロラミンは奇跡的な対処法である」と彼は言っている。「難しい問題を安く解決してくれたのだから[22]」。

多くの市民は、クロラミンが町の水問題の解決策になるとは思っていなかったが、それは、水問題には多くの要因があるからなのだ。塩素を主な消毒剤として使用していても、水道水システムの維持や改善を怠ると自然界の有機物が水中に蓄積されてしまう。ハンニバルで行われた水道水検査では、総トリハロメタンとハロ酢酸の消毒副生成物が、二〇一一年九月から二〇一五年八月までの間、連邦政府の規制値を超えていた。高濃度の総トリハロメタンを含む水に長期的にさらされると、肝臓、腎臓、中枢神経系の障害やガンのリスクが高まるので心配だ。

クロラミンを検討している他の地域と同様に、ハンニバルの人々も、健康と水質を心配していた。アンモニアの使用は投票で決めるべきであり、粒状活性炭濾過システムも検討していた。活動の中心となったのは、二人の女性、ケリー・クックソンとメリッサ・コグダルだった。

四七歳のケリーは長年のハンニバル住民として、子供や孫を育て、今でも街で人気のヘアサロンを経営している。彼女は、それまで水について何も知らなかったことを認めた上で、家の中が下水のように臭くなり、子供たちが臭いに文句を言っていたと教えてくれた。白い服は洗濯機で洗うとシミがついてしまった。ただ、公共事業委員会から水問題の手紙が届いた時も、彼女はあまり気にしていなかった。

「私は、彼らが水を担当し、私が髪を担当すると考えていた」と彼女は話してくれた。「彼らはベストを尽くしていると思っていた」。

ケリーが水に関心を持ち始めたのは、二〇一五年六月、夫のジェイがひどく体調を崩し、レジオネラ症と診断された頃からだ。これは、感染すると一〇人に一人が死亡する水媒介の細菌感染症である。ひどい肺炎のような感じで、まだ比較的まれな病気で、二〇一七年に疾病予防管理センターが記録した患者数は一万人近くだった[23]。しかし、レジオネラ症は増加傾向にあり、二〇一六年から二〇一七年にかけて約二倍になった。フリントの水危機の際にミシガン州の保健所から報告された九一人のレジオネラ症確定患者のうち一二人が死亡し[24]、さらに多くの死者の死亡要因だった疑いがある[25]。二〇一七年一二月には、カリフォルニア州のディズニーランドを訪れた九人が発病したことで新聞の見出しにもなったが、コネチカット州、ニューヨーク州、オハイオ州、ノースカロライナ州、フロリダ州でも増加している[26]。

レジオネラ菌は人から人には伝染しない。レジオネラ・ニューモフィリア菌に汚染された水の飛沫を吸うことで感染する。これらのケースの一部は、冷却塔、浴槽、加湿器、大型エアコンなど、細菌の繁殖する水システムに起因している。しかし疾病予防管理センターの調査では、蛇口やシャワーヘッドの温水から簡単に感染することがわかっている。[27] ケリーは、夫のジェイがどのようにしてレジオネラ菌に感染したのか、いまだに知らない。実際、ジェイが診断されたのは、病院で治療を担当した医師が、最近、『リーダーズ・ダイジェスト』誌で「レジオネラ症」に関する記事を読んだからだったのだ。ジェイは肺炎で入院していたが、高熱と幻覚があったため、医師は検査をすることにした。ジェイの体調不良は退院した後も続き、その後七カ月間、毎月、肺炎にかかったのだ。退院からわずか一カ月後の七月にジェイがまた病気になったので、ケリーはもっと知る必要があると決心したのだった。

「彼が肺炎になるたびに、私はレジオネラ菌ではないかと恐れていた。初めての時もそれだったから」と彼女は言った。「近くの医者は何も教えてくれなかった。医者たちは本当に何も知らなかった」。

彼女は地元の保健所に連絡を取り、水を検査し家と店の徹底的な調査を依頼した。家族のためにもっと情報が欲しかったのだが、保健所は協力を拒否した。保健所の女性は、「彼は死ななかったし、他に誰も病気になっていないので、私たちがすることは何ひとつない」と言ったそうだ。

その言葉が頭の中で鳴り響いた。「夫はどうでもいいと言われたような気がした」とケリーは言う。

彼女は「彼は死ななかったし、他に誰も病気になっていないのだから、私たちがすることは何もない」という文章を紙切れに書き、自分を奮い立たせるために、それを何度も読み上げた。「疲れたり、もうやめたいと思ったりした時に、ひたすらこの言葉を声に出して読んだ」。

ジェイの命は、家族にとって重要だった。何千ドルも入院費がかかったのに、病気の原因も再発の可能性も不明だった。ケリーは疾病予防管理センターにジェイのレジオネラ症を報告したが、そのセンターも調査を拒否した。彼女は自分で問題を解決するために、毎晩遅くまで勉強し始めた。娘の寝室を改造して「水の部屋」と命名した。調べるうちに知らない言葉がたくさん出てきて、ひとつひとつ調べた。「単語を一つひとつ壁に貼って解剖したので、部屋中が言葉だらけになった。新しい単語が出てくるたびに、意味を調べる必要が生じた」「これは私にとって簡単ではなかった。時には一つの文で六つの単語を調べる時もあった。私にとって、それは外国語のようだった」。

彼女はほとんどインターネットで調べながら、できるだけ多くの記事を読んだ。最初は、何を信じていいのかわからなかった。クロラミンが悪者のように書かれた記事もあったが、何年も問題なく使われてきたとする記事もあった。水の専門家ボブ・ボウコックがやってくると聞いて、彼女は公開講演会で情報を得ようと決心した。ボブは、同じように水の状態に憤慨している別のグループに招かれて講演した。講演の途中で、彼がレジオネラ菌とレジオネラ症を話し始めた時、ケリーは希望を感じた。

「彼は私と初対面なので、夫がレジオネラ症とは知らなかった」と、彼女は言った。「町の人たちも知らなかった。私は講演後会場に残って、ボブと話した。アメリカン会館から外に出た瞬間から、必ず何とかしようと心に刻んだ」。

ケリーはその集会で、学生時代の旧友を見かけた。それがメリッサ・コグダルだった。数日後、街中のお祭りで彼女に出会ったとき、ケリーは、「クロラミンや水についてどれぐらい興味がある?」と尋ねたのだ。メリッサは四六歳で二児の母、自分の家族を典型的な中流階級の米国人だと言う。彼女は、結婚して二七年、常に地域社会の活動に関わっていたが、必ずしも政治的だったわけではない、と言った。彼女は甥っ子クリスチャンの親権を持ち、一緒に暮らしていたので、クロラミンが彼の健康にどう影響するか心配していた。彼の母親は腎臓病で亡くなっており、彼女自身も腎臓病の前駆体に陽性反応が出ていた。クロラミンを調べると、腎臓に問題のある人には特に危険であることがわかった。

メリッサによると、彼女の家の水道水は物心ついたときから強烈な臭いがした。法令違反の通知を受けたことも覚えているが、その化学物質が家族や家電製品に悪影響を及ぼすとは思わなかった。その通知は、水道契約者を安心させるためのもので、問題が深刻であると指摘するものではなく、「すべて問題ない。水を飲み続けてかまわない」というものだった。メリッサはそれまで、水道事業会社をとても信頼していた。二〇一三年の上下水道改修用公債の住民投票に賛成した。その結果、一三〇〇万ドルの水道債と九〇〇〇万ドルの下水道債が承認されたが、それは低金利の収益債で改善資金を調達するためだった。

「問題に対処してもらうには時間がかかると理解していた」とメリッサは言った。ところが、ある日、市から、消毒にクロラミンを使用するという通知が来た時、メリッサは困惑した。何百万ドルもかけて改修工事をすると決議したのに、一番安い方法を提案してきた。あのお金はどこへ行ったのだろう。

女性たちはチームで、この問題に取り組んだ。ケリーは、命名するのが得意な友人に、新しい水グループの名前が必要だと伝えた。その二時間後には、「クロラミンに反対するハンニバル」（H20-C）と名前が決まった。メリッサとケリーは、フェイスブック・グループを立ち上げて情報を集約し、支援者を集めた。ケリーによると、二人とも子供がいて、昼間は仕事をしているので、電話は深夜にしていた。二人は、公共事業委員会や市議会に出席し、市役所や地元議員と協力することの重要性を感じた。

「一方的に非難するのではなく、一緒に仕事をして、巻き込もうと思った」とケリーは言っている。

残念なことに、彼女たちは快く思ってもらえなかった。公共事業委員会の理事に上から目線で言われたり、学位の有無を聞かれたりして、居心地が悪かったと言っていた。理事たちは、彼女らが専門家ではなく、何も知らない母親だとして相手にしなかったのだ。しかし、この冷ややかな反応は、彼女たちの心に火をつけた。もっと努力して確かな研究を見つけて発表しようと考えたのだ。私は、彼女らの苦労に本当に共感できる。私も、目の前でドアが閉ざされるたびに、別の場所で別のドアが開かれるのを経験してきた。私とボブは、引き下がらずにミーティングに参加するように励ました。

前進する方法を探していたメリッサは、憤慨して議員に電話をかけた。すると彼は、「理事会の回答が気に入らなければ、請願書を出して投票にかけ、有権者に決めてもらえばいい」と教えてくれた。

メリッサは二日間で、請願書の書き方や提出の仕方をすべて学んだ。水処理にアンモニアを加えることに反対する請願書を書けばいいのだ。有権者の一〇パーセントの署名を得られれば、市議会でそれを可決することができる。もし市議会が可決しなかったら、自動的に住民投票にかけられる。一般市民が問題について決め、それを法律として制定することができるということだ。すべての州で認められているわけではないが、ミズーリ州ではできる。メリッサ、ケリー、ジェイは他の数人と協力して、一一〇〇人の署名を求めて、一軒一軒の家を回った。多くの人に知ってもらうために、街の大きなイベントに参加したり、公園で過ごしたりした。四カ月後には、請願書を作成し、必要な署名を集めた。ハンニバルの町では、今まで市民が請願書を提出した例はなかったが、議会で投票して条例を制定することもできたはずだ。しかし、議員たちは、公共事業委員会に遠慮し、この請願書を六〇日間放置した。彼らは読みもせず、何の行動も起こさなかったのだ。それで法律に従って、この問題は住民投票にかけられた。

一方、第三区の議員ケビン・ライオンバーガーが二〇一六年九月に辞職した。早速、メリッサのことを知っていた町の人々が、その議席の補欠選挙に立候補するように勧めた。彼女は、論外だ、出馬するには十分な知識がない、と思った。他方、彼女は怒っていた。ずっとハンニバルに住んでいたのだが、選挙で選ばれた議員の誰も、水や、甥の健康に関するメリッサの心配を気にかけていないように感じていたのだ。

彼女は私にこう言った。「私は出馬を決心したが、一〇〇万年かけても当選するとは思わなかった。次の選挙までの間、空席になった議席は、現職の議員が決めるルールになっていたからである」。

メリッサはそれまでの数カ月間、議会に顔を出し、議員たちを攻めていたのに、今度は、彼らの隣に座りたいと要求することになった。しかし、この補欠選挙に立候補した他の人々は、メリッサよりさらに資格が不足していた。一人は最近ハンニバルに引っ越してきたばかりで、水のことは知らなかった。

正規の議員選挙は二〇一七年四月までなかった。補欠選挙の話は二〇一六年九月のことだったが、驚いたことに、メリッサはその議席に選出された。それを知った彼女は呆然とした。最初の市議会は一〇月だった。さらに四月の選挙に出馬すると、彼女は約八七%の得票率で当選したのだ。

選挙前に『ハンニバル・クーリエ・ポスト』紙がメリッサに、「なぜ市議会に立候補したのか」と質問した。彼女は次のように答えた[28]。

「昨年、市役所で多くの時間を過ごしたことで、私はコミュニティに貢献するためにステップアップすることを決めた。ハンニバルにずっと住んでいるので、この町の長所と短所を認識している。私は、劣化する地域の道路やインフラを見ながら、近所の人たちと同じように苦難と葛藤を感じてきた。町が失業や薬物中毒で荒廃し廃墟のようになったのを見てきた。同時に、この川沿いの町の歴史や美しさにも感謝している。私は市民と行政の橋渡しをしたい。アイデアや関心事や計画を実現して近隣地域を改善したい。市民として声をあげ、生活環境を改善したい」。

議会の参加はどう受け止められたかと尋ねると、メリッサは、「皆、私が恐れずに新しいことを推進するのに期待していた」と言った。任命されたことで、公共事業委員会に対する影響力も少し増したと言う。議員である彼女が情報がほしいと言えば、彼らは情報を提供しなければならなくなったのだ。反面、彼女はケリーとのH20－Cの活動は放棄しなければならなくなったし、アンモニア問題に特化したキャンペーンはできなくなった。二人は友人として連絡を取り合いながら、メリッサは議員の倫理的な基準に従って仕事をしている。

二〇一七年一月、ケリーは、化学物質削減法である提案一号のキャンペーンを大々的に始めていた。有権者は水道水にアンモニアが入れられていることに対してイエスかノーかを求められた。ケリーたちは、他の町と同じように、「提案一号を支持しよう」と書かれた真っ赤な看板を作って、人々の芝生や会社に掲げてもらい、支持を広げた。

「どの街角にも私たちの看板があった」とケリーは言った。「いたるところで見かけるようになった」。

フェイスブック・グループは、多くの人に看板を設置してもらうための効果的なツールだった。グループのメンバーは協力的だったが、ケリーは否定的な人や、第一号議案に賛成しない人にも対応しなければならなかった。どんな市町村にも、調査の不備を見ようとしない人や、クロラミン使用に反対する人は問題児だと考える人がいる。ケリーは本人や家族に対する攻撃にも耐えた。事実に基づいて主張し、誹謗中傷は相手にしなかった。ボブと私は、提案に関して有権者を啓蒙するためにハンニバルに行った。同じ週に、ハンニバル市当局は、独立系のジェイコブズ・エンジニアリング社に、環境保護局の基準を満たす粒状活性炭システムのコストと実現可能性の調査を依頼した。その技術者たちも、住民に、アンモニアの除去でよりきれいで安全な水が得られ、家庭の配管や器具の寿命を延ばせる、と説明したのだった。

2017年、ミズーリ州ハンニバルのアメリカン講堂のクラブルームで、ボブ・ボウコックとともに、飲料水にアンモニアを入れるリスクを説明する市民集会を開催した時のようす。

二〇一七年四月四日、ハンニバルでは有権者が投票に行き、一二五九対八九四で条例が可決された[29]。これにより、水道運営会社のBPW社は九〇日以内にアンモニアの使用を止めることになった。これは一般市民の力を示している。「女性活動家・研究者の」マーガレット・ミードも言っている。「思慮深く、献身的な市民の小さなグループが世界を変えられることを疑ってはいけない。実際、それこそが唯一世界を変えてきたものである」。

ケリーは、「私たちは、眼の前で多くの扉がぴしゃりと閉じられるたびに、立ち上がり、前進してきた」と今回の選挙について述べている。彼女と活動家たちは、その夜地元のレストランで祝杯をあげた。私はフェイスブックに次のように投稿して、一緒にお祝いした。

二〇一七年四月五日

あなたは革命を起こしたいと言ったが、よくご存知のように、米国では革命は投票箱で行う。それは困難で、意地悪で、醜いことにもなるが、ミズーリ州ハンニバルでは昨夜、それがうまくいった。「飲料水の革命」が始まった。消費者はもう安全でない飲料水を提供されて「残念だが、これは規制に適合している」などと言われることもない。私たちは嘘に騙されることはない。これは情報の問題である。「真理」に関することであり、行動のことなのだ。次にやりたいのは誰だろうか。

残念ながら、物語はここで終わりではない。正義にはさまざまなニュアンスがある。その年の五月、BPW社の理事会が開かれ、別の技術者グループから提出されたクロラミンを使用しない代替処理案を審議した。この提案では、初期テストが完了するのは一二月になり、クロラミンからの切り替えには最低でも二年はかかるとされた。さらに公共事業委員会が天然資源局にアンモニアを使わないようにすることを伝えたところ、同局の担当者はそれを認めようとしなかったのだ。認可には、代わりの処理法を提案する水道計画が必要だった。市民の支持があっても、浄化方法の切り替えには多くの手続きが必要だったのだ。

二〇一七年七月一七日、公共事業委員会は、州法に抵触するとして、提案一の施行差止め裁判を市に対して起こした。私だったら選択しない方向性だが、地方政治はこういう動きをすることがある。ハンニバル事業会社のランディ・パーク理事長は、以下のような声明を発表した。

「もし委員会が議案一の要求通りに消毒工程からアンモニアを除去すれば、委員会メンバーは、州の環境法や規制の違反で起訴され、罰金や罰則を受ける可能性がある。また、処理システムを直接管理する認定事業者は、天然資源省からの認定の一時停止または失効の対象となる。他方、委員会が州法を遵守して、処理工程からのアンモニア除去を拒否した場合、水処理および配水システムを運営する委員会メンバーおよび従業員は、市の罰金または罰則の対象になる。事業者委員会と従業員は、条例を施行してもしなくても、市の罰金または罰則の対象となるので、この条例は不当なものである」

メリッサは、この訴訟が人生の転換点となったと語っている。選挙で選ばれた彼女には、有権者を守る使命があるのだ。彼らは彼女が適正な判断を下すことを期待していた。それは、彼女にとって耐え難い時だった。議員として、彼女は訴訟が何年も続くことを知っていて、納税者に何十万ドルもの弁護士費用を負担させたくなかった。他方彼女は、個人的には、一刻も早くクロラミンを除去したいと思っていた。

「ハンニバル公共事業委員会は、ハンニバルのことを何も知らず、どうでもいいと思っている裁判官に担当させようと考えていた。私はそれを知って、そのような判事が、ケリーと私とその他の人々がアンモニア除去に尽くしてきたことを判断するべきではないと思った」とメリッサは言っている。

判事が、条例やそのスケジュールが違憲であると判断する可能性が高いことはわかっていた。市は水道

2016年、ボブ・ボウコックは、ミズーリ州ハンニバルで、水の戦士となった母親たちと会った。公共の飲料水システムでアンモニアの使用を禁止する条令を提出した全米初の市民たちである。

事業会社と同じ弁護士を雇っていたので、裁判にあたっては、新たに弁護士を雇う必要があった。議会は新しい弁護士と会って、判決で何が起きるかを話し合った。一歩前進できる方法は、議会が条例を改正すれば、法廷での争いを回避できるという案だった。メリッサは、きれいな水のための闘いを続けるには、それしかないと考えた。

議会は、九〇日以内の切り替えという部分を二四カ月に延長した以外は、提案一の文言をそのまま採用した。さらに、試験的検査に抜け穴も設けた。メリッサはこれには反対した。また議会は、ボブ・スティーブンソン市長が、新しいシステムが導入されるまで、九〇日ごとに議会と住民に報告するとする条項も付け加えた。

「あの訴訟を放っておいたら、私たちは今どうなっていたことか」とメリッサは言った。「私たちは皆、今頃、次の裁判の日取りを待っていただろう」。

メリッサは多くの市民から非難された一方、貴重な教訓を得た。ひとたびこのような問題に関わると、政治や法律やその他の問題など、複雑なことがわかる。最高のシナリオを求めて闘うこともあれば、勝ち目のないシナリオのように感じることもある。妥協しつつ、少なくとも目標に向けて前進し続けることもある。外側から見ると、足を引きずっているように見えるかもしれないが、実際には問題を明白にし解決してきている。メリッサは、議会や市当局にいろいろ自覚させ、水道事業会社の見方だけでなく、別の視点も伝えることができたのだ。

「アンモニアは除去されるだろう」と、メリッサは私に言った。「彼らは二〇二〇年一月までに切り替えることになっている。これが終われば、アメリカで最もきれいな水が手に入ると信じている」。

コミュニティに参加したいと考えている人へのアドバイスとして、メリッサは、家族との時間が犠牲になっても、それは家族にとってよりよい生活をもたらすためのものであるから、そもそもなぜ始めたのか、その思いを忘れないでほしい、と言う。

「この問題に取り組み始めたときには、私はいつも投票し、自分でこの問題について学んで知っていたが、条例と憲章の違いもわからなかった。でも、今ではとても勉強になった。表に出て、恐れずに立候補してみてほしい。勝てるかもしれないから」と彼女は言っている。

二〇一八年二月二〇日、ハンニバル公共事業委員会は全会一致で顆粒状活性炭システムの導入を決定した。[30] 新しい水処理施設は、二〇二〇年三月までに稼働する予定である。

[訳注：ハンニバルでは二〇二〇年から活性炭浄化施設が稼働を開始している。]

コロンビア市の「安全な水連盟」

毎週月曜日午前九時、ジュリー・ワルシュ・ライアンとマリージョジー・ブラウンは、ハンニバル市の活動家たちのところから車で二時間の近距離にあるミズーリ州コロンビアの地元のコーヒーハウスに集まっている。この二人は「COMO安全飲料水連合」(CSWC)の創設者だ。CSWCはコロンビア市の水道水の水質を改善するために作られたグループである。二〇〇九年以降、コロンビア市の公共事業会社ウォーター・アンド・ライト社は、飲料水の殺菌と高濃度トリハロメタンの抑制のためにクロラミンを使用している。[31] 同市では温暖な夏場は塩素を使用し、それ以外の季節はクロラミンに切り替えている。二人の女性は自分と子どもの健康問題の真相を知るために、水に関心を持った。

ジュリー一家は、二〇一〇年にノースカロライナ州からコロンビアに引っ越してきた。二〇一三年に彼女は乳ガンと診断された。現在は寛解しているが、彼女は病気の原因を不審に思っている。乳ガンは、遺伝的要因は一〇%にも満たないと言われている。彼女には乳ガンの遺伝子の陽性反応はなかった。しかし、彼女は、二〇一五年に私がフェイスブックで、コロンビアでは高濃度トリハロメタン対策のためにクロラミンを使用していると投稿したのを覚えていた。トリハロメタンは動物実験で発ガン性を示す。彼女の病気には多くの要因が関係しているとしても、他の人々も健康問題を抱えていた。彼女は、乳ガンの女性たちと話すようになった。他方彼女の子どもたちは、シャワーを浴びると肌がかゆくなったりヒリヒリしたりし、アレルギーも起こし始めていた。これは、ノースカロライナ州時代には見られなかった。

二〇一六年夏、煮沸勧告が二週間続いたとき、ジュリーはこれは赤信号だと感じ、市に連絡し、自分でさらに調べ、メディアに伝えて水に関する回答を得ようとした。コロンビア市は、この勧告は灌漑に関連すると言ったが、ジュリーはもっと詳しい情報を求めた。一方、ジュリーと街で知り合ったマリーも水のことが気になっていた。マリーの娘は乾燥肌、ひどい偏頭痛、喘息などの症状があり、水道水のせいではないかと疑っていたのだ。二人はチームを組み、定期的にミーティングを開き、COMO安全飲料水連合（CSWC）のフェイスブック・グループを立ち上げた。今では三五〇人以上のメンバーがいる。

ハンニバルと同じく、コロンビアの彼女たちも、地元市役所の職員と協力して、水質について話し合い、改善を求めた。彼女たちは、市長、市政担当者、市議会、水諮問委員会との会合に参加した。しかし、抵抗にも直面した。コロンビアは環境保護庁の基準に適合しているため、一部の関係者は、一二万人の住民すべてにクロラミンが有効とは限らないことを理解できないのだ。

市長に宛てた二〇一六年の手紙の中で、同市のデビッド・ラム公共飲料水局長は次のように記している。[32]

現在、ミズーリ州民の約半数に当たる二五〇万人がクロラミンで消毒された市水道システムの水を使用している。クロラミン処理は、国や世界で使用されている一般的な殺菌技術だ。殺菌副生成物を防ぐために、公共水道が使う普通の解決方法である。

前述のように、各市町村がどの処理方法を採用するかは、技術が安全で、あらゆる状況に効果的に対処できるものである限り、各地域の裁量による。私たちは、市が適切に運用・維持している限り、クロラミン処理は消毒副生成物の問題を解決する方法として受け入れられると考える。

彼女たちが変えたいもう一つの問題は水の分類方法である。現在、コロンビア市の飲料水は、ミズーリ川隣接の帯水層の井戸から供給され、地下水に分類される。しかし、川など地表水の近くにある地下水は、汚染リスクが高いため、より厳しい環境保護庁の処理が必要なのだ。ジュリーとマリーは、この水源を「地表水の直接的影響下にある地下水」に分類し直すべきだと考えている。この分類変更は、市が水の新しい処理方法を進める上で役立つ。現在、飲料水は濁っていて、汚染の可能性を示す。濁りは、藻類、汚泥、ミネラル、タンパク質、油、バクテリアを含む小さな粒子が原因である。環境保護庁の基準では、地下水の濁り対策は義務ではないが、「地表水の直接的影響下にある地下水」は濁り対策が必須なのだ。「地表水の影響下にある地下水に対処できるか確認せずに、処理場の拡張と改善を計画するのは非常に近視眼的だ」とジュリーは地元の新聞に語っている[33]。

彼女たちは、定期的な集会を開催し、活動に参加したり、もっと知りたいと思っていたりする人たちと関わるようになった。ジャーナリズム専攻の学生やエンジニア、他の母親たちも参加するようになった。ミズーリ大学の土木・環境工学教授で水資源研究センターのメンバーでもあり、水処理プロセスの設計と制御の専門家であるエノス・イニス博士との結びつきもできた。彼は水の中で塩素やアンモニアがどう作用するか、地下水と地表水の違い、その他の水質問題などを理解するために、授業を聴講させてくれた。また、関連記事を送ってくれたり、彼らが挫折しそうになったりしたときには質問に答えてくれている。マリーはしばしば夜八時から始めて、午前一時までベッドの中で勉強している。

活動グループＣＳＷＣの女性たちは、設立当初から小さな勝利にこだわった。彼女たちは、コロンビアでの廃水や豪雨の対策を調べ、インフラ設備の改善や資金面での必要性を検討してきた。マリーは、ＮＰ

O法人ミズーリ・リバー・リリーフの説明会のパネリストとして参加した。これはＣＳＷＣの活動を紹介し、地域での評価を示す良い機会となった。ジュリーは、市の飲料水計画作業部会に任命され、二〇一八年の中間選挙で四二八〇万ドルの水の債券の発行を可決し、その資金で水処理プラントを改修した。

二人は、様々なイベントに参加して、コミュニティに声をかけ続けている。今でも毎週コーヒーを飲みながらの集会で研究に力を入れ、関心ある市民との交流を深めている。ＣＳＷＣは、二〇一九年末に三周年を迎えた。まだ課題はあるが、活動が変化をもたらしていることを知り、力づけられている。

【コラム】アクションステップ（活動のしかた）

ミーティングに参加する

これまでの話からもわかるように、地域政治への最良の道は、公開説明会を傍聴することである。市議会、町政委員会、公共事業委員会など、さまざまな名前で呼ばれている。増税、新しい公園の建設、新しい水処理技術の承認など、地域の政策はこれらの会議で決定される。私たちは顔を出すべきなのだ。あなたは行ったことがあるだろうか。委員たちはそこで独り言を言っているだけだ。町全体の問題を決めるのは、少人数の委員である。委員たちには今何が起きているか、あなたが心配していることを伝えよう。説明会に多数の人が参加したら、もっと民主的な行動が見られるようになるだろう。

議会は公開なので、誰でも出席できる。議題は市役所、市の公式ウェブサイト、地元の図書館などで見ることができる。議題を追加するには、市役所職員に書面または口頭でコメントを提出する。また、会議の場でスピーカードを要求し、発言することができる。すでに記載されている議題についても話すことができる（通常は数分しか話せないので、必ず下調べが必要だ）。議員は、住民の代表として選ばれている。あなたの意見を聞くためにいるのだ。このような会議は、空席が多いまま全国各地で行われている。私はこの状況を変えたい。行けば、町で何が起きているのか、驚くほど多くのことがわかる。

自分で会合を主催することもできる。自分で調べるのは大変だという方は、同じ町内の友人や仲間と勉強会を始めよう。一人一人が、地域の水問題の一つの側面を担当し、例えば、水質報告書に記載された化学物質を調べ、水源地を調査したことをグループで報告し合うことができる。コロンビア市の女性たちのように定期的に集まり、質問や行動のためのアイデアを次の市議会に持っていってほしい。

雑音を排除する

水の戦士（または何かの活動家）に必要なのは、何を信じ何を大事にしているか見極めることである。そのためには、「雑音を排除する」ことが重要だ。ニュースやソーシャルメディアの情報から、上司との会議や子供の学校での問題まで、雑音は溢れている。この仕事に長く携わってきたが、私はまず自分を取り戻すこと（self-renewal）が必要だと思う。私の場合、それは、夕日を見たり孫娘が庭で遊んでいるのを見たりする時間を持つことだ。あなたにとって、それはどのようなものだろうか。短い瞑想をする、大人の塗り絵を描く、自分の声を聞くために保養所でマッサージをしてもらったり、ゴルフをしたりする。自分の内側の声を聞けるよう、時間をかけて再起動して、活動を続けられるようにしよう。

反発に備える

水の戦士たちの話には共通点がある。彼らは、人から何を言われようと、不安や疑問があっても、信じるもののために闘い続けた人たちなのだ。大切なのは、直感に耳を傾け、他人の意見を鵜呑みにしないことである。人の意見を個人攻撃ととらないことだ。人にはそれぞれ意図があるのだから。

通常、私の活動を批判する人は、最も隠し事をしている人である。ポキプシーのような町では、工場見学を歓迎し、失敗から学んだことを率直に話してくれる。しかし、資金を不正に流用したり、汚染などの問題を隠蔽している都市や企業は、あなたを陥れようとする。あなたの信用を失墜させるために、厳しい言葉で個人攻撃してくる。誰かが彼らの責任を追及しなければ、彼らは儲かるのだ。私は長年の間に、反発を受ければ受けるほど、そこには暴露すべき秘密のあることがわかった。真実は必ず暴かれるし、それは、あなたの一声から始まる。声を上げ、答えにくい質問をし続けることが大切なのだ。

自分の理由を知る

言いたいことがはっきりすると、この上なく開放的な気分になる。私は米国中を飛び回り、見知らぬ街で夜更かしする理由がわかっていなかったら、知らない町の人たちと町を変える算段を夜更けまで話し合っていなかっただろう。質問の答えを紙に書いて、考えを明確にしてみてほしい。

- なぜ私は、清潔で安全な水を得るためにこの活動に参加したいのか
- この活動は誰に影響を与えるのか

・自分自身と家族の将来について、どのようなビジョンを持っているか

答えが出たら、今後二、三週間のうちに親しい周りの人たちと共有してほしい。声に出して言うことで、その発言はより強力になる。相手もあなたの「何故」に賛同するかもしれない。

私の発想では、このような感じだ。

「私は、意識と真実と知る権利の擁護者だ。私たちは皆、真実がなければ、自分自身や家族そして私たちの健康を守ることができない。私たちの健康は、最大の贈り物である」。

第8章　地元政治が暴走する

二〇一四年の夏、三七歳で四児の母であるリーアン・ウォルターズは、水道水に強い違和感を感じた。子供たちがお風呂やプールに入る度に、小さな吹き出物ができてしまうのだ。心配したリーアンは、母親としてごく普通に子どもを小児科へ連れて行ったところ、皮膚炎だと診断された。医師はその子の肌はアレルゲンに反応していると考えたのだ。しばらくしても治らないことがわかった時、リーアンは医師のところにまた行き、湿疹という二度目の診断を受けた。今回はコルチゾンクリームを処方されて吹き出物に塗ったが、それでも効果がない。再度受診すると今度は疥癬（かいせん）だと言われた。三つの診断があったが、それでも子供たちの皮膚はまだ赤くぶつぶつしているので、リーアンは、毎日子供たちが肌に触れている何かが原因ではないかと思うようになった。さらに蛇口から茶色い水が出るようになり浄水器を使ってもダメだとわかった時、飲んだり料理を作ったり風呂に入ったりするために、ミネラルウォーターを週四〇ガロン（約一五〇リットル）買い置きをすることにした。これで赤いぶつぶつはなくなったが、さらに大きな展開が待っていた。リーアン家は、ミシガン州フリント市の水危機の震源地になったのだ。リーアンの家の水が有害になった原因を知るには、その時、同州で起きていたことを見る必要がある。

二〇一〇年に当選したリック・スナイダー・ミシガン州知事は、資金繰りに苦しむ各都市で選挙で選ばれた職員の代わりに、緊急管理者を任命し始め、共和党優位の議会の下で二〇一一年には「地方政府および学区の財政説明責任法」を可決した。これは通称「緊急管理者法」と呼ばれている。要するに市民から選ばれた公務員を、スナイダー知事が任命する人物と交代させ、政治的支配下に置くという法律だった。この新法により、高給取りである任命管理職の人々が、年金制度を掌握し、学校のスケジュールを決め、選挙で選ばれた政府高官を引きずりおろすこともできるようになった。[1] この法律にはこの任命管理者たちが、「地方自治体の役員、職員、部署、委員会、その他すべての組織で、選挙で選出された人の権限も、政治的に任命された人の権限も含め、あらゆる権力と権限を行使できる」と書いてあったのだ。

フリントで生まれ育ち、二〇〇九年に臨時市長を務めたマイケル・ブラウンは、二〇一一年一一月、同市の緊急管理者に就任した。最初の数日間で、彼は市長と市議会の給与をカットし、市の主要な職員を解雇し、さらにいくつかの市役所を閉鎖した。[2] 彼は、フリントの経済的な課題を解決するために政治任用された四人の緊急管理者の最初の一人だった。当時、フリントの二〇％近い失業率は、州内でも高い水準にあり、人口は減少し、一般会計は常に赤字という状態だった。[3]

選挙で選ばれた人は選挙区の住民に対し責任を負うのに対して、緊急管理者は、知事に対してだけ責任を負い、全力で赤字を減らす代わりに六桁の報酬を得る。ブラウンの給料は年間約一七万ドル（約二二〇〇万円）だった。[4] 他の数多くの市でも緊急管理者が政治的に任命され、州民は不満に思っていた。二〇一二年、ミシガン州の有権者は緊急管理者法を廃止し、ブラウン緊急管理者を一時的に追放したが、そのわずか六週間後、議会は元の法案とほぼ同じ内容の法案を可決してしまう。フリントでは、新しい緊急管理者としてエド・カーツが就任し、水道料金の節約を検討し始めた。その計画とは、水道料金の値上げを続けていたデトロイト上下水道局から水の購入をやめるというものだった[5]。

二〇一三年一〇月から二〇一五年一月まで緊急管理者であったダーネル・アーリーは、フリントの水問題に対して、世界で三番目に大きな湖であるヒューロン湖を水源とするデトロイト水道事業者から取水しないという大胆な計画を決定した。フリント市はカレグノンディ水道公社(KWA)に加盟することになり、独自にパイプラインを建設して、ヒューロン湖から市内に水を運ぶ必要が生じた。

一時的な飲料水確保の対策として、フリント市はフリント水供給センターを復活させた。このセンターは、何年も前からバックアップ施設として整備されていたが、一〇万人の住民に水を供給する設備ではない。さらに、パイプラインが完成するまでの間、フリント川が市の主要な水源となった[6]。フリント川は、街の中心を流れる川で、一八八〇年代から、デトロイト・システムから水を購入するようになった一九六〇年代まで、住民の飲料水源だった[7]。

フリント川は何年にもわたって、規制されていない産業廃棄物で溢れていた。一八〇〇年代の製材所から始まり、二〇世紀に入ってからは製紙工場、最終的には第二次世界大戦前にゼネラルモーターズの自動車工場ができた。フリントの人口が増加し、川にはさらに多くの有害物質が流されるようになったので、よりクリーンで安心できる水源が必要になった。フリント川はヒューロン湖と異なり、水温が高く、流量が一定しないので、バクテリアが繁殖し有機物が増えやすい。そのため、川の浄化には塩素が多く必要になる。塩素は水中の有機物と反応すると、殺菌副生成物であるトリハロメタン(THM)の発生量が急増する。また、フリントでは鉛管が使われているため、塩素などの処理薬品で腐食しやすくなる。地元の専門家の中には、水源を川に変更することに懸念を示す人もいた。当時知事室の都市・大都市圏推進室副室長だったブライアン・ラーキンは、知事室職員に向けて、「このまま短期間に切り替えを実施すれば、大きな災難に見舞われる可能性がある」と記していた(8)。

フリント水供給センターの水質管理者マイク・グラズゴーも、二〇一四年四月にミシガン州環境品質局に送ったメールで、「私はすぐに水を送り出せるとは期待していない。二週間以内にこの浄水場から給水が始まったら、それは私の指示に反して送水されたものだ」と記していた(9)。

しかし現実には、彼が書いた通りのことが起こった。

二〇一四年四月に、フリント川の水が市の水道管に流れ始めた。この変更によって市は何百万ドルも節約できるはずだった。フリントのデイン・ウォーリング市長は、「普通で良質の純粋な飲料水が私たちの身近にある。これはフリント市にとって正しい第一歩である。私たちはこの大きな第一歩を踏み出すことで、市の最重要資源の未来をコントロールできるようになった」と宣言した(10)。

しかし変更直後の五月に、市民は早くも水道水の異臭と変色を訴えるようになった。八月と九月には、雑菌が高濃度で検出されたため、市当局は三回も煮沸勧告を出した。一〇月にはゼネラル・モーターズ社は、水道水が自動車部品を腐食させるとして、水道水の利用停止計画を発表した。同社は、フリント工場用にヒューロン湖の水を購入するため、個別の契約を結んだ(11)。同社はフリントで最大の水道水契約者だったので、市は年間五〇万ドル近い損失を被った(12)。

二〇一五年一月、住民に「水から高濃度のトリハロメタンが検出された」という通知が再び届いた。この通知を受け取ったリーアンは、初めて市議会に出席した。多くの市民がこの議会に出席して、発疹、脱毛、神経症状など、さまざまな健康被害を報告した。市が「水道水は飲んでも大丈夫」と言って住民を安心させようとしている時にも、住民の常識的な感覚では、全く安全な感じはしなかったのだ。

リーアンは、マイク・グラスゴー水道局長に何回もしつこく電話をかけ、ようやく水の検査をしてもらうことになった。この時、彼女の蛇口から出てきた水は、オレンジ色をしていた。その週、サービスセンターの従業員が、手順通りに浄水場の給水栓を洗浄したが、一週間経っても水の色に変化がないので、彼はリーアン宅の蛇口から出る水を検査した。その結果、鉛が約一〇四ppb（法定基準値は一五ppb）検出された[13]。担当者は、そのレベルの水は、飲んだり、料理したり、歯を磨いたりしてはいけないと指示した。シャワーや食器洗いをする場合は、まず一五分ほど水を流すようにとも指示した。水を流すと鉛の濃度が下がるからだ。しかし、一週間後の検査では、鉛の数値はさらに三倍以上跳ね上がっていたのだ。

二〇一五年三月、フリント市議会は七対一で、川の水の使用を中止し、デトロイト市のシステムに再接続することを決議した。ところが、当時のジェリー・アンブローズ緊急管理者は、投票を無効とし、次のような声明を発表した[14]。

今日のフリントの水道水は、米国環境保護庁とミシガン州環境品質局のすべての基準に適合し、市は日々水質改善に取り組んでいる。また、利用者減やシステムの老朽化で、料金は州内で最も高い。

私には理解できないことだが、フリント市議会の七人がミシガン州南東部の事業者に年間一二〇〇万ドル以上を送金しようとしている。たとえ、市民にその余裕があったとしても、ヒューロン湖から取水するデトロイトの水は、フリント川の水より安全なわけではない。

この頃から、フリントから私のところへメールが届くようになった。ある日、私の受信箱に三〇通以上のメールがフリント住民から届いた。そのあとさらに数百通が雪崩のように到着した。その中で特に目を引いたのは、蛇口から出てくる水の写真だった。黄色、茶色、オレンジ色で、濁っていた。もし、途上国の蛇口からこんな水が流れてきたら開発援助金を送るレベルであろう。全員が私に、発疹や下痢などの健康問題を報告してきた。子どもたちの健康を心配していたのだ。

三人の男の子の母であるメリッサ・メイズは、最初にメールをくれた一人だ。彼女の家では、蛇口から黄色い水が出ていた。日によっては、腐った卵のような、泥土のようなくさい漂白剤の臭いがすると言っていた。家族は発疹ができ、髪の毛が抜けるようになった。幼い息子たちは、筋肉や骨の痛みを訴えた。飼い猫まで、吐いたり、毛が大量に抜けたりしていた。近所の人に相談したところ、皆口々に同じ悩みを漏らした。この症状は、市が水源を切り替えた直後から発生していた。これは重要な観察結果だった。

私は、水質の専門家ボブ・ボウコックを送り込んで検査をしてもらった。彼は、メリッサのこのメールを転送した翌日には飛行機に乗り、水道水に高レベル塩素を確認した。プールよりもはるかに多いのだ。この濃度だと発疹ができてもおかしくないが、水の色や臭いはそこまで劇的に変わらないはずだ。フリントでの最大の失敗は、錆びを抑制する化学物質を加えなかったことである。後にミシガン州環境品質局の担当者は、「錆び防止剤の添加を義務づけなかったのは致命的な誤りだった」と認めている。[15]

腐食性の強い水によって、配管や継ぎ手そして備品から鉛が溶け出した。フリントは一年半近く拒否された後、二〇一五年一〇月にやっとデトロイトの水道に再接続できたが、それまでの間に、すでに老朽化していた水道インフラは大きなダメージを受けただけでなく、多くの人がその汚染された水を飲んでしまった。消防署はペットボトルの水の配布所となり、警察官が一軒一軒、ペットボトルの水と浄水器を配って回った。しかし、これは完全に防げたはずなのだ。一八カ月もの間、市民は「落ち着いてほしい、何も問題はない」と言われていたが、それはすべて嘘と隠蔽であったことが明らかになった。

私は、フリントの水問題がメディアに取り上げられる一年前から、この問題を訴えてきた。フリント浄水場の社員は、供給と浄化責任があった。その責任は、単純明快だ。危機と隠蔽の責任を負っていたのは、末端は浄水場の運営者と地元の役人、上層部はリック・スナイダー知事に至るまで全員だった。

フェイスブックの投稿で、私はこう書いた。

二〇一五年一月二〇日付「危険な飲用不可の水」

ミシガン州フリントは、水道システムが破綻した何百もの市町村のリストに掲載された。本当の解決策があったのに、彼らは多くの誤った選択をした。言い訳……言い訳……言い訳。

安全飲料水法が施行されなければ、米国の飲料水は途上国並みになってしまうだろう。

現在、デイン・ウォーリング市長は、清潔で安全な水を安価に入手できることは、基本的人権であると述べている。リック・スナイダー知事には、それを実現する責任がある。今は、悪者探しをしているときではない。デトロイトが失敗し、フリント市は責任を放棄した。市町村が管理すればよいという言い分はもはや通らない。米国環境保護庁から、ミシガン州環境品質局、同州政府、地元の役人まで、関係者すべてに責任がある。

投稿後一年以内に、環境保護庁のスーザン・ヘッドマン地域行政官、ミシガン州環境局のダン・ワイアント局長、さらにミシガン州環境品質局のブラッド・ワーフェル広報担当官が相次いで辞任した。[16] 知事は謝罪し、事態の収拾を誓ったが、州民は混乱したままだった。私の投稿に対して、市民からの反響は大きかった。全国から何千人もの人々がコメントを寄せてくれた。特にフリントからはたくさん来た。

ある女性は、「私はフリントに住んでいるが、この三カ月間、シャワーを浴びるだけで体中に吹き出物ができた。水は飲めないし、煮沸しても効果はないし、かえって味が悪くなる。水を買うか病気になるかの選択を迫られている。ミネラルウォーターを切らした時、私の孫が二人とも、水を飲んで下痢を繰り返した。フリント市は、私たちが使えない水に対して、狂ったような非常識な料金を請求している。どうか助けてほしい」。

別の女性は、次のようなメールをくれた。「私の父はフリントに住んでいる。八五歳だが、市から手紙が来て、高齢者は水を飲まないようにと言われた。私たちは二年前から父に水を買ってあげている。その余裕があるのはありがたい。でも店で水を買う余裕のない高齢者や乳幼児の母親はどうなるのか。ちなみに私の父は一人暮らしで、飲めない水道に月一〇〇ドルも払っている」。

また、別の人のメールでは、「五大湖と呼ばれる淡水湖に囲まれた州で、清潔で健康的な水を飲むことができないのは悲しい」と書いている。

二〇一五年二月、ボブは市の水処理場を視察し、水源切り替えに関する資料を調査した。調査後、彼は市長と水道局とフリント市議会に彼の提言を送った。その内容は以下の通りである（後述するようにこの提案は採用されなかった）。

- 水源保護計画を更新し実施する。
- フリント川へ流入する地下水の水質と量の流入変数、特に汚染源からの流入を特定する。
- フリント川への貯水池放流量、特にホロウェイ貯水池からの放流の質と量を特定する。
- デトロイト水道の水質特性の徹底的な評価を行う。
- フリント川浄水場の詳細な「処理コスト評価」を行い、デトロイトから購入する水の単位当たりのコストと比較する。その結果を公表し、コストと品質に基づいて水の供給を選択する。
- オゾン消毒装置の最適化
  - オゾン接触室のpH［酸性度］を下げるために重硫酸ナトリウムの使用を中止する。
  - プラントオペレーターを信頼して、凝固に必要な塩化第二鉄の最適な使用を任せる。
  - 腐食性の強い塩化第二鉄を減らすために、様々な水処理ポリマーの使用方法を調査する。
  - 石灰軟化剤の使用を中止する。軟水化施設の通水を継続し、季節的に濁度が高い場合は、必要に応じて低用量の濾過助剤（追加ポリマー）の添加を検討する。
  - フッ素添加を中止する。
  - 炭酸化処理を中止する。
  - 濾過前の塩素の使用を中止する。

– 濾過層から無煙炭媒体を取り除き、粒状活性炭（GAC）材料に交換する。特に二重媒体フィルターで使用するために設計された製品がある。有機トリハロメタン（THM）前駆体の除去に粒状活性炭を使用することで、THMの生成を即座に抑制することができる。
– 残留要求量に基づくポストクロリネート消毒をする。有機物が除去されるため、塩素消毒はそれほど集中的に実施する必要はない。粒状活性炭は他のタイプの汚染事象（石油、化学、藻類）に対するバリアとしても機能する。

• 配水システムの運用
– 配水水流モデルの開発を完了する。
– 配水システムの流速を即座に増加させる。
– システムの汚染物質（汚泥、バイオフィルム、堆積物、その他の残滓）を排出できるように土砂が一方向に流れやすいような流れを再構築する、これにより塩素の必要量も管理できる。

• 少なくとも一つの水系貯水池を使用停止にする、貯水槽の清掃を徹底する、一年おきの清掃計画を立てる、二〇〇万ガロンの高架タンクで、両方の貯水池を今年中に使用停止にすることを検討する。
• 以下のすべての固定／変動債務を考慮した予算案を組む。借入金、インフラの資本償却、退職金制度など。こうすることで、給水を始める前に、地域社会が債務に対してどのような状況にあるのかを正確に理解できる。その集計は、水道サービスの口数と階層サイズに応じて分配できる。これはシンプルでわかりやすく、理解しやすい制度である。
• すべての商品・変動価格を計上した予算を組む：給与、化学物質、エネルギー、契約サービス、その他。

これにより、地域社会は水道水のコストを正確に把握できる。過去の生産量と販売量から水の販売量を予測し、その商品コストを各ユニットに割り当てる。これが本当の水のコストである。

しかし水質汚染の専門家ボブ・ボウコックの提言は無視され、私たちは自治体や地元の公務員から、「地獄に落ちろ」という主旨のことを言われた。ボブは今でもまだ、喜んでフリント市を支援する姿勢でいるが、フリント市側は、彼の助けも他の多くの専門家の意見も拒否している。フリントは、全米メディアに取り上げられ担当公務員が対策をとるまで丸一年かかった。

フリントのような災害は、一夜にして起こるものではない。市が水道事業の自治を獲得し、コストの削減を検討したことは私も理解できるが、安全対策が伴わなかった。水処理業者、市、そして州が問題に気づいた時点で対策を講じるべきだったが、彼らは対策をとらずに隠蔽したのだ。住民にすべて正常であり問題ないと言い続け、結果的に何千人もの子どもを含む一〇万人もの人々を危険な濃度の鉛と発ガン性の消毒副生成物にさらした。そのため、多くの役人が辞任し、解雇され、重罪に問われている。

これまでに一五人の役人が、職務上の不正行為、故意による職務怠慢から過失致死までの罪で起訴された[17]。裁判にかけられる最上位の官僚は（今のところ）ミシガン州保健福祉局のニック・ライアン局長である[18]。彼はレジオネラ症で死亡した二人について、過失致死罪で起訴されている。ライアンは過失を否定しているが、彼の裁判を担当する連邦地裁判事は、「市民に健康情報を公開しなかったのは『腐敗だ』」と述べている。フリント市では、私たちを保護するはずの機関が、私たちを危険にさらしたのだ。

ところで、フリント市民は飲用に適さない飲料水に、全米で最も高い料金を支払っている。フリント市の水道代は全米平均の八倍だ。[19] 住民の水道代は、この危機の間、ずっと上がり続けた。ボブが二〇一五年に調査した時点ですでに、フリントの水道料金は彼が見た中で全米でもっとも高かった。フリントの住民は、サービス料と使用料合わせて一〇〇〇ガロン［約三八〇〇リッター］あたり一五ドル八〇セントを支払っているが、全米平均は一〇〇〇ガロンあたり約二ドルなのだ。市からの予算書は、住民が自分たちのお金の支出内訳がわからないようになっている。二〇一八年になっても、メリッサ・メイズは、飲用、入浴、調理ができない水道水に対して、毎月約三五〇ドルの水道料金を支払っていたのだ。

しかし、この腐敗の物語から、真実を暴こうとする市民や科学者など水の戦士が大勢生まれた。

二〇一六年二月に開催された下院監視・政府改革委員会の会合で、リーアンは、自分の家族のことを証言した。「私の家は、水の変色と家族の健康問題があって検査を受けた。私たちは、問題があるとして、市や州と争ったが、取り合ってもらえなかった。私は、信じてもらうためには、科学的に解明する必要があると考えた[20]」。

彼女は、フリント市が実施した三つの水質検査を受けた。市側は、鉛の検出量を最小限にするために、特別な手順に従って検査した。これはごく普通になされていることだが、それでも、一〇四ppb、三九七ppb、七〇七ppbという数値が出た。リーアンは環境保護庁に連絡し、水質の専門家ミゲル・デル・トラルと相談した。そしてリーアンは、独自の調査により、市が腐食防止策をとっていないことを突き止め、ミゲルは、それが事実であると断定した。彼はリーアンを鉛汚染の三〇年来の専門家であるバージニア工科大学のマーク・エドワーズ博士に紹介した。エドワーズ博士は、リーアンが独自に水を検査するのを助けてくれた。リーアンが行った検査では、自宅の水道水から平均二五〇〇ppbの鉛が検出された。その最高値は一万三五〇〇ppbだった。環境保護庁は五〇〇〇ppbの濃度の鉛を有害廃棄物に分類している。

「その時点で、火事に例えれば、煙が出ていただけでなく、すでに五段階中第三段階の重大な火災が発生している状態だったので、すぐに対応する必要があった」とマークは『デトロイト・ニュース』の取材に答えた。[21] しかし、この検査結果と、リーアンの息子の一人が鉛中毒の検査結果だったにもかかわらず、市とミシガン州環境品質局は、水道水は安全だと主張したのだった。

「バージニア工科大学の協力を得て、私たちは市民を対象としたサンプリングを実施した」とリーアンは議会で証言した。「私たちは、市民に説明して三〇〇の検査キットを市内全域で均等に配布し、そのうち二七七を回収した。このすべてを三週間で完了できた」。

私とボブがフリントの現状に気づいてからわずか数カ月後に、バージニア工科大学の科学者たちは、フリント市の四〇パーセント以上の家で、水道水が危険なほど高い鉛の濃度を示している、と断定した。[22] 住民は、科学者たちから環境検査の方法を学び、その科学が彼らの常識を裏付けてくれた。これこそ、「ブーツ・オン・ザ・グラウンド」(現場活動)と呼べるものであろう!

研究者たちは、ミシガン州環境品質局の管理する環境保護庁の鉛・銅規則の公式サンプリングにフリント市が「合格」したのはなぜか、という疑問を抱き、報告書の中でこう書いている。

「我々の経験では、環境保護庁のサイト選択基準に従えば、鉛のリスクが最も高い家庭を対象としたミシガン州環境品質局の検査は、私たちの検査よりはるかに悪い結果になるはずである。にもかかわらず、同局はフリントの鉛レベルはもっと低いと主張している。我々は、環境保護庁などに対し、同局の二〇一四年と二〇一五年の鉛・銅規則サンプリングが適法だったか、詳細な監査を要請する」[23]。

この市民活動は、フリントの子どもたちを救うために重要な役割を果たした二人の女性の目に留まった。水質管理士とエンジニアの資格を持つエリン・ベタンゾ（Elin Betanzo）［ブロコビッチと別人・別綴り］、そして彼女の友人でフリントの公立病院であるハーリー・メディカル・センターで小児科研修医プログラムのディレクターを務めるモナ・ハンナ・アティーシャ博士の二人だ。フリントの水道水から鉛が検出されたことを知った直後のある晩、二人はモナのキッチンで話していた。エリン・ベタンゾは、二〇一四年の水の切り替えに不安を感じたのは、ミシガン州アメリカ水道協会主催の研修会の時だったと言う。そこで初めて、フリントが水源の切り替えを計画中であると聞いた。水道のプロである彼女は、これは異例なことだと思った。旱魃や有毒物質の流出といった重大な理由がない限り、通常、都市はきれいな水源から汚染のひどい水源に切り替えることはないからだ。

「毎日起こることではありません」と、エリン・ベタンゾはインタビューに答えて言っている。[24]「驚きました。当局は倹約のためにデトロイトの水源から撤退すると言ったが、ふつう独立しても安くはならない。その他の経済事情が同じなら、フリントはスケールメリット（規模の経済）のあるデトロイト水源に留まった方が倹約できる。乗り換えるのは、普通ではないと感じた」。

二人が気づいたのは、モナ医師がデトロイトの子どもの医療記録を入手でき、子どもたちの健康状態が水の切り替えによって変わったか分析できることだった。前述のように、鉛は神経毒であり、不可逆的な損傷を与え、発達中の脳に最も有害だ。当時、フリントには六歳以下の子どもが約一万人住んでいた。

「もしあなたが検査を行い、子供の血中鉛濃度の上昇を確認できれば、人々がフリントの住民の声に耳を傾けるようになる。そういうことが必要だ」。エリン・ベタンゾは友人にそう言った。

モナ医師は、病院の記録データから、フリント川への水源切り替え前後の子どもたちの血中鉛濃度を調べた。この医療センターでは、特に一歳と二歳の子どもには、定期的に鉛中毒のスクリーニングを行っていたので、モナ医師はそのデータがあることは知っていた。案の定、二〇〇〇人近い子どもたちのデータで、血中鉛濃度は市全域で約二倍、リスクの高い地域では三倍だった。その後『全米公衆衛生』誌に掲載された彼女の研究では、次の点で、鉛の濃度が高い水を飲む子供たちに関する重要な事実を指摘した。[25]

「飲料水中の鉛は、他の原因による鉛とは異なり、発育の影響を受けやすい子どもと妊娠中の母親に特に悪影響を与える」「水に溶けた鉛の吸収率では、子どもの場合口から摂取した鉛の四〇%から五〇%を吸収してしまうが、成人では三%から一〇%程度にとどまる。一歳から五歳の子どもの線量反応検査では、水中の鉛が一ppb増加するごとに、血中の鉛は三五%増加する。水道水中の鉛の最大のリスクは、粉ミルクを飲んでいる乳児にある」。

二〇一五年九月にモナは記者会見を開き、一刻も早くフリント川水源の使用を中止するよう提言したが、すぐに市役所職員から、彼女は「ヒステリーに近い状態を引き起こす残念な研究者」と誹謗中傷された。彼女は、州のデータとは整合性のない数字をつなぎ合わせたり切り刻んだりしている、と非難されたのだった。しかし、数字は嘘をつかない。程なくして彼らは彼女に対する非難を撤回し、フリントの現状を公表せざるを得なくなった。モナ医師は、この水道水汚染を今世紀最大の環境犯罪と呼び、フリント市民は彼らを保護するべきあらゆる機関に裏切られたと断言している。

「私たちのデータは、小さなグループのスナップショットに過ぎません」。彼女は、二〇一六年の下院民主党運営・政策委員会での証言「フリント水危機：米国の子供たちを保護するための教訓」で語っている。[26]

「潜在的な曝露の期間が長く、その地域に住むほとんどの人が、水を直接摂取したり、その水で調理したりした可能性が高く、短期間に子どもの血液から検出できたことから、多くの子どもたちの血中鉛濃度が高いまま放置されていた可能性が非常に高いと推測できる」。

モナ医師は現在、ミシガン州立大学とハーリー小児病院の共同プログラムである「小児公衆衛生イニシアチブ」を主導し、フリントの住民全体の鉛曝露に対処している。このプロジェクトには、小児学、発育発達学、心理学、疫学、栄養学、毒物学、地理学、教育学、地域社会・人材開発の専門家が集まっている。その目的は、何が起こったのかを継続的に評価し、鉛への曝露による影響を監視し、鉛を摂取してしまった子どもたちを支援することである。子どもたちの鉛への曝露は、ＩＱの低下、ＡＤＨＤ（多動症）の増加、非行行動、逮捕者総数、暴力犯罪の逮捕率の増加などと相関性がある。彼女らは、子どもたちへの曝露の影響を軽減するために、証拠に基づく介入を行っている。いずれは、最良な実施を全米の医療従事者と共有する予定だ。

フリントの水事情はまだ混乱しており、その影響は今も続いている。人々は濾過していない水を飲もうとはしない。配管の交換や更新のために資金が調達できたが、作業の完了には何年もかかるだろう。州は、水道問題の解決のために三億五〇〇〇万ドル以上を注ぎ込んだ。これは環境保護庁がミシガン州環境品質局に対して市全域の飲料水インフラ整備のために提供した一億ドルとは別の資金である[27]。

二〇一六年一月、リック・スナイダー・ミシガン州知事とカレン・ウィーバー現フリント市長は、州および連邦政府のためにすべての水質検査を監督するポストに、バージニア工科大学の科学者マーク・エドワーズを任命した[28]。二〇一八年四月、フリント市は水道水が連邦政府の基準を満たし、鉛について連邦政府の鉛・銅規則の一五ppbを下回る六ppbであると報告している。同月、市は、残っていた無料ミネラルウォーター配布センターを閉鎖した。市は各家庭と市の水源をつなぐ鉛配管の交換に取り組んできたが、家庭内の水道管はまだ汚染されている可能性があり、多くの住民は交換する資金がない。他方マークは、フリントの活動家、元同僚[29]、フリントを拠点とする他の研究者[30]を名誉毀損で訴えた［訳注：二〇一九年にマークは敗訴した］。バージニア工科大学は、米国史上最大規模の市民科学エンジニアリング・プロジェクトを立ち上げるために、環境保護庁から二〇〇万ドル近くを授与された[31]。これは、水道水の鉛をよりよく理解するためのものである。マークは、このプロジェクトの主任研究員だ。

しかし、大きな悲劇から新たな可能性が育まれる。フリントでは、多くの住民が自分たちの町を救おうと決意した。二〇一七年二月、市役所の事務局では、五二枚の陳情書が配られた[32]。市議会議員に立候補するために、候補者は陳情用紙を受け取り、指定期日までに提出し、選挙区有権者の少なくとも一〇〇人分以上の署名を集め、同時に立候補する予定の選挙区で有権者として登録しておく必要がある。予備選挙の結果、一七人の候補者が残った。有権者は九区のうち八区で二人の候補者から一人を選ぶことができるようになった。二〇一七年一一月の本選挙では、九議席のうち五議席を新人が占め、現職を排除して、議会に新たな活力をもたらした。第三選挙区のサンティーノ・ゲラは、一九歳という若さで当選した。彼は、ミシガン大学フリント校で刑事司法と社会学を専攻する二年生である。立候補するのに若すぎるということはないことを証明した。彼の最優先する三政策は、安全で手頃な価格の飲料水、空き家、治安である[33]。

地元の役人たちは、徐々に市政のコントロールを取り戻しつつある。二〇一一年に始まった財政危機で、緊急管理者が市を運営するようになっていたが、二〇一五年四月、管財人移行諮問委員会が市政の転換を監督し、地方政府が管理できるようになった。二〇一八年一月時点では、市長と市議会はほとんどの日常的な意思決定権を取り戻したが、予算と債務は依然として同委員会が審査している。地方自治が回復したのに伴い、市長や市議会の決議が州の承認を必要とするとした緊急管理者の法律は廃止された。[34]

この状態は完璧な解決策ではないし、フリントにはまだ長い道のりがある。フリントや他の多くの場所で本当に問われているのは、このような壊れたシステムをどのように修復し始めるかである。実際、二〇〇〇年代初頭、ワシントンD.C.では、フリントよりも深刻な鉛危機が起こった。何千人もの子供たちが鉛に汚染された水にさらされていたが、ワシントンD.C.市は二〇〇四年に『ワシントン・ポスト』紙が報道するまで、鉛汚染の上昇を公表しなかった。フリントのようなコスト削減のための措置ではなく、塩素からクロラミンに切り替えて殺菌したため、水道管から鉛が溶出したのである。環境保護庁は三万個の浄水器を配布し、暴露を心配する住民には血液検査を実施した。それでも一九九一年に制定された鉛・銅の規則（LCR）は、依然として変更されていない。市当局者は、いったいあと何回記憶喪失になったら、何か変える気になるのだろうか。

私は通報と技術の進歩が助けになると思う。水質検査の結果をリアルタイムで公表できたら、また、人々が検査結果の自分たちへの影響を理解できるようになったらどうだろうか？　私たちは、かつてないほど多くの情報技術にアクセスできるようになった。それ故、より透明で力になってくれる団体を設立できるかもしれない。もし、多くの情報を入手し解決策を生み出せると感じたら、どのような変化が生まれるか想像してみてほしい。

一例を紹介しよう。コロラド州ローン・ツリーに住む一一歳のギタンジェイ・ラオは、フリントやアメリカ全土の水質問題について読んだ。そして水質検査がもっと簡単にできないかと考えた。この解決志向の強い小学六年生は、まず観察というスキルを使った。「水中の鉛を検出するための、迅速で簡単で安価な解決策がないという記事を目にしたので」と、彼女は『ファースト・カンパニー』誌のインタビューで語っている。「これを解決したいと思った[35]」。

彼女はキットを開発し、ギリシャ神話の淡水の女神にちなんでテティスと名付けた。このキットは、水に含まれる鉛を検出するカーボンナノチューブ・センサーを使用する。スマホのブルートゥース経由で結果をスマートフォンに直接送信し、自分の家の水の鉛濃度をすぐに確認できる。鉛の検査紙は、通常ならラボに送って一～二週間後に結果が出る。その場合、検査薬とその処理に五〇ドル以上かかるが、ギタンジェイのキットは約二〇ドルである。彼女のプロジェクトは、二〇一七年の「発見教育3M社若い科学者チャレンジコンテスト」で優勝した。二万五〇〇〇ドルの賞金は、試作品の製造に役立てられる。彼女のキットは、将来、水中の他の有害化学物質を検査するために応用される可能性がある。これはすごいことだ。彼女は、一人の人間が大きな影響力を発揮できる驚くべき例である。子供たちが鉛の汚染水を飲まなくてすむようになる世界を求めて研究し、本当に役立つアイディアを開発したのだ。

「あなたは一人ではない」。これは、私があらゆるコミュニティの人たちと話すときの口癖である。こうした問題はどこにでもあるのだ。水問題は、国内の一部の都市で起きているが、自分の町では絶対に起きないと思っている人がいたら、私は言いたい。フリントだけが鉛汚染と戦っているわけではない。全然違う。私は個人的に、二〇〇以上の地域の人たちから、少なくともフリントと同じ位か、もっとひどい鉛問題の話を聞いてきた。天然資源保護協議会の二〇一六年の報告書によると、全米で一八〇〇万人以上のアメリカ人が、鉛の連邦規制に違反した飲料水を利用している[36]。環境保護庁のデータを見ると、五〇〇〇以上の公共水道システムが、多くの点で人々を保護してこなかったことがわかる。高濃度の鉛を減らす努力をしなかったり、水道水の鉛を適切に監視しなかったり、あるいは単に結果を一般市民や政府に報告しなかったりといったことも含まれる。フィラデルフィアの水道局は、疑わしい鉛と銅の検査方法のために集団訴訟に直面しているが、全米の都市は、検査結果に含まれる鉛を最小限に抑えるために、検査前に水を流しっぱなしにするという方法をとっているのだ[37]。

ヒンクリー事件は、企業がいかにして巨大な有害物質の不祥事を隠蔽しているか、そして六価クロムが公共の水道水に混入し、消費者の健康と福祉に害を及ぼすかを教えてくれた。一方、フリントの事例でも、州や地方の行政機関が、住民を守るのではなく組織の自衛のために隠蔽工作を行っていることが明らかになった。次に、州や地方の役人が、フラッキングによる石油掘削を推進するために、有権者を敵に回し、それに対して住民がどう反撃しているかを紹介したい。

フラッキング地震

オクラホマ州の主要産業は石油産業である。州民は、石油産業で生計を立てている。オクラホマ・シティにある州議会議事堂は、全米で唯一、石油掘削施設の隣りにある。世界の石油価格は、人口八〇〇〇人足らずの小さな町、同州クッシングで決まる。この町には世界最大の石油貯蔵タンク群があり、約九〇〇〇万バレルの石油を貯蔵できる。[38] また、クッシングは「世界のパイプラインの交差点」とも言われる。[39] 毎日六〇〇万バレルの原油を一三の主要パイプラインで供給しているのである。

二〇一六年一一月七日、クッシングでマグニチュード五・〇の地震が発生した。家屋や大きな建物に被害をもたらし、翌日は学校が休校となった。住民は、もっと大きな地震が来たら、パイプラインや貯蔵タンクはどうなるのだろうと感じた。この同じ週に、同州では一九回の地震があった。同州では自然地震はほとんどなかったが、二〇一五年には世界でも地震の多い都市になった。[40] 二〇〇九年まで、同州ではマグニチュード三・〇以上の地震は毎年二回程度だった。しかし、二〇一〇年から地震活動が活発化し、二〇一三年から二〇一八年まで、同州では毎年数百回の地震が発生するようになったのである。[41]

現在、米国全土で大規模なフラッキング（水圧掘削）の掘削ブームが起きている。その理由のひとつに、水圧破砕法という新技術がある。この方法では、石油やガスを採掘するために、有毒な化学物質と砂を混ぜた何百万ガロンもの水を地中に送り込む。これが全米の住宅地や商店街の近くで行われている。これらの地域では、淡水の利用をめぐって掘削業と農業が競い合っている。[42] 二〇〇五年から二〇一五年にかけて、オクラホマ州は一九億ガロン以上の淡水をフラッキングに使用した。[43]

私は、オクラホマの背の高い草の原っぱに特別な思い入れがある。子供の頃、夏休みには、母が生まれ育ったポンカ・シティの祖父母のところで過ごした。私の兄姉はオクラホマ・シティで生まれた。何でもすぐできる、という意味のスーナー州（Sooner State）と呼ばれるオクラホマ州は、地震ではなく、竜巻や雷雨で知られていた。地震の増加は奇妙なだけでなく、人々の生活に影響を及ぼしている。

オクラホマで問題なのは、掘削ではなく廃水である。科学者によれば、大量のフラッキング廃液をフラッキング処分用井戸に注入したことが地震を起こしていた。[44] 水は水圧破砕において重要だ。環境保護庁によると、水サイクルの五つ目の最終段階が大混乱を引き起こしている。[45]

五つのステージ

第一段階：水の獲得

水圧破砕液を製造するために地下水や地表水を取水する。

第二段階：化学的混合

水圧破砕液と添加剤をフラッキング・サイトで混合し水圧破砕液を製造する。

第三段階：井戸への注入

油田・ガス田の生産井戸を通じて、対象となる岩盤に水圧破砕流体を注入・移送する。

第四段階：生産された水の処理

水圧破砕後に地表に戻る水を回収し処理した上で、廃棄または再利用のために輸送する。

第五段階：廃水投棄と再利用

水圧破砕廃液を廃棄および再利用する。

オクラホマ石油・ガス協会は、彼らの活動が地震と関連しているという科学的主張に異議を唱えている。同協会のチャド・ウォーミントン会長は二〇一五年の声明で、「地震と処分井戸の間に関連性があるかもしれないが、廃水注入がオクラホマの地下断層にどのような影響を与えるのか、業界、規制当局、研究者、議員、州民はまだ十分に分かっていない」と言っている。[46]

当初、州議会は見て見ぬふりをしていた。元環境保護庁長官で元オクラホマ州司法長官でもあったスコット・プルイットは、問題は存在しないと主張した。[47] メアリー・ファリン・オクラホマ州知事は、産業界側に立ち、石油やガスと地震の関係は憶測に過ぎず、科学的な解明が必要である、と主張していた。[48]

人為的な地震、専門的に言えば「誘発地震」は新しい概念ではない。二〇一五年の「そうだ、確かに人間が地震を引き起こしている」という時宜にかなった講演で、米国地質調査所の地球物理学者は、次のように説明した。[49] 人類が起こした最初の地震は、一八九四年、南アフリカのヨハネスブルグで発生した。金の産出量が増加したことが原因だった。欧州では、一九〇〇年代初頭に科学者たちが、鉱業が地震を起こすことを発見した。一九〇八年にはドイツで最初のモニタリング・ラボが建設された。米国では、石油生産関連の地震が一九二五年にテキサス州ヒューーストン近郊のグースクリークで初めて起こった。科学者は、石油とガスの採掘が断層にかかる力を変化させ、地震を起こしやすくしたと結論づけた。一九三五年にネバダ州のミード湖がせき止められた時、科学者は、湖の水圧で断層がずれたことを確認している。

流体注入に関連する地震は、一九六七年、コロラド州デンバー郊外にある化学兵器製造会社ロッキーマウンテン・アースナルで観測された。この工場では、廃液を一万二〇〇〇フィートの深さの井戸に注入して廃棄したところ、その直後に、一〇〇〇回以上の地震が起きた。[50] 最大でマグニチュード五・〇だった。地震学者は、人工地震を見分けるために、質問を用意している。

一．最近活動に変化があったか

二．地震は変化があった場所に近いか
三．地震は変化があった時期に近いか
四．地震は地表に近いか（自然地震より誘発地震の方が地表に近いことが多い）

もちろん、すべての誘発地震がこれらの質問に当てはまるわけではないが、地震活動を調べる簡単な目安にはなる。最初の質問――最近変化があったか――は、私が水問題でよく尋ねる質問だ。要するに、変化を観察し、その変化が環境にどう影響するか調べるのである。

オクラホマのケースでは、水圧破砕の廃棄物とその後始末がトラブルの元である。天然ガスを抽出する過程で、破砕液が古代の海水と一緒に地表に上がってくる。この海水は、業界では「随伴水」と呼ばれている。[51] この海水は塩分が多いため、地表に捨てることはできない。植物が枯れたり、土壌の健康が損なわれたりするからだ。川に流れ出ると、魚が死んでしまう。実際ノースダコタ州の採掘場では、この塩水が流出したため、地主や農民の怒りを買っている。[52] 塩水は石油よりもはるかに環境破壊につながるからだ。企業はこの塩水を別の穴から地中奥深くに送り込んで廃棄している。これは、深層廃水圧入と呼ばれる方法だ。この井戸に廃水が溜まると、地質学的な断層に圧力がかかり、人工地震が発生する。オクラホマ州の地質は特に地震が起こりやすい地質なのだ。岩盤は廃水を吸収しやすく、蓄積された廃水が、やがて深い断層を滑りやすくして、同じ場所で何日もの間、何十回となく地震が起こる。[53] 二〇一一年以降、同州の井戸の運営会社は毎年二〇億バレル以上の液体を地中に注入してきた。[54] テキサス州、アラバマ州、オハイオ州でも、投棄井戸が地震と関連している。[55] 実際、アーカンソー州議会は二〇一一年に深層への注入用井戸の使用を禁止した[56]。

地震は、家屋の構造的な被害や、水道水の不安など、さまざまな影響がある。私が話を聞いたある家族は、一階部分が瓦礫と化した家に住んでいる。埃だらけで、家というより山小屋だ。別の世帯では、六万五〇〇〇ドルの家に対して七万五〇〇〇ドルの修理代が必要である。地震は飲料水にも影響する。井戸の枯渇や地表水の水質低下が起きている[57]。

オクラホマ州は、地震の増加を見て予防策を取り始めた。二〇一五年、オクラホマ州企業委員会は、廃水井戸数を制限し始めた。二〇一五年には四〇〇〇件近くあった地震が、二〇一六年には二五〇〇件まで減少したのは、そのおかげだ。しかし、地震に関しては、頻度よりも規模が重要である。

オクラホマ州ポーニー族は、州内で最大規模の地震に見舞われてきた。二〇一六年九月三日、人口二二〇〇人のポーニーの町を襲ったマグニチュード五・八の地震は、オクラホマ州史上最大の地震だった[58]。研究者によると、この地震はそれまで発見されていなかった断層帯で発生していた[59]。

「あの地震は、最初はドーンときたあと、振動が長く続いた」と、ポーニー族のアンドリュー・ナイフ・チーフ代表は『ナショナル・ジオグラフィック』誌に語っている。「ああ、これは大きいなと感じた。あとからあとから揺れが一分ほど続いた[60]」。

ポーニー族は七〇〇年以上の歴史を誇り、一八七五年からオクラホマ州を拠点に活動している[61]。彼らの建物は国の歴史建造物として登録されているが、梁の垂れ下がりや壁のひび割れなど構造上のダメージを受けている。そもそも、オクラホマ州の建物は、地震の多いカリフォルニア州の建物と異なり、地震に耐えられるように設計されていないのだ。ポーニー族は飲料水の心配もしている。「私たちは、土地の資源を利用することに反対しているわけではない」とアンジュルーは言う。「私たちが反対しているのは無責任な石油やガスの生産と、無責任な廃水処理に対してである。もし、地震が来て建物が壊れれば、私たちは再建することができるが、水を汚されたらおしまいだ。そして、水源の汚染が進んでいる兆候がある」。二〇一六年、環境保護庁はフラッキング活動と飲料水の関係を調べた複数年にわたる研究成果を発表し、フラッキングは飲料水に確かに影響を与えると認めた。[62] これは、水圧破砕反対運動にとって有力な研究成果である。フラッキングは、大量の水を抜くため、地表水や地下水に圧力をかけ、地下の飲料水を汚染する。[63] また、地下の注入井戸に廃水が捨てられると、地表水に影響を及ぼす可能性もある。

私がポーニー族の住民説明会で講演したのは、二〇一七年初頭だった。その後、ボブと共にオクラホマ州立大学で地震の影響について話した。住民説明会は、誰もが理解できるように情報を提供し、過失はないのに悪影響を受けた人たちのために開催する。「私たちは申し立てたからと言って、いじめられるようなことがあってはならない」と、私は言った。「あなたには、真実と解決策を求める権利がある」。

すでに書いたように、私の父は機械技師で、テキサコ社でパイプラインの建造に携わっていた。父は産業界のために働いていたが、「一線を越えて、環境と公衆衛生と福祉を危険にさらすようなことをすれば、それは行き過ぎだ」とも言っていた。彼は敬意を持ち、善悪の区別を理解する立場から発言していた。フラッキングの代償を支払うべきなのは、地域社会でも家族でもなく、石油・ガス業界である。これらの企業は、自分たちが地震を誘発したことを知っていたし、州が産業に友好的であることも知っていた。

二〇一七年三月、ポーニー族は、廃水注入事業を運営する二五以上の石油・ガス会社を訴えた。これは、部族裁判所に提訴された初めての地震関連訴訟であり、企業側は地震が起こることを知りながら「公共や個人の安全を無謀にも無視して」地震を起こした、と糾弾するものとなった。

「これは部族の主権を主張する重要な訴訟である」と、原告団責任者のカート・マーシャル弁護士は述べている。「なんの落ち度もない部族が、何十万ドルもの損害を被っている。私たちは企業に負担させ、部族の基金から修理代を出さなくてすむように訴えている」。

カートは、石油・天然ガス産業は地域経済にとって重要な産業であり、閉鎖が目的ではないと言う。裁判が始まれば、陪審員はポーニー族のメンバーで構成される。この訴訟は、歴史的建造物の物的損害に焦点を当てたものだが、フラッキングを告発する機会にもなっている。この州では他にも個人訴訟や集団訴訟が起こされているが、今のところ却下されるか、あるいは係争中であるに留まっている。

フラッキングを禁止した町

ニューヨーク州にある人口一四万人の町ドライデンほど、のどかな町はないだろう。『素晴らしい生活』の監督であるフランク・キャプラは、この風変わりな町を訪れ、映画制作のヒントを得た。この古風な町は、絵のように美しい農地と歴史ある家並みで知られ、マーセラス・シェールという岩盤の上にある。これは、ニューヨーク州北部からペンシルベニア州、ウェストバージニア州、オハイオ州の一部にかけて広がる岩石層で、米国最大のシェール岩層として、約八四兆立方フィートの天然ガス埋蔵量を誇る。[64] ニューヨーク州北部のこの小さな農村が、生活基盤を守るために闘って勝利した村なのだ。

三〇年以上、ドライデンで農業を営むメアリー・マクレーは、二〇〇七年、一人の青年から、ガス掘削のために土地を借りたいと言われた。彼女はすぐ断ったが、青年はしつこく電話したり、手紙を書いたりした挙句、何度も彼女の玄関にも姿を現した。青年は、隣りの人たちがすでに契約していて、会社は計画を実施しようとしている、と言うので、彼女は結局署名した。当時彼女は、自分が何に合意したのかわからず、近所の人に助けを求め始めた。そこで、最近ドライデンに引っ越してきたデボラとジョアン・チポラデニス夫妻に出会った。この夫妻は、町の田園風景が壊されるのを見たくなかった。このグループは調査を始めたところ、町がフラッキング（水圧掘削）の温床になることを突き止めた。彼らは、ドライデン資源認識連合を設立し、水圧破砕が近隣だけでなく州や地域にもたらす影響についてさらに調査した。彼らは、時には週に三回も集まり、自分たちの土地と水を守るために何ができるかを話し合った。

彼らは、ボストン出身の元企業弁護士で、現在はドライデンから車で二〇分のイサカに住んでいるデビッドとヘレン・スロッチェ夫妻と連絡をとった。この弁護士夫妻は、フラッキングを心配する多くの近隣の町に、無償で法的支援を行っていたのだ。デビッドとヘレンは、採掘を規制する法的手段があまりないことを知っていたが、掘削を阻止できる法律の抜け穴として、地域の区画規制法が、騒音規制やその他の条例を制定するのと同じように、水圧採掘を禁止できるかもしれないと考えていた。

その第一歩が署名活動だった。近隣住民から一六〇〇人分の署名を集め、ドライデン町役場に提出した。小さな町としては驚くべき実績だった。党派を超え、町の全域から賛同を得て、説明会を開催し、近隣のコミュニティとも協力し、その他の戦略も駆使して、フラッキングに対する地元の関心の高さを示した。

地元住民一〇〇人以上が参加した満員の住民集会で、署名簿が提出された。多数が禁止に賛成する中、ひとり反対意見を述べたのはヘンリー・クレイマーだった。

「あなた方には管轄権はない」とクレイマーは言った。「州政府は私たちに、州の政策を上書きしたり、妨害したりする法的権限を与えたのか」。彼は、町が訴訟に巻き込まれることを心配した。「もし、私たちが第一歩を踏み出したら、ガス会社から大攻撃を受けるかもしれない」[65]。

掘削反対は多くの支持を得て、ドライデン町議会は、フラッキングを含む石油・ガス開発行為は、区画規制法が制限する「禁止された用途」に該当すると決定した。

彼らの戦いはそれだけで終わらなかった。町議会が超党派の全会一致でこの法案を可決したわずか六週間後に、株式非公開のアンシュュッツ・エクスプロレーション社が市内で掘削を認めるようドライデンを提訴したのだ。この訴訟は、州最高裁判所まで持ち込まれたが、州最高裁判所もドライデンを支持した。二〇一四年六月、ニューヨーク州控訴裁判所は、ドライデンが地元の区画規制法を適用して石油・ガス事業を禁止することを認めた。また、ニューヨーク州環境保護省と保健省による七年間の調査を経て、州は二〇一五年一二月、フラッキングは健康への影響が懸念されるとして禁止することを発表した。

この判例は、全米の多くの地域にとってモデルとなっている。環境団体フード・アンド・ウォーター・ウォッチの調査によれば、本書執筆時点で、約一六五の地域でフラッキング禁止令が制定されている[66]。フラッキングを全面的に禁止している州は三つある。バーモント州議会は二〇一二年にフラッキングの永久中止を制定している[67]。ニューヨーク州のアンジュルー・クオモ知事は、二〇一四年に健康被害に対する懸念からフラッキングを禁止した[68]。メリーランド州知事のラリー・ホーガンは二〇一七年にフラッキングを禁止する法案に署名した[69]。二〇一九年三月、オレゴン州は一〇年間の採掘禁止を可決している[70]。他の二つの州、フロリダ州とニューメキシコ州も、禁止または制限を検討している。

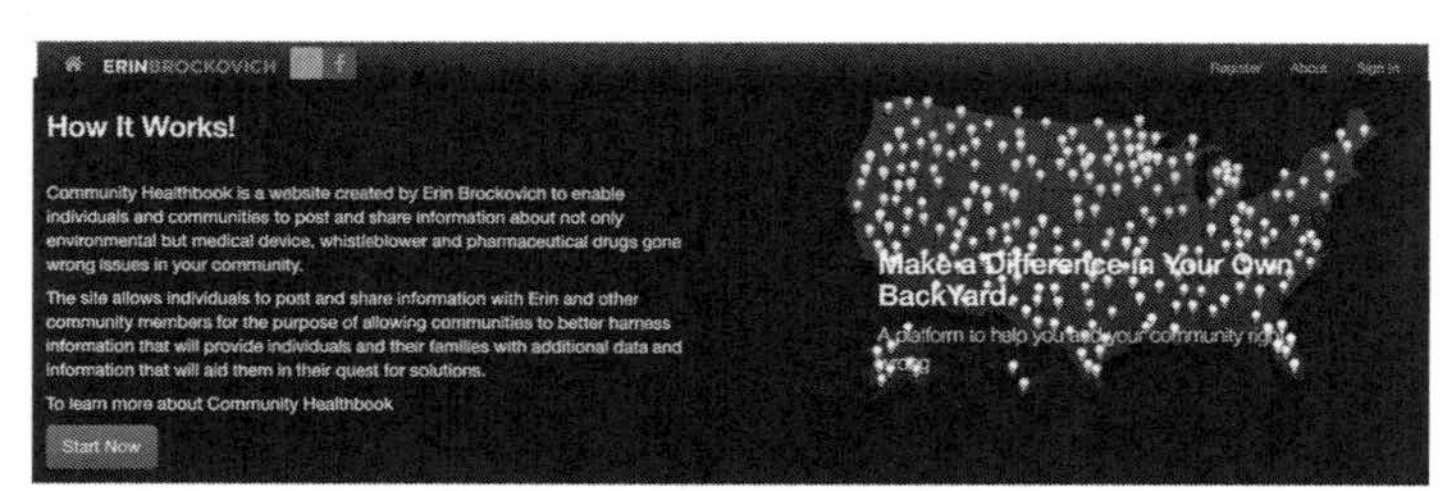

自主登録する「コミュニティ健康手帳」と地図には地域住民が疾病を登録できる。

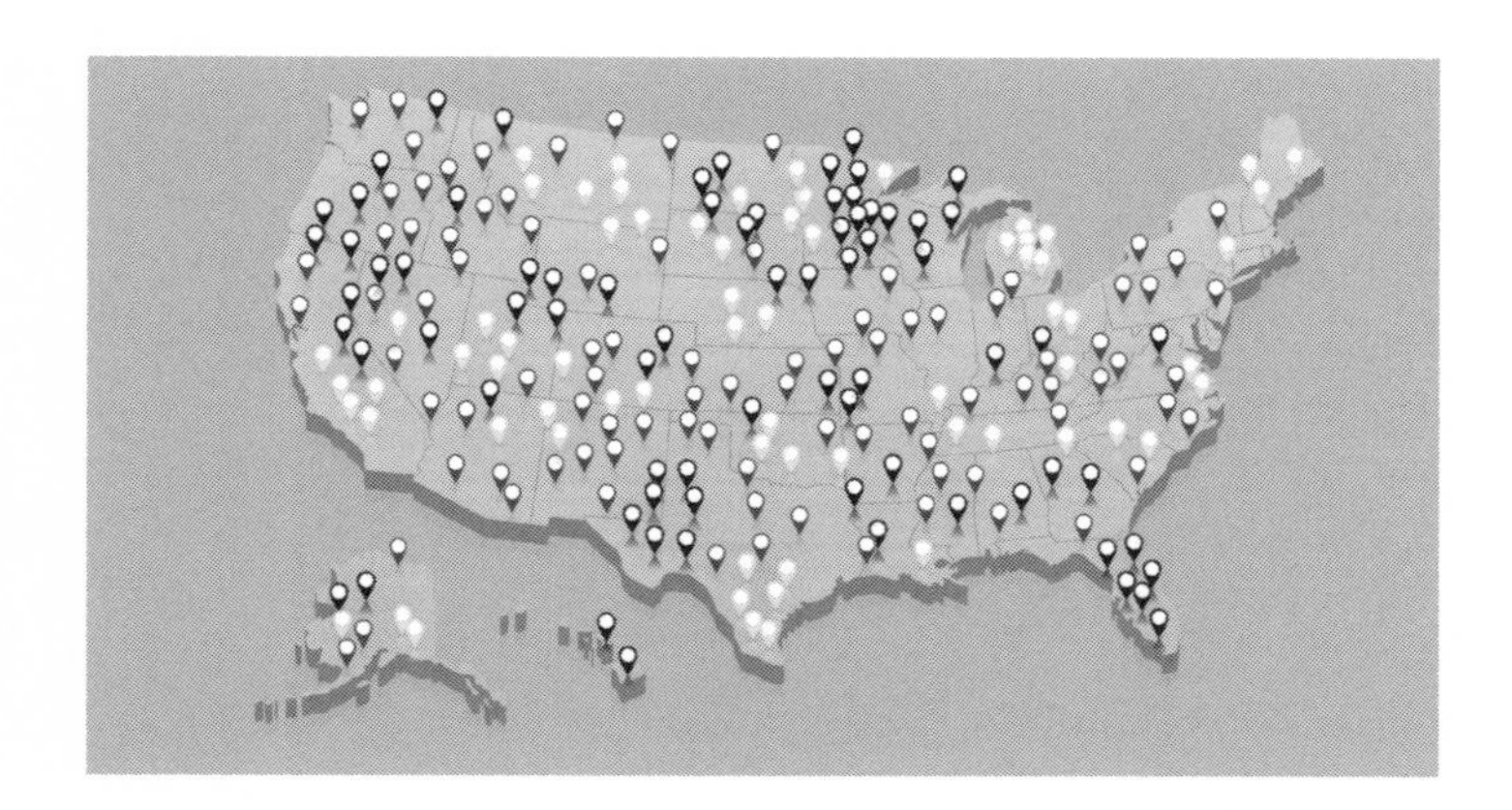

毎日全米から来る何百通ものメールには変色した水の写真が添付されている。2016 年の実例。現在も全米および世界各地から茶色、オレンジ色その他の写真が届く。［訳注（左上から）：タイラーは茶色、ロサンゼルスは薄緑色、薄茶色から真っ黒まで、セント・ジョーゼフはオレンジ色と沈殿物入りのもの、ブリッジ・シティのバスタブは濃い赤錆色、セント・バーナード・パリッシュは黄土色、ワシントンハイツは濃い茶色、レディングも茶色。］

メリッサ・メイズ（左、メガホンを持っている）：ミシガン州フリントの母親で NGO 団体「水を勝ち取る」の創設者。フリント水危機の抗議集会で。水危機は現在も続く。

行動は地元から始まる。毎日よりよい未来のために闘い地域社会を支援している。ニューヨーク州フーシック、テキサス州タイラー、オハイオ州ジーブリングの汚染水活動の様子。

フリント水危機の鉛で汚染された水。

2018年夏の赤潮と青緑藻類危機の時、フロリダ州南西部で捕獲した腫瘍のできた魚。膨大な数の海洋生物が死に、何百トンもの死骸が打ち寄せられた。

2016年オハイオ州のフラッキングに起因する地震の増加に警鐘を鳴らしたことで、ポンカ族の女性議員ケイシー・キャンプホリネクから部族の毛布を授与される。

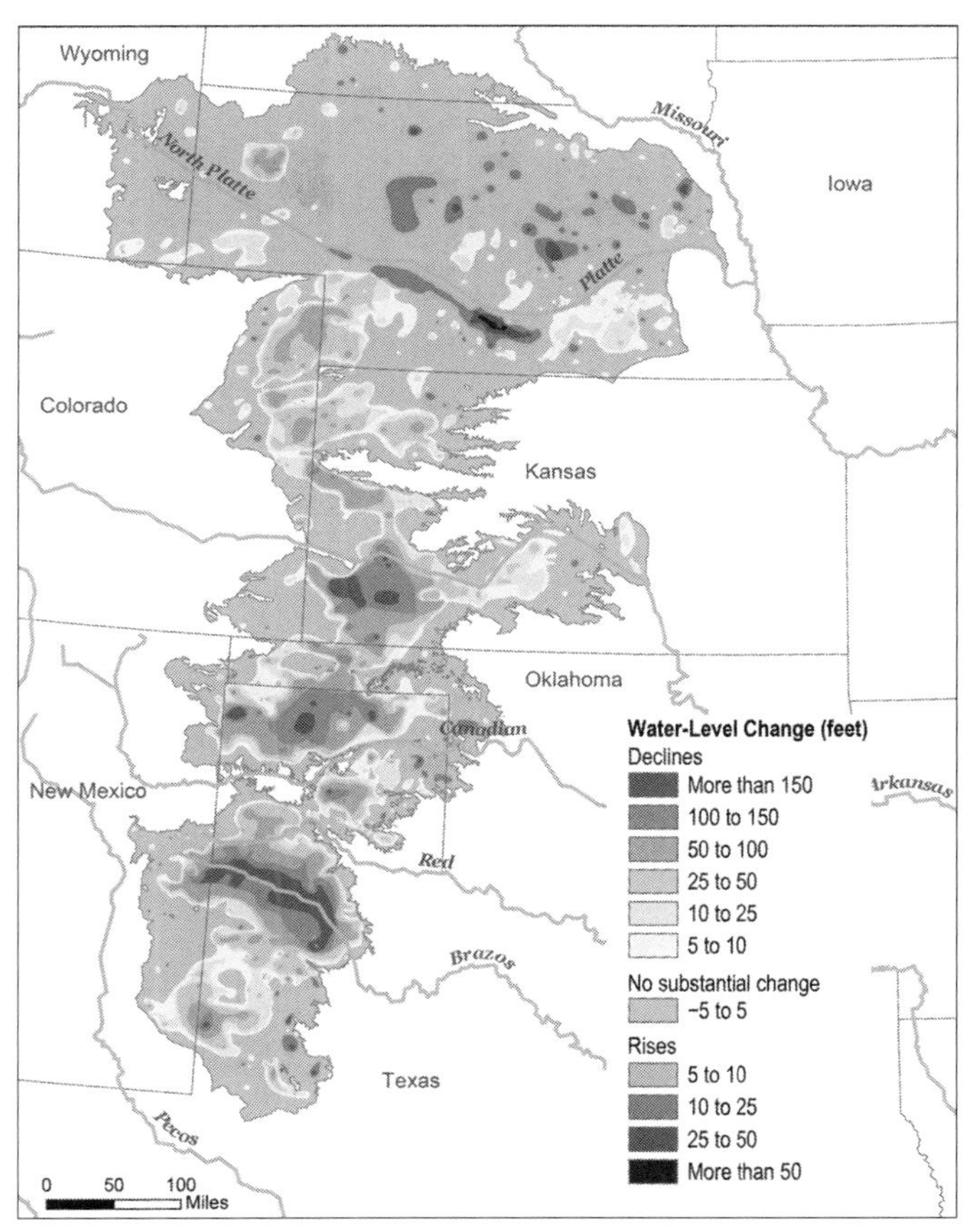

気候変動は水の供給にも需要にも影響する。オガラガ帯水層はサウスダコタ、ネブラスカ、ワイオミング、コロラド、カンザス、オクラホマ、テキサス及びニューメキシコ各州の地下にある。農業需要で枯渇が懸念されている。

フロリダ州マイアミは、快晴の日にも慢性的に洪水に直面する。海水面の上昇につれて、塩水が飲料水の地表水に混じる。

2017 年デュポンはダウケミカル社との 1,500 億ドル近くの合併直前に、二つの環境裁判で何億ドルも支払った。一つはバージニア州ウェイネスバラの水銀漏出で 5000 万ドル以上払った。もう一つでは、デュポンとケマーズはテフロン製造の有害物質 PFOA に関連する 3,500 件の裁判で和解するために 6 億 7000 万ドル以上支払った。

ノースカロライナ州ジャクソンビルのキャンプ・レジャーンは東海岸最大の海兵隊基地だが、米国史上最悪の水汚染の拠点である。

きれいな水は民主党か共和党かの問題ではない。次の選挙では有権者が水問題に関心があることを候補者に知らせよう。

エネルギーは誰もが欲しいものだが、私たちはそれをどのように採掘するのか、その代償は何か、を考える必要がある。フラッキングの廃水などに含まれる化学物質をどう扱うべきか。環境破壊に目をつぶってまで、貪欲で無頓着になってはいけない。ジョシュ・フォックスの映画『ガスランド』と『ガスランドＰａｒｔ Ⅱ』を観てほしい。フラッキングが全米の地域社会に与える影響について、多くの物語や事例が紹介されている。掘削事業を続けるなら、地域社会を傷つけない持続可能な方法を見出す必要がある。

【コラム】アクション・ステップ

・科学、学校、地域社会をつなぐ

学校と地域社会のパートナーシップ強化は、地域レベルで水の問題に取り組むよい方法である。もし、あなたの子供が学校（学年は問わない）に通っているなら、理科の先生が水質検査をカリキュラムに追加してくれるかどうか尋ねてみてほしい。生徒たちは、学校の水飲み場、近所の池、家庭の蛇口や井戸、近くの小川、大きな湖など地域の水源から水のサンプルを集めることができる。水質検査キットを使って、水の化学成分を測定し、水質に影響を与えるさまざまな要因について学べる。また、地元の水処理施設を見学し、水源地や飲料水がどのように処理されているかを知ることができる。子どもたちは私たちの未来であり、子どもたちに幼い頃から、身近な水を大切にし、水の検査や処理を教えられる。

・水質検査とサンプリング入門編

誰が水道水を検査できるか知っているだろうか。地域の保健所がバクテリアの検査を手伝ってくれる。州公認の研究所では水質を詳しく検査できる。住んでいる地域の検査機関を探すには、安全な飲み水のホットライン（八〇〇-四二六-四七九一）に電話するか、www.epa.gov/ にアクセスしてほしい。ラボとつながったら、技術者が出張して水を検査してくれるか、検査キットを送ってもらい自分で検査することになる。学校のプロジェクトであるか、個人で水を採取するかにかかわらず、環境保護庁は、水のサンプルを採取するためのガイドラインを提供している。[71]

ガイドライン

水が使用される前にサンプルを採取する。サンプル採取の八～一八時間前から水を使用しない。

手が清潔であることを確認する。

サンプル記録用紙に記入する。

認定ラボが提供する容器（二五〇ミリリットル）を使用する（容器は、試料採取の準備が整うまで開けない。また、食べ物や飲み物はサンプルや容器に近づけない）。

試料を採取する前に、蛇口や水飲み場から水が抜かれていないことを確認する。

容器を採取する蛇口または水飲み場の下に置き、二五〇ccを採取する。蛇口は、冷水を採取する。

排水口に水が流れないように注意しながら容器を満たす。

認定試験所の指示に従い、容器を閉める。

サンプル記録用紙と同じ情報のラベルを貼る。

認定ラボの指示に従って、出荷用容器を準備する。

認定ラボの指示に従って、容器を出荷する。

サンプルは、採取後一四日以内にラボに届ける。

・嘆願書の書き方入門

嘆願書を書くには、形式と技術が重要だ。最初のステップは、嘆願書の冒頭に明確な主旨を示すことである。これが見出しで、この見出しは一〇ワード以内に収めたい。たとえば「私たちは町のフラッキングに反対する。」「私たちは、飲料水の処理にアンモニアを使用することに反対する。」このように見出しを明確にすることで、署名を集めやすく、支持を得やすくなる。

次に、嘆願書の本文は、数行または数段落で、テーマを大雑把に書く。たとえば、三〇秒以内に趣旨を説得する必要があると想像してみてほしい。あなたならどう言うか？　主張の裏付けとなる調査を必ず入れて、解決策も提示する。すべての嘆願書には、署名する市民と、それを受け取る議員がいる。両者ともすぐに理解できるように、主張は簡潔にするのがよい。

以下は、ドライデンの嘆願書の例である。

宛先：ニューヨーク州トンプキン郡ドライデン町議会

私たち、以下に署名するドライデン町の住民は、フラッキング専用の大量のスリックウォーターによるガス採掘は、私たちの水と大気を脅かすと確信している。私たちのコミュニティでこの行為を許可することは、私たちの健康と幸福を著しく危険にさらすことになる。

ハイドロフラッキングは重工業化されたプロセスであり、周辺州では、交通渋滞や深刻な大気汚染、水質汚染、騒音、道路やその他のインフラに深刻な被害をもたらす。多くの場所で、観光、狩猟、漁業、農業、地域経済全般に悪影響を及ぼしている。

私たちは町議会に対し、スリックウォーターによる水圧破砕を禁止するよう要請する。

署名活動を始めるための最も簡単な（そして無料の）オンラインのサイトは、Change.org である。このサイトには、請願書を書くための素晴らしいヒントがたくさんある。誰でも自分が大切と考える要望を人に知らせ支援を得て、嘆願書を作ることができる。

第9章　軍事基地の公害と闘う英雄たち

軍隊に入るということは、非常に大きな決断であり、また名誉なことでもある。米国の軍人たちは、男女とも私たちの自由を守り、平和を維持し、米国の政策を支援するために世界中で働いている。その多くは、危険で、激しく、困難な状況下での活動である。彼らは、高いレベルの自己規律を要求され、最善を尽くすために献身的な努力を続けなければならない。しかし残念なことに、このようなメンバーを監督する機関は、同等の厳しい基準を守っていない。毎日、軍人の家族から、軍事基地の汚染に関する手紙が届く。そして、あまりにも多くの軍人が、汚染による健康問題に苦しんでいる。

米国は、世界一軍事費を誇る一方、国防総省は世界で有数の汚染者である。その足跡はどの企業よりも大きく、全米四〇〇〇万エーカーの土壌に有害物質が広がっている[1]。環境保護庁は、少なくとも一四九の現・旧軍事基地で地下水汚染を確認している[2]。全スーパーファンド埋立地の三分の二以上が軍と密接に関係している。これらの基地の飲料水と土壌は、ジェット燃料、洗浄剤、脱脂溶剤、泡消火剤、爆発物など、軍事活動の結果捨てられた危険な化学物質で汚染されている。

ミシガン州の元下院議員で退役軍人ジョン・D．ディンゲルは、米国史上最も長く在職した議員で、二〇一九年に九二歳で死去したが、二〇一四年に『ニューズウィーク』誌で、「米国の全軍事施設は、深刻に汚染されている」と述べている。[3]

アメリカ全土に散らばる基地の汚染は、カリフォルニア州サクラメント近郊のマッケラン空軍基地の放射性廃棄物、[4] オハイオ州デイトン近郊のライトパターソン空軍基地で見つかったPFAS（有機フッ素化合物）から、[5] アラバマ州アニストン近郊の旧陸軍施設フォート・マクレランで発見されたPCB（ポリ塩化ビフェニール）、[6] 化学兵器、放射性廃棄物まで多岐にわたる。ユタ州ソルトレイク・シティの郊外にあるヒル空軍基地は、スーパーファンド埋立地になっていると同時に、州最大の雇用者でもある。環境保護庁は、この基地の土壌と地下水から六〇種類以上の化学物質を検出し、その状況を「安全でないレベルの汚染」と表現し、「人々が有害物質にさらされていると推測してよい」と述べている。[7] これらは、基地や近隣地域社会のマイホームで生活し働いてきた人々の健康を脅かす広範な汚染のほんの一例にすぎない。

私たちの英雄が戦争から帰ってきて、自分自身や家族、特に子どもたちが危険なレベルの有害物質にさらされていたと聞くのは、あまりにも残酷な話だ。退役軍人会の使命は、「米国の男女退役軍人に奉仕し栄誉を讃えることにより『戦いに身を投じた者、未亡人、そして孤児たちの世話をする』というリンカーン大統領の約束を果たすこと」とされている。[8] 私自身も、心の中で全軍人を大切にする軍の母である。私の子供のうち二人は陸軍に所属していた。私の息子はアフガニスタンに従軍した。彼らのような米国人は、私たちの国を守り、防衛するために犠牲を払ったので、私たちは彼らの面倒を見なければならない。任務を終えた後、何年も経ってから健康を害するようなことになってはいけないのだ。

私は、多くの人々が私にコンタクトしてくるようになったので、基地の汚染を深く研究するようになった。国防総省とバージニア州は、現役・退役軍人に、汚染水や毒物にさらされていることを伝える義務がない。ただし、ノースカロライナ州のキャンプ・ルジャーン基地は例外で、これについては次の節で詳しく説明する。さらに、フィアーズ・ドクトリンという曖昧でかつ非常に評判の悪い政策もある。[9] これは、一九五〇年の最高裁判決に由来するもので、「米国は、軍隊のメンバーが現役中に負った傷害に対して、連邦不法行為請求権法に基づく責任を負わない」とされている。同法では、政府職員の故意または過失により不利益を被った者は、政府を訴えることができると定めているのだが、フィアーズ判決では、現役軍人が勤務中に負傷した場合、政府に損害賠償を請求することを禁じている。政府に対する不法行為請求の調査責任を議会から司法機関に移した代わりに、そのような怪我は退役軍人会給付金でカバーされるべきだとしたのだ。フィアーズ事件の原型は、三つの事件を合わせた裁判だ。ひとつは、兵舎が暖房設備の不備で火事になり死亡した兵士の事件、および手抜き手術を受けた二兵士のケース、の三つの事例だ。[10] このフィアーズ・ドクトリンを最も激しく批判したのが、二〇一六年に死去した保守派のアントニン・スカリア判事だった。「アメリカ合衆国対ジョンソン」裁判においてスカリア判事は、「フィアーズ判決は誤った判決であり、ほとんど全面的と言えるほど広範に批判されているのは当然だと心底思う」と記した。しかし、長年にわたる何十回もの異議申し立てにもかかわらず、この政策は存続している。

州法も汚染者を保護するために利用されてきた。二〇一四年の最高裁判決が、ノースカロライナ州の時効を支持したため、原告は地域社会を汚染した企業を訴えにくくなった。この古臭い法律では、訴訟は汚染行為から一〇年以内に開始しなければならない。それ以降に住民が汚染を発見してもあとの祭りなのだ。同州アッシュビルの住民は、多国籍電子部品メーカーであるＣＴＳ社（一九五九年から一九九四年まで操業）

の工場跡地の汚染の浄化を求めて裁判を起こした。[11] この工場は一九五九年から一九八三年まで操業していて、地下水が、危険なほど高濃度のトリクロロエチレンで汚染されたままになっていたのだ。汚染が発見されたのはその会社が閉鎖されてから一三年後のことだった。この「CTS社対ワルドバーガー」裁判で原告は、汚染の発見から二年以内に訴訟を起こすことができるとする連邦時効法が州法より優先されると主張した。[12] しかし、最高裁は七対二で、連邦法ではなく州法が優先されるとして、会社側に有利な判決を下した。このような判決は、特に汚染物質への曝露から発症までの潜伏期間を考えると、ひどい被害を被っている人々を傷つける。この判決はキャンプ・ルジャーン基地での汚染にも悪影響があった。実際、司法省はこの裁判において、汚染者に有利な準備書面の中で、「米国は、ノースカロライナ州のキャンプ・ルジャーン海兵隊基地の汚染飲料水に関して、連邦不法行為請求権法に基づき米国の過失を問う訴訟において、スーパーファンド法（産業廃棄物関連法）とノースカロライナ州法の相互作用に特に関心を持つ」と述べている。[13] 言い換えれば、米国政府は、この訴訟で有利な判決を得て、キャンプ・ルジャーン海兵隊基地から続出する訴訟を阻止したかった。有毒な水道水の影響を受けた人たちは、少なくとも一九九七年までこの問題があることすら知らなかったのに、この判決［州法を優先するワルドバーガー裁判の判決］により、時効になる一九九四年までに訴訟を起こさなければならなかった、として却下された。

科学的には、これらの汚染物質への暴露によって引き起こされる健康障害の潜伏期間は三〇年以上である。ガンと診断されるのは、暴露から二〇年か三〇年経ってからなのに、ガンを発症させた汚染者に対して、どうすれば時効の一〇年の前に訴えを起こせるのか。最高裁の判決にもかかわらず、キャンプ・ルジャーンの訴訟は続いている。この法律の条文には、「訴えの原因となる被告の最後の作為または不作為から一〇年以上経過すると、訴因は発生しない」とあるが、この「不作為」という部分に法的措置の余地がある。多くの人は、この事件において、海兵隊が事実と証拠書類を公表しなかった、と主張している。

二〇一七年、私はナショナル・モールで行われたイベントで、「共に立とう」という団体のために講演した。この団体は、軍の退役軍人とその家族が、有害物質による病気について認識を高めるために活動している。多くの人は、ベトナム戦争中に発ガン性のあるダイオキシンを含む危険な除草剤エージェント・オレンジで、何百万人もの米国人が影響を受けたことを知っている。しかし、ほとんどの人は、土壌や水道水に含まれる毒素には気づいていない。この問題は、あまりにも長い間、隠蔽されてきた。しかし、科学は追いつきつつあり、有害物質の影響が明らかになってきた。これはひどく心が痛む事態なのだ。

国防総省は、閉鎖された基地の再編と浄化に一一〇億ドル以上を費やしてきたが、政府説明責任局の二〇一七年報告書によると、このような取り組みを継続するためには、推計でさらに三五億ドルが必要である。[14]基地再編と閉鎖は、過剰なインフラを削減するために一九八八年以来行われていることで、大統領の任命した独立委員会が監督している。この委員会は、弾薬工場、空軍基地、陸軍飛行場、海軍予備軍、研究所など一二〇の施設を閉鎖した。しかしこれらの施設が閉鎖されても、汚染は残る。誰がその後始末をするのか。なぜ退役軍人会は、有毒化学物質の曝露を否定し続けてきたのか。トランプ政権は、退役軍人とその家族の世話をすると言っている。次に、汚染の影響について、見てみよう。

キャンプ・ルジャーンの汚染

米国独立記念日の七月四日生まれのジェリー・エンスミンガーは、まさに愛国者だ。彼は、ペンシルベニア州ハーシー郊外の小さな農場で育ち、一九七〇年、高校を卒業するとすぐに海兵隊に入隊し、二四年以上もの間、国のために尽くし、一九九四年、曹長の時に退役した。訓練場では、二〇〇〇人以上の新兵を訓練した。彼は今でも海兵隊のモットーである「Semper fidelis」（ラテン語で「常に忠実であること」）を信じている。

ジェリーには軍務中に生まれた四人の子供がいたが、娘のジェイニーが彼の人生の軌跡を変えることになった。ジェイニーは、一家が米海兵隊キャンプ・ルジャーン基地で生活している間に妊娠、出産した唯一の子供だ。同基地は、ノースカロライナ州ジャクソンビルにある東海岸最大の海兵隊基地で、一〇万人以上の海兵隊員とその家族、そして民間人が暮らしている。一九八三年七月の暑い日曜日の午後、溶連菌感染症が長引いていたジェイニーは、高熱を出したので、父ジェリーは、彼女を病院に連れて行った。まさか、急性リンパ性白血病（ALL）と診断されるとは思ってもいなかった。これは一番多い小児ガンだ。米国では毎年、約三〇〇〇人の子どもがALLと診断されている。[15]

その日から彼の人生は劇的に変わった。彼は、娘が地獄のような日々を過ごすのを見守ったのだ。娘ジェイニーはペンシルベニア州立大学とデューク大学の医療機関で化学療法、骨髄採取、脊髄穿刺など多くの治療を受け、健康を取り戻そうとした。彼女はステロイドを飲んで体重が増え、髪も抜けた。学校の子どもたちから、当時流行していた太った人形「キャベツ畑のキッド」と軽蔑的に呼ばれ、さらに気分が落ち込んだ。ジェリーは、病気が治るよう毎晩神に祈り続けたが、その祈りは届かず、娘のジェイニーは一九八五年九月二四日、九歳の若さでこの世を去った。子供を亡くした他の親と同じようにジェリーは悲しみに打ちひしがれたが、「なぜ、どうして」という疑問は拭えなかった。ジェリーは自分と妻両方の家系を調べたが、小児白血病は一例もなかった。なぜ言葉にできないような悲劇が彼の家族を襲ったのか理解できなかった。全米ガン協会のホームページによれば、小児白血病は、遺伝的な原因とは関係がない[16]。

その答えが見つかったのは、娘を亡くしてから一〇年以上たった一九九七年のことだった。引退してノースカロライナ州に住んでいたジェリーが、夕食を作りながら地元のニュースを見ていると、ニュースキャスターが、「キャンプ・ルジャーンの水から検出された汚染物質は、科学的な文献によると、先天性障害や小児ガンに関係している」と報道したのだ。ジェリーは食べ物の皿を落として、まるで誰かに角材で殴られたような気がしたと説明してくれた。連邦公衆衛生機関である有害物質規制庁は、基地の飲料水の公衆衛生評価を行い、基地で生活し働く人々は一九五三年から一九八七年まで「懸念される汚染物質」にさらされていたと結論づけた。化学物質は、トリクロロエチレン（TCE）、パークロロエチレン（PCE）、ジクロロエチレン（DCE）、塩化ビニール、ベンゼンだった。

彼は「もっと知りたい」という思いから、研究モードに突入し、汚染された飲み水に影響を受けたかもしれない他の家族のために、答えを探し、できる限りのことをすることにした。海兵隊には、自分のことは自分でやるという伝統がある。彼はその習慣を守りたかったのだ。彼は、あの基地に住んで、あの水を飲んでいた何十万人もの被害者のことを考えずにはいられなかった。その人たちは、全国各地に帰っていて、地元のニュースを聞いていていない。そして、娘のジェイニーについて彼が抱いていたのと同じ疑問を抱いているに違いない。彼はそう考えて、元海兵隊少佐のトム・タウンゼントをはじめ、多くの人の協力を得て、政府のデータベースやウェブページをくまなく調べ、汚染情報を見つけるために、情報公開法に基づく軍関係資料の公開を請求した。

ジェリーは、キャンプ・ルジャーンで自分の飲み水を供給していた飲料水井戸がパークロロエチレン（ＰＣＥ）で汚染されていたことを知った。ＰＣＥはドライクリーニングに使われる工業用溶剤である。基地からすぐのところにあるドライクリーニング施設は、多くの海兵隊員が制服を預ける場所だったが、そこでは廃液を地面に捨てていて、その結果、井戸水が汚染されたのだ。当時、水から検出されたＰＣＥ濃度は二一五ppbだった。環境保護庁の基準で現在安全とされている値は五ppbである。しかし、基地内では他の汚染も起こっていた。機械部品の洗浄に使われる脱脂剤であるトリクロロエチレン（ＴＣＥ）も常に地中に投棄されていた。有毒な汚泥が土壌に浸透し、飲料水の井戸に浸透していったのだ。ある井戸の検査ではＴＣＥが一〇〇〇ppbという高い値を示した。ＴＣＥは、環境保護庁の基準では五ppbである。さらに、同じ時期から一九八八年春までの間に、地下のガソリンタンクから毎月約一五〇〇ガロン、合計一〇〇万ガロン以上の燃料が漏れ、水道水に混入していたこともわかった。

ジェリーは、キャンプ・ルジャーン基地やバージニア州ノーフォークにある海軍環境衛生センターの担当者に連絡を取り始めたのだが、彼らの反応に驚いた。二〇一二年のケーブル衛星公共ネットワークチャンネルのインタビューで、彼はこう語っている。「多くの人が、汚染は大したことではない、とか、あー、米国毒性物質疾病登録庁は何もわからないままいい加減なことを言っているだけだ、とか、これはごく微量の化学物質だったので、これが娘さんの病気の原因だと信じる理由はないはずだ、などと言っていた[17]」。

彼の反応は、「それなら、なぜ米国毒性物質疾病登録庁は小児白血病の研究をしようと言っているのか」ということだった。

彼は、自分が四半世紀近く仕えた海兵隊は正しいという信念と確信を持ち続けようとした。

しかし、「私は、時間が経つにつれて、彼らが国民にとって正しいことをしないだけでなく、間違ったことに全力を尽くしていると気づいた」と、彼は言った。「彼らは事実を隠蔽していた。とても多くの生半可な真実と完璧な嘘を言った。私はあるところまでは礼儀正しくするが、誰かが私にリップサービスをしていると感じたら、とことんまで戦う」。

海兵隊は、汚染は厳しい環境規制以前に起こったもので、当時は通知義務もなく、基地の水質は自治体の水道と同程度だったと主張した。[18] 彼らの姿勢はさておき、注目すべきことは、化学物質の製造企業が、環境保護庁が規制する何年も前から、これらの化学物質の健康への影響を知っていたことだ。

デュポン社やダウ・ケミカル社の社内科学者と同じく、TCEの研究者たちも有機フッ素化合物の一つであるPFOAの危険性を知っていた。クライスラー社のメディカルアドバイザーであったキャリー・マッコード博士の手紙には、「トリクロロエチレンの工業的利用の拡大を求める宣伝活動では、この化学物質の有毒性や実際の危険性を明らかにしない」と述べている。「トリクロロエチレンの使用を考えている製造業者は、これは長所が多い物質だと考える。しかし、防護されていない作業環境では、この溶剤は、労働者を危険にさらす」。この手紙は、米国医学会誌の一九三二年の号に掲載された。[19]

テトラクロロエチレンとパークロロエチレンは、不妊症から、男性の乳ガンをはじめとするガン、そして神経行動学的影響まで関連している。『シビル・アクション』という本や映画で有名になったマサチューセッツ州ウォバーンの白血病の子供の集団は、研究が進んでいる。ジェリーは、この話との共通点に気づいていた。テトラクロロエチレンは、特に若者に悪い影響を与えるのだ。

一九六五年、アンとチャールズ・アンダーソンはウォバーンに引っ越してきた。息子ジミーは、一九七二年一月、三歳半の時に小児白血病（ＡＬＬ）と診断された。近所の人たちと話す中で、アンは、同じブロックに住む二人の子供も白血病であることを知った。ジミーの担当医はＡＬＬの原因は不明と言っていたが、アンは疑っていた。ウォバーンは、古くから化学工業の盛んな地域だ。一八五〇年代には皮なめし工場があり、二〇世紀には化学工場があった。彼女は何年も前から、水道水の味が悪く、変な色をしているので、以前使った何かの化学物質が、水道水に混入しているのではないかと疑った。

当初、水を観察し疑問を口にしていた彼女に対して、医者や地元の役人、そして近所の人たちは疑いの目を向けていた。誰も、水と子供たちの健康に関係があるとは信じなかったのだ。一九七九年、地元の新聞が「井戸の近くに化学物質が埋まっている」と報じたのをきっかけに、井戸の検査が始まった。その結果、危険なレベルのＴＣＥやその他の化学溶剤が検出されたのだ。この事件は、大規模な訴訟に発展し、メディアからも注目された。一九八六年、ハーバード大学公衆衛生大学院の研究者たちが、ウォバーンの汚染された井戸と健康への影響を分析し、「飲料水と子供の白血病には関連がある」と結論づけた。[20]また、一九九四年に行われた約七五の町の分析でも、ＴＣＥ／ＰＣＥと白血病の関係が示唆され、その後も多くの研究で同様の結果が得られている。[21]

このように多くの事実があったにもかかわらず、環境保護庁がＴＣＥを発ガン性物質に分類したのは二〇一一年九月二八日だった。[22]同庁の推定では、毎年二億五〇〇〇万ポンドのＴＣＥが生産または輸入されている。[23] 同庁は、脱脂洗浄用途およびドライクリーニング施設でのスポット洗浄用途でのTCE使用を禁止すると提案した。[24] これは、二七年以上実施されなかった有害物質規制法（TSCA）の下での使用禁止提案だった。私たちには、適切な科学と政策が必要だが、それには時間がかかる。担当省庁は過大な負担に応じきれず、資金も不足している。安全性が確認されていない化学物質をなぜ市場に出すのだろうか。前述のように、米国の法律は企業が化学物質で儲けることを規制していないので、何年か経ってから、健康被害が判明するのだ。

六〇年代から七〇年代にかけて、キャンプ・ルジャーンで生まれた多くの赤ちゃんが死んだので、近くの墓地には、親たちが「赤ちゃんの天国」と呼ぶ区画があった。[25] 子供たちは、頭蓋がなく、二分脊椎や脳や頭骨の一部がない無脳症などの神経管障害を持って生まれてきた。白血病やリンパ腫で亡くなった子も多くいた。ふつう、墓地を歩くと、ただでさえとても厳かな気分になるものだが、姓名の下の生没年が一年の墓碑を見ると、生後一年で亡くなったという衝撃を感じる。すでに書いたように、一三歳で脳腫瘍の手術を乗り越えた私の友人、トレバー・シェイファーは、子どもたちの身体が有害化学物質でどう影響されるか研究するために、もっと資金が必要だと考えている。彼のような若者が相関関係を見抜けるのに、なぜ私たちが選んだ政治家たちには見えないのだろうか。

キャンプ・ルジャーンで、汚染井戸が閉鎖されたのは一九八五年だった。これは汚染が発覚してから五年後のことである。ジェリーたちが発見した文書によると、水質検査の結果、井戸の汚染が判明したのに、指導者たちはなかなか対応しなかった。一九八九年、基地がスーパーファンドの認定を受けた時、少なくとも一〇〇万人がこの汚染水にさらされたと推定されたが、[26] 退役軍人とその家族に汚染と健康被害を知らせるまでには、さらに二四年もの年月が必要だった。

ジェリーは二〇年以上にわたって、ワシントンD.C.でこの事件のスポークスマンを務め、影響を受けた軍人と退役軍人、その家族、そして民間人を助けるための立法を推進してきた。実際、彼は引退後もこの問題に没頭している。作業用のつなぎ服と泥用ブーツをネクタイとスーツに取り替えて、議員に会い、議会で証言するために何度もワシントンに足を運んだ。

「私は、とても力強い声をしていて、とても力強い性格だが、それが役に立った。今やっていることのために、多くの点で海兵隊での経験が私を鍛えてくれた」。

ジェリーは、数年前、弁護士からジェイニーのために訴訟を持ちかけられたが、法的手段をとろうとしなかった。「もし、私が政府を相手に訴訟を起こせば、法律を作る側の人たちは、私を無視するようになるだろう。いくらお金を積んでも、ジェイニーは戻ってこない。しかし、世の中にはこのひどい間違いのせいでまだ苦しんでいる人たちがいる。彼らは家を失いかけている。一生かけて築き上げたものを守るか、死ぬかの選択を迫られている。私はこの人たちを助けなければならない」。

ジェリーは、退役軍人であること、活動家であることの意味を改めて教えてくれた。彼は、議員やそのスタッフと直接協力して成功を収めている。「地元で議員のスタッフと接するのと、ワシントンD.C.で、議員とその直属のスタッフと一緒に座って、彼らの目を見て話すのは、インパクトが根本的に違う」。

首都へ出張するたびに、彼は何人かの議員の事務所に予約をとる。そうすることで、五分程度のミーティング一回だけのために無駄足にならないようにしている。

「私のお尻は、地元の四九番インターチェンジから連邦議会キャピトル・ヒルまでの高速道路I－九五のすべての段差を知っている。何度も通っているから。キャピトル・ヒルに行き始めた頃は、ホテル代も外食のお金もなかった。だから朝三時半に農場を出て、ワシントンD.C.のラッシュアワーの前に着くように計画した。午前中遅めか午後の早い時間帯に予約を入れ、夕方のラッシュアワーが始まる前に帰途につくようにした。そのうち、現地で親切な人たちと知り合い、泊めてもらえるようになった」

私は、ジェリーのような姿勢こそが、目的のための献身だと感じる。彼は、生きる目的を知っている。「誰かの責任を問うつもりなら、まず、下手でも乗馬の練習を始めた方がいい」と、彼は自分の仕事について言う。ジェリーは、元海兵隊の人たちから、「水の問題はない」とも言われたと言う。「運動を続けてわかったのは、批判する人も、同じ問題に直面すると態度は変わることだ」。

科学者や連邦政府の調査官によると、キャンプ・ルジャーン基地問題は、米国の最悪かつ最大の水質汚染だ。[27] ジェイニーの物語は、キャンプ・ルジャーン基地で生まれた多くの悲劇のひとつに過ぎない。

私はこのような話は何百も書けるが、ここではあと二つを紹介する。一つは、母親が基地で働いていた民間人の話。もう一つは、基地で勤務していた海兵隊員の家族の話である。

ロザンヌ・ウォーレンの母パトリシアは、裁判記録によればロザンヌさんをみごもっていた期間にキャンプ・ルジャーンで働いていた。[28] ロザンヌは一九七一年に生まれ、幼少の頃は、母親が働いている間、基地内の友人の家に頻繁に預かってもらっていた。一二歳のとき、彼女は腎臓疾患を抱えるようになり、何度もステントを埋め込む手術を受けた。二〇代半ばには、子宮頸ガンと診断され、化学療法、放射線療法、子宮摘出などお決まりの治療を受けた。しかし、ガンは腰と腎臓に転移し、二〇〇〇年、ロザンヌは

元海兵隊員のジェリー・エンスミンガー、ガン・サバイバーであるマイク・パーテインとともに、ワシントンD.C.で。２人ともキャンプ・ルジャーン基地での水質汚染問題への注意喚起に貢献した。オバマ大統領がワシントンD.C.で「退役軍人の名誉およびキャンプ・ルジャーン家族への配慮に関する法律」に署名したとき、２人はその場に立ち会った。

二八歳の若さでこの世を去った。パトリシアが、キャンプ・ルジャーンの汚染と娘の被害について初めて知ったのは、二〇〇八年、友人が「地域集会でそのことが議論になった」と教えてくれた時だった。

マイク・パーテインは、キャンプ・ルジャーンでジェリー一家と同じ集合住宅で生まれ育った[29]。父も祖父も海兵隊員だった。マイクは海軍に入隊したが、その後、原因不明の衰弱を伴う全身の発疹に悩まされて退役した。その後、フロリダに移り住み、結婚して四人の子供が生まれた。三九歳のとき、遺伝マーカーがないにもかかわらず、三九歳で男性乳ガンと診断された。男性の乳ガンは、全体の一％にも満たない希少な病気である。しかし、汚染された基地の一〇〇人以上の男性が、この病気と診断されている。

マイクは、二〇〇七年の連邦議会公聴会で

ジェリーが証言しているのをニュースで見たときから、自分が育った場所の水が有害であることを知っていた。これは、一人の人間が、多くの人を突き動かす好例である。マイクは、テレビでジェリーを見た後すぐに連絡を取った。汚染についてもっと知り、何かできることはないかと考え、夜遅くまで、同じように乳ガンと診断された男性たちを探すために乳ガンサイトへ投稿し、地元や全国のメディアと連携した。彼はまた、公文書や海軍・海兵隊資料で裏付けられた出来事を年表にまとめた。この年表は、キャンプ・ルジャーンで起きた事件の真相を明らかにする上で、最も重要な武器となった。

一九八〇年から二〇〇九年までのキャンプ・ルジャーンでの略年表（原文はAP通信作成(30)）

一九八〇年一〇月～一九八一年三月までのテストでハドノット・ポイント処理場の水が塩素系炭化水素で「高濃度汚染」されていると判明。研究所の化学者は、さらなる分析を求める。当局は、汚染源を特定するために個々の井戸は検査していない。

一九八二年五月と七月：ハドノット・ポイントとタラワ・テラスの水道の汚染物質としてＴＣＥとＰＣＥを特定。これらはキャンプ・ルジャーンの住宅、学校、その他の建物、プールに使用されていた。

一九八四年七月：基地は個々の井戸のテストを開始。一九八五年二月までに一〇基の汚染された井戸を閉鎖。ある飲料水のサンプリングでは一四〇〇ppbのＴＣＥが検出された。米国政府は最終的に、蛇口から出る水のＴＣＥの最大安全値を五ppbと設定した。

一九八五年一月：燃料流出事故により浄水場が閉鎖される。家庭と学校はハドノットポイントの水道に一二日間緊急接続。汚染された水が給水される。

一九八五年三月から四月まで：水不足解消のため、停止していた汚染井戸から四日間の夜間給水をした。
一九八五年四月：L．H．ビュール基地司令官はタラワテラスの家族に節水を呼びかける。微量の有機化学物質が検出されたため、念のため井戸を閉鎖したと彼は言った。しかし彼は、その汚染が、推奨されている暴露限界値を数倍も超えていたことには触れなかった。
一九八七年三月：タラワテラスの水処理場が停止され、新しい水処理プラントに接続された。
一九八九年一〇月：キャンプ・ルジャーンが、高汚染のスーパーファンド埋立地リストに加えられる。
一九九七年八月：有害物質疾病登録庁は、成人の発ガンリスクは、ほとんどあるいは全く増加しないと結論付けるが、胎児への影響を懸念し、研究を推奨した。
一九九八年八月：保健省は、汚染の時期にキャンプ・ルジャーン基地で生まれた低体重乳児と有毒な水との間に関連があることを認めた。この調査は、クリーンな処理施設がその建設前の四年間、水を供給していたと仮定しているため、汚染された母親の数を少なく見積もっている。
一九九九年：保健省は、出生記録が初めてコンピュータに取り込まれた一九六八年から、汚染された井戸が閉鎖された一九八五年まで、基地で子宮内にいた胎児の白血病と先天性異常の調査を開始した。
二〇〇三年：保健省が、一万二六〇〇人の子供たちを対象にした調査で、キャンプ・ルジャーンの汚染水が先天性欠損症や白血病の発症率上昇につながるかどうか調査を開始した。
二〇〇四年一〇月：海兵隊の招集した外部委員会が、キャンプ・ルジャーンは水質汚染の重大性を早期に理解せず、また、海軍の環境アドバイザーは支援に「積極的でなかった」と判断した。しかし委員会は、海兵隊の指導者が責任を持って行動し、当時の一般的な水質の水を提供したと結論した。

二〇〇五年四月：環境保護庁の犯罪捜査官は、キャンプ・ルジャーンの水質汚染対応について、違法行為や隠蔽工作はなかったと判断した。司法省は起訴を断念した。
二〇〇七年六月：下院エネルギー・商業委員会は、ガンになったのはキャンプ・ルジャーンの水のせいだとする「毒を入れられた愛国者」と呼ばれる家族の証言を聞いた。
二〇〇七年一〇月：上院は軍に対し、キャンプ・ルジャーンの元住民を探し出し、汚染された飲料水にさらされた可能性があることを通知するよう指示した。
二〇〇八年六月：保健省は、汚染水に晒された成人のガンや死亡率の調査は可能であると判断した。同省は、胎児への影響調査を完了する一方で、ガン・死亡率調査の土台作りを行っている。
二〇〇九年四月二八日：保健省は、一九九七年の公衆衛生評価書には省略や不正確なところがあるとして、それを撤回した。（二〇一七年一月に調査研究を更新した新しい公衆衛生評価書を発表した[31]）。

『ワシントン・ポスト』紙がキャンプ・ルジャーン基地と汚染水の記事を書いた後の二〇〇四年四月、ジェリーは初めて米国下院のエネルギー商業委員会で証言した。その記事を読んだ当時の同委員会幹部のディンゲル議員に招かれたのだった。国防総省は、環境規制の強化をいかに阻止できるか検討していた。
二〇〇四年七月、ノースカロライナ州選出の共和党上院議員エリザベス・ドール上院議員は、元・退役海兵隊員とその家族、そしてすべての一般職員に、汚染物質にさらされていた可能性があることを知らせるよう海兵隊に義務付ける修正法案を提出した。八月には、ドールと他の四人の上院議員が、環境保護庁がトリクロロエチレンの健康勧告基準を設定するとともに、公共水道のＴＣＥ規制値を定める「全国一次飲用水基準」を制定するよう、同庁に要求する法案を提出した。[32] これらの法案は上院で可決されなかったが、それでもジェリーは粘り強く陳情を続けた。

二〇一二年八月、バラク・オバマ大統領は、超党派の支持を得て「アメリカの退役軍人とキャンプ・ルジャーン基地の家族への配慮に関する二〇一二年法」（HR一六二七）に署名した。[33] これは別名「ジェイニー・エンスミンガー法」とも呼ばれる。この法律は、一九五七年一月一日から一九八七年一二月三一日までの間に同基地に三一日以上滞在したことのある退役軍人とその家族に対し、科学者が汚染と関連づけた一五種類の健康被害に対して退役軍人会を通じた病院での治療と医療サービスを保障するものである。その一五疾病は次のとおりだ。

肺ガン、乳ガン、膀胱ガン、腎臓ガン、白血病、食道ガン、多発性骨髄腫、腎臓毒性、流産、骨髄異形成症候群、女性不妊症、強皮症、肝脂肪症、非ホジキン・リンパ腫、神経行動学的影響

大統領は、大統領執務室での調印式で、マイクとジェリーの隣りに立って、この法案が「キャンプ・ルジャーンの兵士たちの数十年にわたる闘い」に終止符を打つとともに、米国は有毒物質の入った水を飲んで病気になった人々の世話をする「道徳的で神聖な義務」を負っていると述べ、署名した。これは偉大な初めての勝利だったが、多くの優れた法律がそうであるように、この法律もなかなか実行に移されなかった。退役軍人に自動的にサービスが提供されたわけではなく、退役軍人団体が裁判を起こした。給付金の承認を待つ間に亡くなった方もいる。

2017年にワシントンD．C．で、退役軍人（特にジェリー・エンスミンガー）とともに米軍基地における有毒な飲料水へ注意を喚起した。

二〇一七年、退役軍人会は、キャンプ・ルジャーンの退役軍人に障害補償を付与する規則を可決した[34]。汚染期間中に少なくとも三〇日間キャンプ・ルジャーンにいた人で、その後成人白血病、再生不良性貧血、多発性骨髄腫、非ホジキン・リンパ腫、パーキンソン病、膀胱ガン、腎臓ガン、肝臓ガンを発症した人が対象となる。この補償は、政府にとって約二二億ドルかかると推定されている。

ジェリーは、その後も、基地で働く民間人とその扶養家族、そして基地周辺に住んでいて汚染の被害を被った人たちの支援など、キャンプ・ルジャーン基地に関連する問題の提唱を続けている。海兵隊はまだキャンプ・ルジャーンで起こったことの責任を認めていない。何千もの訴訟が退役軍人会によって承認された一方で、多くの退役軍人は未だに医療を拒否されている。

「自分以外の誰かを信頼することはできない。直接影響を受けている人たちほど、熱心に活動できる人はいない」と、ジェリーは最近話してくれた。

私は、ワシントン州、ニューヨーク州、フロリダ州、バーモント州、ニューハンプシャー州、ウェストバージニア州で何十もの調査を開始するとともに、「毒を盛られた退役軍人会」、「共に立とう」「退役軍人・文民クリーンウォーター連合」などのグループと協力して、退役軍人や軍関係者が、彼らにふさわしい支援やサービスを受けられるよう、意識改革に取り組んでいる。

「米国民は目を覚ます必要がある」とジェリーは言った。「私たちには美しい国があり、未来の世代のために環境を守り、ガンを食い止めることができる。でもそのためには、目を覚まし、環境と調和した生活を送る必要がある。そうしなければ、私たちはみんな破滅する」。

私は、ジェリーの海兵隊での功績と退役後の何年もの努力に感謝している。

ピーファス（PFAS）危機

有機フッ素化合物（ＰＦＡＳ）で汚染された水を飲むことの怖さ、中でもＰＦＯＡとＰＦＯＳの怖さは、健康への影響に関する研究が進むにつれて明らかになってきた。これらの化学物質の製造元であるアルケマ、デュポン、３Ｍなどのメーカーは、毒性を知っていたのに、人々への警告を怠った。[35] デュポンがＰＦＯＡの危険性を知っていたことは、すでに述べたとおりだ。ＰＦＯＳの健康リスクも、一九七〇年代にさかのぼる複数の研究で明らかになっている。ＰＦＯＳは、七〇年代以降に使用されていた化学物質で、全米の軍事基地で航空機火災を消火するために使用された泡消火剤に含まれていた［訳注：日本を含む全世界の米軍基地にも該当する」。米国環境保護庁と発泡剤の主要メーカーとの間で、一八年以上前にＰＦＯＳの製造中止が合意されていたが、空軍など多くの軍事施設はこの製品を使い続けたのだ[36]。

この本を書いている間にも、この化学物質群の危険性について新たなニュースが入ってきた。二〇一八年五月、ホワイトハウス当局高官が、有害物質疾病登録庁の新たな健康調査結果の公表を妨害していることが発覚し、「広報の悪夢」と言われるほどになったのだ。この研究は、ＰＦＯＡやＰＦＯＳに汚染された水が、全国の軍事基地や近隣地域で、安全でないレベルになっていて、しかも、現在、環境保護庁が安全と見なすよりも低いレベルで、人体に危険があるとするものだった。「憂慮する科学者同盟」は、この調査によって、一部の市民については健康勧告を一二pptに設定すべきであると発表している[37]。

ホワイトハウスのある側近は、匿名で『ポリティコ』誌の記事に掲載された電子メールの中で、「この数値に対する市民、メディア、議会の反応は非常に大きいだろう」と語っている[38]。「環境保護庁と国防総省への影響は極めて大きなものになる。私たち（国防総省と環境保護庁）は、有害物質疾病登録庁に、これによる今後の広報上の悪夢がどれほどひどいか理解してもらっていない」。

環境保護庁は、これらの化学物質が従来の水処理では対応できず、粒状活性炭やイオン交換樹脂など、より強力なシステムを必要とすると見ている[39]。そのため、これらの化学物質が飲料水に混入するのは深刻なことなのだ。

「この研究が広報の悪夢になるという理由から、五カ月も非公表だったのは、受け入れ難く、たいへん無責任だ」とニューハンプシャー州選出のマギー・ハッサン上院議員は声明で述べた[40]。「新種の汚染物質にさらされた家族は、健康被害に関して知る権利がある。環境保護庁が科学的根拠に基づく情報を隠蔽し、関係する家族に詳細な情報共有を怠ったのは、到底容認できない」。

ダン・キルディー下院議員も、トランプ政権に対し、ミシガン州オスコダ地区とイオスコ郡にある旧ワートスミス空軍基地、及び全国の市町村にも関わる地元選挙区の地下水について調査結果を公表するよう求めた。ミシガン州西部の地下水に含まれるＰＦＯＡとＰＦＯＳの濃度は、最大三万七八〇〇pptで、これは、環境保護庁が現在定めている健康基準である七〇pptの五〇〇倍以上だ。[41] ＰＦＯＡとＰＦＯＳは、フリント川、カラマズー川、サギノー川、およびミシガン湖、ヒューロン湖、エリー湖の一部などミシガン州内の水域でも検出された。キルディー議員は、政権に対して、ＰＦＯＡとＰＦＯＳの汚染に対処するよう働きかける中で、二〇一七年一二月には国防権限法にＰＦＡＳの健康調査を認める条文を追加させた。[42] 連邦議会は二〇一八年予算でこの全米健康調査に一〇〇〇万ドルを提供し、人体へのＰＦＡＳの影響を詳しく解明するほか、空軍と海軍の予算に八五〇〇万ドル以上を上乗せして、この汚染に対処することになっている。[43]

ニューメキシコ州では、これらの化学物質がキャノン空軍基地とホロ・マン空軍基地付近の地下水を汚染していて、農業用井戸も影響を受け、地元の酪農家に損害を与えている。同州の上院議員は、環境保護庁に対し、ＰＦＯＡとＰＦＯＳの連邦飲料水基準の策定を求めている。現在は国家基準がないため、多くの州で独自の飲料水規制を設けているが、各州間の連携がなく、矛盾するガイドラインや最大汚染物質基準でつぎはぎだらけの状態だ。市町村レベルでは、規制が十分かどうか検討が続いている。

ニューメキシコ州のトム・ユーダール、マーティン・ハインリッヒ両上院議員は、超党派で環境保護庁のアンジュルー・ウィーラー長官代行宛ての書簡で、次のように書いている。[44]「水道水中のＰＦＯＡとＰＦＯＳに関して、強制力のある連邦基準がないので、全米管理戦略を推進しようにも、被害を受けている州・市町村の汚染問題にうまく対処できない。加えて、ＰＦＡＳの健康被害を判断するための省庁間の擦り合わせも進んでいない。それには有害物質規制庁が実施している全米規模の研究も含まれる」。

ハドソン川に隣接するニューヨーク州の小都市ニューバーグでは、飲料水の検査でＰＦＯＡとＰＦＯＳの化学物質が検出された。同州環境保護局の研究者は、近くのスチュワート空軍国家警備隊基地がＰＦＯＳの発生源と特定し、ＰＦＯＳが小川に流出し、それが市の貯水池に流れ込んだと言っている。

ニューバーグは人口二万九〇〇〇人で、ＰＦＯＡとＰＦＯＳに関する環境保護庁の健康勧告の改定で影響を受けた。二〇一四年に一七〇pptのＰＦＡＳが検出されていたが、環境保護庁が二〇一六年に新たな健康勧告を七〇pptに設定したので、市は緊急事態を宣言した。特にワシントン湖とシルバー川で高濃度のＰＦＯＳが検出されたため、ニューバーグ市は二〇一六年五月二日、飲料水の取水を中止し、別の飲料水源に切り替えると発表した。私は安全飲料水法の管理者を賞賛する機会はめったにないが、彼らが正しい判断をしたときには、褒めたい気持ちになる。その後、市は水源からＰＦＯＳを除去するために契約した新しい浄水システムをテストし、血液検査を含む無料の健康診断プログラムを開始した。しかし、同市は、まだこれから、貯水池の洗浄や、汚染水に起因する医療サービスなどの長い道のりが待っている。

一方、米軍はＰＦＯＡとＰＦＯＳの水質汚染について、約四〇〇カ所の調査を行っている[45]。二〇一八年三月の下院軍務委員会の報告書では、基地内外一二六カ所が、飲料水または地下水のＰＦＯＡ／ＰＦＯＳ検査で環境保護庁の基準を上回った。その内訳は、陸軍二五基地、空軍五〇基地、海軍・海兵隊四九基地、国防物流局二基地である。さらに、国防総省は、基地内および基地周辺の地下水井戸二六八八本を検査し、約六一％の井戸で環境保護庁の推奨値を超えていることがわかった[46]。これらの化学物質は、ガンの他、潰瘍性大腸炎[47]や低体重児出産[48]などの健康問題が指摘されている。軍も代替物質の開発に取り組んでいるが、この化学物質への長年の曝露による被害を取り返すことはできない。

旧ピーズ空軍基地があるニューハンプシャー州ポーツマスの住民も、この問題に直面している。ポーツマスの古い地図を見なければ、この基地の位置はわからない。跡地には今や、明るいレンガ造りのアパートや、おしゃれなレストラン、オフィス、保育所などが建ち並んでいるからだ。一九九一年に基地が閉鎖されたとき、ニューハンプシャー州は、この場所がニューイングランドで最も汚染された場所で、一九九〇年にはスーパーファンド埋立地に指定されていたのに、最先端のビジネスパークの再開発計画を提案した。飲料水からＰＦＡＳが検出されたのは、全米の旧軍事基地周辺でここが初めてだった。

二〇一四年、住民のアンドレア・アミコは新聞記事で、地域の飲料水がいかに高濃度のＰＦＡＳで汚染されているかを知った。彼女は水道水が家族の健康にどう影響するか州の役人に質問の電話やメールをしたが、私が関わってきた他の多くの市町村の場合と同じく、州の役人から返答はなかった。そこで彼女は、汚染水を飲んだ人たちの自覚を促し、血液検査実施の独自のキャンペーンを始めた。そして、住民のミシェル・ダルトンやアレイナ・デイヴィスと一緒にＮＧＯ「ピーズのための検査」を立ち上げた[49]。このグループは、教育と意思疎通のための信頼できる情報源となる一方、旧ピーズ空軍基地（ポーツマス）の水質汚染の影響を受けた人々に代わって、長期的な健康計画を提案している。

彼女たちは、ニューヨーク州フーシック・フォールズなど、二〇〇マイルも離れていない地域での教訓として、責任者が行動するまで待ってはいけないことを学んだ。フーシック・フォールズでは、汚染水について住民に警告するのに一年以上かかり、血液検査にさらに時間がかかったのだ。そこの水道水は、軍ではなく、産業界からのＰＦＯＡによって汚染されていたが、その汚染は連邦政府が公表したものではなかった。市民マイケル・ヒッキーの父親は地元のプラスチック工場で働き、二〇一三年に腎臓ガンで亡くなったのだが、マイケルは自腹で水道水の検査を行い、その結果、環境保護庁の健康勧告をはるかに上回るＰＦＯＡ汚染が検出されたのだ。フリントやその他の多くの町と同じく、地元当局は大したことはないと言って無視しようとしたが、マイケルや地域の人びとは騒ぎ続けた。

二〇一五年一二月、環境保護庁は遂に住民に対して、水道水を飲んだり水道水で調理したりしないようにとの警告を出した。二〇一六年六月、フージック・フォールズの住民たちは、州議会議事堂に集結し、質問を突きつけ、健康問題の生物学的モニタリングや浄化を要求した。子どもたち、母親、祖父母は、プラカードを持ち、自分の血中汚染濃度を体中に書いて行進した。住民のＰＦＯＡの血中濃度は一リットルあたり五一・五マイクログラムで、これは全米平均の二五倍以上である。ヘイリー・バシーは「どうして役所は私たちを病気の子猫のように見捨てたのか」と訴え、アンジュルー・クオモ知事に宛てた手書きの手紙を携えて参加していた[50]。ヘイリーはその時まだ一〇歳だった。

なぜ、連邦政府、州政府、地方政府は、水道水中の有害化学物質を警告するのにこれほど長い時間がかかるのか。全米対象の環境保護庁プログラムで、未規制の汚染物質について水道水の検査をしたところ、二七州の一〇〇以上の公共水道水からＰＦＯＡが検出された。フーシック・フォールズは、給水人口が一万人未満で対象から外された。他の多くの町も小さすぎて検査を行う十分な財源がない。きれいな水を求める戦いは、現在でも全米多数の都市で続いている。

ポーツマスでは、市の三つの井戸の飲料水からＰＦＡＳ（有機フッ素化合物）が検出された。特にその一つは、環境保護庁の暫定健康勧告規制値の一二倍以上の濃度だったので、その井戸は閉鎖された。二〇一四年五月の市民評議会の後、アンドレアは、地元当局がこの問題を真剣に受け止めていないように感じ、地元の新聞『ポーツマス・ヘラルド』紙に取材してほしいと申し込んだ。

「その記事がきっかけですべてがうまく行くようになった」と、アンドレアは地元紙の記事で語っている。「振り返ってみると、ここまで来られたことは本当に驚いたし、大きな誇りだ」[51]。

それ以来、ステファニー・シャーヒーン市議会議員とジム・スプレイン副市長の二名の市当局者が、州に賛成し、健康調査に合意した。アンドレアは、この血液検査合意のために二年近くも働きかけてきた。当初およそ一五〇〇人が検査を受け、同市民の血中PFAS濃度は、全米平均よりも高いことがわかった。空軍はピーズ基地の他の井戸や周辺地域を監視する水質検査計画を開始した。ピーズ市は二〇一七年一〇月に、これらの汚染井戸で活性炭とイオン交換樹脂処理システムの試験運用を開始している。

二〇一七年、空軍は、汚染水を飲んでいた住民の健康調査の実施依頼を拒否したが、二〇一八年には有害物質疾病登録庁は、この町をPFASに関する全米初のマルチサイト健康調査に含めると発表した。ニューハンプシャー州のジーン・シャヒーン上院議員は、地元住民と協力して、調査を実現する法案を作成した。この街と人々への汚染の全体像を明らかにするには、まだ何年もかかるが、これは正しい方向への第一歩だと言える。

ポーツマスに住むリンジー・カーマイケルは、自分の息子が保育園で汚染水にさらされたことを知り、地域の水問題に関わるようになった。彼女は、連邦機関と協力して市町村の健康問題を見守るピーズ基地の「コミュニティ支援パネル」のメンバーになっている。

2017年末、ミシガン州の地域住民と協力して、PFOSについての認識を高める運動に参加して。彼らのTシャツに注目。[WE ARE PFOSED OFF（我々はPFOSに怒りまくっている。）]

「私たちは皆モルモットであり、製品や化学物質の安全性、あるいは安全性の欠如を自分達で証明する必要がある。その結果、私たちの活動が始まった」と、彼女はある記事の中で述べている。[52]

軍事汚染懸念物質

以下は、軍事施設の現状に関して二〇一五年に私がフェイスブックにまとめたリストと大雑把な「公式」声明の一覧である。[53] 他にも、何百もの基地、要塞、武器庫、附属施設、倉庫、センター、名前を公表していない施設も汚染問題に取り組んでいる。

【米国陸軍】

アバディーン実験場（メリーランド州）

メリーランド州エッジウッド（基地の一部がある）全域が汚染されている。一九七七〜七八年のモニタリングで、地表水と地下水の汚染が確認された。
一九八三年、有機化合物が検出されたため、四つの待機井戸が閉鎖された。基地の飲料水はディアクリークとウィンターズランの基地外水源から供給され、基地内の汚染の影響は受けていない。

フォート・A.P.ヒル（バージニア州）

ここには三つの問題がある。
(1) 除草剤で汚染された古い農薬保管庫付近の土壌が、密閉されたドラム缶に封入されている。
(2) 除草剤とダイオキシンに汚染された土壌と瓦礫が、密閉された五五ガロンのドラム缶の中の三三ガロン缶に保管されている。今後、環境に配慮した廃棄方法の調査が行われる予定である。
(3) 同基地は、DDTで汚染された約七〇トンの土壌を除去する計画である。軍は、基地の水は深い帯水層から取水しており、汚染されていないとしている。

フォート・ベルボアール（バージニア州）

ベンゼン、トリクロロエチレン、クロロホルム、トルエン、エチルベンゼン、一、二ージクロロエタンなどの汚染物質が三二四号棟タンクファームから無名の小川に流出した。軍は、これらの汚染物質はいずれも施設境界の地表水からは検出されず、健康被害はないとしている。基地の飲料水はフェアファックス郡水道局から供給されている。

フォート・デベンズ（マサチューセッツ州）

汚染源となる可能性のある衛生埋立地は閉鎖されつつある。ここは野焼き場として使用されたあと廃棄物の炉内焼却および残渣の埋設に使用されていた。水質は州の基準を満たしている。

フォート・ディックス（ニュージャージー州）

汚染の疑いのある九サイトがある。そのうちの一つの衛生埋立地は、有機溶剤の存在により全米優先リスト（スーパーファンド埋立地）に収録された。しかし、陸軍は、重大な健康被害は確認されていないとしている。リスクを回避するために埋立地は汚染されていない土で覆われ、草が植えられるかもしれない。他の八つの埋立地は、つい最近特定された。有機溶剤や石油製品は、旧弾薬庫、タンクファーム、消防署、ゴルフ場、モータープール、射撃場、農薬貯蔵庫、国家警備隊にあった。現在、問題があるか調査中である。軍によると、基地の水源を危険にさらすことはない。

フォート・ルイス（ワシントン州）

二つの問題がある。一つは第五号埋立地である。地下水汚染を防ぐために、埋立地のライナー（漏水防止用）設置と浸出液の回収が計画されている。また、埋立地依存を減らすために、ごみ焼却炉の建設も計画されている。物流センターの地下水からはトリクロロエチレンが検出されている。基地飲料水は、その帯水層とは無関係の湧水から供給されている。

フォート・マクレラン（アラバマ州）

一〇の旧訓練場と三つの旧処分場で、マスタード・ガスとその分解生成物、および化学剤除染の副生成物による地下汚染の可能性がわずかにある。使用された薬剤はごく少量であり、すべての現場は閉鎖され、除染され、フェンスで囲まれている。軍によれば、表土や地表水の汚染は見つかっていない。同基地は、アニストン市から水の供給を受けている。

レッドストーン工廠（アラバマ州）

リースした工場でＤＤＴを製造していたオーリン・コーポレーションは、環境上の理由から一九七〇年に閉鎖し、最近、三〇〇〇万ドルかけて浄化を完了した。製造過程の廃棄物が土壌と河川を汚染していた。ＤＤＴは野生動物の食物連鎖から発見されたが、しかし、基地内外の飲料水からは検出されなかった。さらに、ＰＣＢ、重金属、その他の有機化合物の存在が確認されたか、または疑われている。現在、これらの汚染物質が操業中の衛生埋立地、ＤＤＴ廃棄埋立地、屋外焼却・無害化施設、および二二の旧投棄地を汚染していないか確認中である。基地建物からアスベストを除去する五〇〇万ドル計画が進行中である。

【米国海軍】

ブランズウィック海軍航空基地（ＮＡＳ）（ミシガン州）

汚染物質とその移動傾向を特定する調査を実施中である。

レイクハースト海軍航空技術センター（ニュージャージー州）

四エチル鉛処分場の土壌と浅い地下水が、航空燃料に起因する物質で汚染されている。一部の地域の地下水は、厚さ六インチものジェット燃料ＪＰ－８の層で覆われている。他の場所では、発ガン性物質のニトロノミンが存在する可能性がある。廃油、バッテリー液、溶剤が枯れ井戸に投棄された疑いがある。土壌安定化現地調査では、三六二ガロンのアニリンと、フルフラール（摂取、吸入、皮膚吸収により毒性がある）および塩化第二鉄の合計一六一ガロンを使用したので、土壌に接触した人員や動物に危険が及ぶ可能性がある。ある埋立地には数千ガロンの油圧作動油、五トンのアスベストの他、切削油、溶剤、汚泥、重金属も受け入れていた。ＰＣＢの検査・保管の場所が、環境的に敏感なリッジウェイ支所近くにある。基地の西側は、砲弾、ガス弾、ホスゲン、リン、マスタード剤、爆発物、照明弾および深層爆弾などの兵器によって汚染されているかもしれない。この地域の浅い帯水層も汚染されている可能性がある。

モフェットフィールド海軍航空基地（カリフォルニア州）

地下水中の主な汚染物質は、揮発性有機化合物である。

ウィドビーアイランド海軍航空基地（ワシントン州）

地下水が汚染されている可能性がある。重金属を含む廃油、廃溶媒、燃料、苛性すすぎ水が排水路からドゥゲラ湾に排出されていた。排水地近くに住みつき餌を食べていた水鳥と魚が影響を受けた可能性がある。水上飛行機基地での地下水の移動は、オーク港とクレセント港の魚や貝類に影響を及ぼした可能性がある。オルトフィールドの予備井戸は、汚染物質の移動の可能性で脅かされている。

その他の汚染された海軍基地

- チャイナレイク基地（カリフォルニア州）
- インディアンヘッド海軍支援基地（メリーランド州）
- ジャクソンビル海軍航空基地（フロリダ州）
- ミラマー海軍航空基地（カリフォルニア州）
- パブモント・リバー海軍航空基地（メリランド州）
- ルーズベルトロード海軍基地（プエルトリコ）

【米国空軍】

キャッスル空軍基地（カリフォルニア州）

基地内の飲料水がＴＣＥで汚染された。より深い井戸を設置する作業が進行中である。

ドーバー空軍基地（デラウェア州）

基地の地盤はヒ素その他の金属で汚染されている。基地内の小川はトリクロロエチレンで汚染されている。しかし、基地の井戸にはこれらの汚染物質はない。一九八五年以来、改善措置が実施されている。

グリフィス空軍基地（ニューヨーク州）

基地内の地下水からフェノール、エチルベンゼン、ベンゼン、基地の地表水からトルエンが検出された。

ヒル空軍基地（ユタ州）

二つの処分場付近の浸透水に、トリクロロエチレン、一、二－ジクロロエチレン、一、一、一－トリクロロエチレンなど有害有機化学物質が含まれている。この汚染水は飲用には使用されていない。浄化対策には、スラリー・ウォール（地中連続壁）と埋立地カバーの建設、汚染地下水の汲み上げと処理がある。

マザー空軍基地（カリフォルニア州）

基地内の井戸のトリクロロエチレン汚染により三六世帯の水が影響を受けた。これらの家には新しい恒久的な水供給が行われる予定である。

マクレラン空軍基地（ワシントン州）

推計では一六〇の汚染地点が確定している。汚染化学物質としては、トリクロロエチレン、塩化メチレン、一、一－ジクロロエチレンなどが挙げられる。政府基準を超える汚染物質が検出された基地内外の井戸は閉鎖された。マクレラン基地は浄化実施のモデルケースとなっている。完了した浄化プロジェクトは、基地外住民のための代替給水、地下水封じ込めシステム、処理場が含まれる。

ノートン空軍基地（カリフォルニア州）

トリクロロエチレンが州の飲料水基準を超える濃度で検出された。すべての井戸が、さまざまな程度で銀とパークロロエチレンで汚染されている。ラグーンの閉鎖と泥の除去が数年前に開始された。

ロビンズ空軍基地（ジョージア州）

汚染物質には、ハロゲン系溶剤、重金属、殺虫剤（ＤＤＴ、コーディインなど）、シアン化合物、石油製品が含まれる。有害な有機化合物であるトリクロロエチレンとパークロロエチレンが基地内の地下水から検出されている。地下水は飲料水として使用されていないが、汚染物質は地表水に現れる可能性がある。

ティンカー空軍基地（オクラホマ州）

塩素系溶剤による汚染で、基地の井戸数カ所が閉鎖された。主要な水源である帯水層からも塩素系溶剤が検出された。有機化合物は、すべてのサイトで検出されたが、汚染の伝播は限定的である。一九八四年からの是正措置には、第六埋立地を覆う処理と燃料農場の地下貯蔵タンクからの漏れ止めが含まれる。

ライト・パターソン空軍基地（オハイオ州）

比較的多量のＴＣＥとＰＣＥを含む一四種類の有機化合物が、基地内の井戸で発見された。一七本の井戸のうち半数近くが汚染または老朽化のため閉鎖された。揮発性有機化合物（ＶＯＣ）を抽出した水から空気中に移動させる技術であるエア・ストリッパーが有機物を除去するために二つの井戸に設置され、さらに二つの井戸にエアストリッパーが設置される予定である。

その他の汚染された空軍基地

- ビール空軍基地（カリフォルニア州）
- チャヌート空軍基地（イリノイ州）
- チャールストン空軍基地（サウスカロライナ州）
- コロンバス空軍基地（ミシシッピー州）
- エドワーズ空軍基地（カリフォルニア州）
- イングランド空軍基地（ルイジアナ州）
- F．E．ウォーレン空軍基地（ワイオミング州）
- ジョージア空軍基地（カリフォルニア州）
- ハンスコム空軍基地（マサチューセッツ州）
- ヒッカム空軍基地（ハワイ州）
- ケリー空軍基地（テキサス州）
- カートランド空軍基地（ニューメキシコ州）
- ラングレー空軍基地（バージニア州）
- ロワリー空軍基地（コロラド州）

- ルーク空軍基地（アリゾナ州）
- マクディル空軍基地（フロリダ州）
- マクガイア空軍基地（ニュージャージー州）
- ムーディー空軍基地（ジョージア州）
- マウンテンホーム空軍基地（アイダホ州）
- オーティス航空警備隊基地（マサチューセッツ州）
- ピーズ空軍基地（ニューハンプシャー州）
- プラッツバーグ空軍基地（ニューヨーク州）
- ポープ空軍基地（ノースカロライナ州）
- リーズ空軍基地（テキサス州）
- シーモア・ジョンソン空軍基地（ノースカロライナ州）
- シェミヤ空軍基地（現エレクソン空軍基地）（アーカンソー州）
- トラヴィス空軍基地（カリフォルニア州）
- ヴァンデンバーグ空軍基地（カリフォルニア州）
- ワートスミス空軍基地（ミシガン州）

【コラム】アクションステップ　メディアとのコンタクト入門

メディアとの協力は、市民教育という意味でも、多くの人たちにメッセージを届けるという意味でも重要なステップである。さまざまなメディアに活動内容を投稿できるし、経験についてインタビューしてほしいと売り込むこともできる。手始めに、地元紙やブログやテレビ局などの地方メディア局にコンタクトすることだ。ひとたび地方紙に載ると、より大きなメディアが取り上げることにつながる。

メディアへの情報提供に成功するコツ

活動に関してメディアの注目を集めるには、プレスリリースを書くのが一般的である。プレスリリースとは、あなた自身、あなたのグループ、あるいはイベントに関して何か新しいことや注目すべきことを説明する公式の情報提供のことである。目的に関して、だれが、何を、なぜ、いつ、どのように、を触れる必要がある。最近はメールのことが多いが、原則は共通だ。もし地域でグループ活動をしているなら、書くのが得意な人に頼めばよい。

目を引くような見出しやメール件名は重要だ。記者や編集者は毎日何百ものメールを受け取るので、なんとか彼らの目に留まるようにしたい。ひとつのやり方は枠の外に出ることである。事実に基づいているなら、最重要ポイントをいちばん始めに書いたり、強烈な言葉遣いを恐れてはいけない。個人的なことも臆さずに伝えてほしい。ジャーナリストは問題を象徴する個人的な視点を重視するので、自分のストーリーを伝えればよい。水道水汚染のような複雑な事例の場合は特にそうだ。重要と思われる国家統計を織り込むのがよい。その事例に対処する人たちが、大きな社会的影響を理解するのに役立つ。ふだんは見慣れない化学物質名など重要な専門用語は定義した上で書き出すのがよい。

書く時に念頭に置いておくべき質問は、

- 何に関する話題か
- なぜ気にするべきか
- なぜ今重要か

というようなものである。

新聞への公表や投げ込みメールの形式としては、

- 題名・件名
- トピックセンテンス（冒頭のつかみの文）
- 内容（テーマは何か、なぜ重要か）
- 過去のニュース記事（URLのリンクを貼る）
- 問い合わせ先

の項目が重要だ。

読んでもらいたい相手も人間なので、常に敬意を払い、時間をとらせることに配慮して書いてほしい。初めて連絡した相手から返信がない場合、一度か二度確認のためのメールを出すことは問題ない。

キャンプ・ルジャーン基地に関する情報源

あなたが退役軍人で健康状態に不安があるなら、次の団体や本が情報を提供してくれる。

退役軍人省（VA）：www.publichealth.va.gov/exposures/camp-lejeune

ATSDR：www.atsdr.cdc.gov/sites/lejeune/index.html

The Few, the Proud, the Forgotten：www.tftptf.com/5801.html

Semper Fi：Always Faithful（ドキュメンタリーフィルム）：semperfialwaysfaithful.com

マイク・マグナー『裏切られた信頼　キャンプ・ルジャーンについて語られていないこと、そして何世代にもわたる海兵隊員とその家族への毒盛り』ダカーポプレス、二〇一四年

ロレッタ・シュワーツ＝ノーベル『毒を盛られた国民　汚染と強欲と死に至る疫病の発生』セント・マーティンズプレス、二〇〇七年

第10章　環境保護庁とフロリダの海岸線とを取り戻す

「惨憺たる状況」。トランプ政権二年目の環境保護庁は、ひどい状況にあると言う以外にない。私たちが飲む水と呼吸する空気の保護を使命とする、私たちの最重要の環境機関には、善良な科学者、研究者、行政官が勤務していて、多くの人が到底こなしきれないと思うような困難な仕事をしている。

米国議会が「きれいな水法」のような法律を通過させると、環境保護庁はその法律に従って水質浄化・維持に取り組むことになる。水質汚染や有毒廃棄物など、私たちが抱える重大な問題に対処するのだ。彼らは、利用可能なすべての科学を利用して新しい研究の先頭に立つが、特に懸念される新汚染物質の研究に関してはそうだ。毎年、潜在的な有害化学物質のリストは長くなっているが、その一方で、何千もの未調査・未規制の化学物質が存在する。現在、全米にある何千もの深刻な汚染個所が、規模が大きすぎ、費用がかかりすぎ、対処が複雑すぎるという理由で、手つかずのまま放置されるトリアージ（最低の）状況にあるのだ。その中には、都市部の水路も数多く含まれている。

私たちに必要な機関は、十分な予算があり、優秀な職員がいる強靭な機関だ。しかし、今あるのは資金不足、人員不足のまま過大な負担を強いられている連邦政府の機関なのだ。このような組織では、全国で起きている汚染や腐敗すべてに対応できない。法律や政策を作る業務は、提案、交渉、施行、そして遵守の間の、時間がかかり微妙なバランス感覚を必要とするダンス（プロセス）なのだ。これらの政策は、利用可能な科学的研究と予算措置に左右される。

最近の環境保護庁は、私たちを守ることよりも、プログラムの削減や規制の撤廃に重点を置いている。規制は、適切に実施するとともに常時きちんと監視しなければ有名無実になる。すぐに対策に乗り出さなければ、私たちはこの混乱から永遠に抜け出せないかもしれない。

「環境保護庁の動向に関心を持つ米国人が今先行きに不安を抱くのは間違っていない」。気候変動問題の作家ロビソン・マイヤーは二〇一七年、『アトランティック』誌に書いている。「多くの共和党員は、環境保護庁の権限を極端に縮小するか、完全に撤廃することを望んでいる。米国議会は、さすがにそういうあからさまなことはしないだろう。その代わり、法案や共同決議や筋違いの付帯条項などを通じて、何千もの予算削減で環境保護庁に闘いを挑んでくるだろう」[1]。

こう書くと、私が政治色を持ち出したように見えるかもしれないが、そういうつもりではない。私は、水を政治の道具にしたくない。生きる上で絶対に必要な水は党派性を超えてみんなで守らなければならないのだ。何年も前から、私は共和党と民主党の両政権下で環境政策の悲劇を目の当たりにしてきた。環境保護庁は完璧な機関ではないが、二〇一六年にドナルド・トランプ大統領が選出され、環境保護庁の財政を「豆粒」にすると宣言し、一九七六年以来最低の予算案を提案したため、状況はさらに悪化している[2]。彼は、職員の二五％削減を要求し、「五大湖再生計画」やチェサピーク湾計画など地域水路の安全上、重要な水質計画を廃止する政策を打ち出した[3]。また、有害廃棄物処理場の浄化を目的としたスーパーファンド・プログラムも大幅に削減し、環境保護規制に関する連邦政府の執行予算を削減すると提案している。[4]環境保護庁の職員と予算の削減の結果、法律違反がないか監視する検査官の人数が減り、有害物質の影響を研究する財源が減り、環境規制に違反する企業がさらに増える結果を招いている。

NGOの「環境データ&ガバナンス・イニシアチブ」(EDGI)の報告書によると、環境保護庁の予算と職員数は数十年にわたり徐々に縮小している。このNGOは学術関係者と非営利団体で構成され、政府のデータや情報にオープンでアクセスしやすく、根拠に基づいた政策立案を推進している。一九九九年、同庁の職員数はピークに達し、一万八〇〇〇人以上となったが、それ以来、定年退職、優秀な人材のいびり出しで人数が減っただけでなく、組織が崩壊するのを黙って見ているのは耐えられないと感じた多くの職員が職場を去っている。現在、同庁は一万五〇〇〇人の職員と約八〇億ドルの予算で、米国人がきれいな空気、土地、水を使えるようにするための事業にあたっている。しかし、有毒化学物質一つを調べるのに一〇〇万ドルかかることを知れば、同庁の業務が遅々として進まない理由がわかるだろう。[5]現政権(トランプ政権)は、すでに満身創痍だったシステムをさらに崩壊させたのだ。

EDGIの報告書『危機に瀕する米国環境保護庁』の冒頭には、「トランプ政権は現在、米国環境保護庁の四七年間の全歴史の中で最大の脅威となっている」と書かれている。[6]また、初期の同庁が、いかにして共和党と民主党の大統領から超党派の支持を得ていたかを指摘している。それが変わったのは八〇年代初頭のレーガン大統領が、行き過ぎた環境政策に不満を持つ企業に近い立場の同庁長官を任命した頃からだった。一九八一年から一九八三年まで初の女性として長官を務めたアン・ゴーサッチ・バーフォードは、就任後二年足らずで、スーパーファンド計画の管理不行き届きというスキャンダルで辞任した。今や専門家は、この保守的な元州議会議員を「環境保護庁打倒の元祖」と呼んでいる。彼女は同庁の大幅な予算削減を提案し、水と大気の環境保護を後退させる一方、産業界に有利な方針を打ち出した。レーガン政権の初年度に、地方事務所から環境保護庁に持ち込まれた強制捜査の件数は七九％減少し、同庁が司法省に提訴した案件も六九％減少したのだ。[7] 幸いにも、米国の環境保護法は生き残り、同庁は財源を少し取り戻したが、完全に回復することはなかった。たとえ良い法律があっても、環境保護庁は強制捜査上の課題と時代遅れの科学で身動きできなくなっていたのだ。

それでも、アン・バーフォードが機関を弱体化させようとしたことで、シェブロン擁護の原則という新しい法律ができた。[8] それは、一九八四年の最高裁判例である「シェブロンUSA対自然資源保護協議会」から名付けられている。この訴訟は、バーフォード長官の下で環境保護庁が作成した「バブリング」と呼ばれる規則を取り上げたものだ。これは、大気浄化法（CAA）の一部として、古い工場の後始末は、新しくクリーンな施設を建設するよりも難しいため、古い排出源よりも新しい排出源に厳しい制限を課す原則である。この法律により、新しい発電所、石油精製所、その他の有害物質排出施設は、より厳しい基準を満たす必要が生じた。「バブリング」とは、「施設全体の有害物質排出量を増加させなければ、新しい施設はCAA規制の許容量を超えて汚染物を排出してもよい」とする解釈である。裁判所はこの論理に同意しなかったが、最終的に、条文の曖昧な文言については、一般論として専門家に解釈を求めるべきだという結論を出したのだ。判事たちはこの法律の異なる解釈を支持したにもかかわらず、シェブロン裁判の判決では、連邦政府機関こそが連邦議会の制定した法律を解釈し執行する権限を持つと最終的に判断された。この原則は、政治的分裂がある場合には厄介なものとなる。民主党政権は環境保護庁の権限を拡大するためにシェブロン擁護を用いる傾向があるのに対して、共和党政権は一般に、同庁を弱体化させる武器としてこの法律を利用するからだ。

二〇一七年一月、米国下院は、シェブロン擁護の変更を目的とした法案を可決した。「規制説明責任法」と呼ばれるこの法律は、一見、政府が規則を制定する際の透明性を高めるように見えた。政府機関に事実調査、科学的研究、そして規制の利益がコストを上回ることを確認するよう求めるものだったからだ。しかし現実には、環境保護庁のような機関は、すでに多くのレベルで行き詰っていて、規制を行うためにさらに多くの行政的なハードルを越えるのは困難に思われる。この法案では、新しい規制を制定する前に、五〇以上の新しい規則制定要件が必要とされると同時に、規制を遅らせようとする利権団体からのものも含むすべての代替案を分析する必要があるのだ[9]。こうした制約は、有害化学物質から発電所の排出ガスまで同庁が規制する方法に影響を与える可能性がある。同庁は、公共の安全にとって最良の規制ではなく、最も安価な規制を採用するよう要求されることになる。また、興味深いことに、歴史的な運命のいたずらで、最高裁判所の新しいメンバーの一人であるニール・ゴーサッチ氏は環境保護庁殺しのアン長官の息子だが、彼は、シェブロン擁護に反対している。つまり私たちは反規制政権の大統領の下で生きているだけでなく、専門機関が法律を解釈する権限を持つべきでないと考える最高裁判事とも闘わなければならない状況にある。

環境NGOの環境統合プロジェクトの記録によれば、トランプ政権時代、当然ながら公害事件も環境保護庁の汚染者告発も減少している。同団体が連邦政府の記録を調査したところ、トランプ氏の初年度、規制違反で企業に課された罰金は、オバマ政権初年度と比べて四九％減少している。トランプ政権は、二〇一七年一月の就任日から二〇一八年一月二〇日までに、汚染企業に対して四八件の民事訴訟を起こし、三〇〇〇万ドルの罰金を徴収した。[10] オバマ［民主党］政権の初年度は七一件の民事訴訟で七一〇〇万ドルの罰金、その前のブッシュ政権［共和党］では一一二件で五〇〇〇万ドルの罰金、クリントン政権［民主党］は七三件の同意判決と五五〇〇万ドルの徴収、となっている。

「トランプ大統領の環境保護庁解体で、違反者が捕まりにくくなり、違法な汚染をしても安上がりになった」と前述のNGOの執行部長で環境保護庁民事執行部長だったエリック・シェイファー氏は述べ、次のような声明も発表している。「トランプ大統領は市民に『法と秩序』の遵守を訴えているが、どうやらそれは化石燃料企業やその他の大汚染企業を対象としてはいなかったようだ[11]」。

トップからの脅し

大統領の仕事は、環境と国民の両方を守る環境保護庁の長官を任命することである。単純な質問をしたい。環境保護庁の長官に選ばれた人は、環境に配慮すべきだと思うか？　答えは「イエス」だろう。その人物は、大企業や環境保護庁が規制しようとする業界と結託していてもよいと思うか？　いいえ、それは鶏小屋の番を狐に頼むようなものだ。常識的に考えて、環境保護庁の責任者は、個人または法人として民間企業と利害関係を持たず、独立した立場で業務にあたるべきである。「環境保護庁の任務には政治的な圧力、各方面での制度の崩壊、影響力の大きな格差など、さまざまなことが関わっている」。NGOの「憂慮する科学者同盟」の科学・民主主義センター長アンジュルー・ローゼンバーグは、最近こう話してくれた。「そこへ今度はトランプが登場した。トランプが環境保護庁長官に任命したのは、環境規制を阻止する戦略を立てただけでなく、その阻止戦略を実行していた人たちだ。今や彼らが環境保護庁を動かしている」。

アンジュルーは、二五年以上にわたって政府機関や規制当局で、学者や科学者として働いてきた。彼が指摘しているのは、規制と闘う産業界が開発した、よく知られた戦術のことで、長年タバコ産業が開発し、その後、石油産業、食品産業やその他多くの産業が利用してきたものだ[12]。これらの手法は、科学を混乱させ、規制を遅らせたり、無効にしたりするために考案された。汚染物質に単純な制限を設けたり、特定の有害物質に対してゼロ・トレランス［訳注：全く検出されないこと］を設定するのは簡単そうだが、実際には業界圧力のせいでめったに実現しない。企業は規制の複雑さを公けに批判するが、実は規制を複雑でわかりにくくするよう裏で働いているのだ。公平かつ客観的な調査研究は、必ずしも企業の製品や慣行に都合のよいことばかりとは限らないので、産業界は自分たちの利益と相反する科学的結果に疑問を投げかけ、論争を作り上げる。ある時は単に科学を葬り去ることもある。本書ですでに述べたように、企業は自社製品に有利な研究に資金を提供し、科学的プロセスに圧力をかけて、汚染を続けようとするのだ。

このような戦術が奏功して、米国はアスベストを禁止していない数少ない先進国になった。アスベストが人体に有害であることは、独立の科学的検証により、一九七〇年代から明らかになっている。一九八九年、環境保護庁は「アスベスト禁止・段階的廃止規則」を発表し、アスベストを含む製品の製造、輸入、販売の禁止を提案した。しかし、化学業界は同庁を提訴して反撃し、勝利したのだ。アスベストは現在も多くの製品に使用されていて、三〇〇〇人以上がアスベストに直接関係する中皮腫というガンの診断を受けている。[13] しかしこのような話はアスベストに限ったことではないのだ。
産業界の最大の計画は、環境保護庁を乗っ取る計画であろう。現在、環境保護庁の要職には、産業界の有名人が就いている。この人たちは長年にわたってこつこつと、環境と公衆衛生と安全面の保護を後退させてきた当事者なのだ。しかし、政府の目的は公共の利益を守ることであって、世界最大の汚染企業の利益を守ることではないはずだ。
トランプ大統領が最初に環境保護庁長官に選んだスコット・プルイットは、石油で有名なオクラホマ州の元上院議員で元州検事総長でもある。石油・ガス業界の幹部は、プルイットが同庁長官に選ばれたとき、歓喜した。彼が化石燃料産業の保護を約束したからである。彼は州検事総長時代に、大気と水の浄化法案を阻むために一四回も同庁を訴えていた。[14] しかし二〇一八年七月、彼は就任一年余りで長官を辞任した。短い在任中、彼は個人的な支出をめぐる倫理的な不祥事、業界代表との私的会合の秘密日程、そして公衆衛生保護の歯車を逆転させる決定など、不適切な行動を取り続けていた。[15] 彼は、重要な科学諮問委員会の委員の半数を解雇し、代わりに「規制された業界が規制によってどのような影響を受けるかよく理解している」と彼がみなした業界寄りの委員を就任させたのだ。[16]
後任の長官代理アンジュルー・ウィーラーは、ジョージ・H.W.ブッシュ大統領の下で毒物担当特別補佐官として環境保護庁でのキャリアを歩み始めたものの、石炭や化学会社の有力ロビイストとして活躍したあと、二〇一九年二月、同庁第一五代目長官に就任している。大気・放射線局次長のビル・ウェラムは、長年、企業弁護士として、石油や石炭および化学業界の大企業の弁護団として、大気汚染規制を緩和するために同庁と闘ってきた人物だ。現在、彼は同庁内部で、発電所に対する国の規制を緩和し、各州が独自の基準を設定できるようにして、彼の法律事務所の顧客である石炭火力発電所を支援している。彼のかつての顧客リストには、米国石油協会や米国燃料・石油化学製造業会、公益事業大気規制グループなど、大規模な業界団体が並んでいた。連邦倫理規則は元ロビイストには厳しく、弁護士には寛大なので、彼の就任について警鐘を鳴らす人はいないのだ。

トランプが指名した化学物質安全局副長官補のナンシー・ベックは、最も悪質な人選と言える。彼女は米国化学工業協会というロビー団体の出身である。そのメンバーには、3M、ダウ・ケミカル、デュポン、モンサント、メルク・アンド・カンパニー、エクソンモービル・ケミカル、シェブロン、フィリップス・ケミカル、ハニウェル、バイエルなどが加盟している。ロビイストとは、政府の意思決定に影響を与えるために、民間の利益団体を代表する人たちのことだ。ベックは、環境保護庁に勤務する前は、これらの企業を擁護し、議会に提出する化学物質に関する法案について、業界の見解を書く手伝いをしていた。現在、ベックは化学物質の安全性に関する環境保護庁の重要な意思決定者であり、彼女の行動は今後何年にもわたってすべての米国人に影響を与えることになる。これは民主主義への信じがたい裏切りだ。

しかし、最終的に連邦政府を監視するのは大統領である。ニクソンが環境保護庁を創設したのは、彼が環境保護主義者だったからではない。彼は環境問題に対する国民の大きな声に応えたのだ。一九七〇年四月に開催された第一回アースデイには、二〇〇〇万人以上の米国人が参加し、政府に対して強いメッセージを出した。同年一二月米国議会は、こうした問題に対処するために環境保護庁を設立したのだ。

「私がアースデイを企画した最大の目的は、国の政治的指導者に、環境運動が広く深く市民に支持されていると示すことだった」と、ウィスコンシン州選出のゲイロード・ネルソン上院議員は『環境保護庁ジャーナル』誌に書いている。[17]「私は、全米で平和的な抗議デモが起これればインパクトがあるだろうと確信していたが、その日の圧倒的な反応は、全く予期できなかった」。

就任以来、トランプ大統領は、政府全体で規制の凍結と撤廃に取り組んでいる。これは任期中続くであろう。トランプ政権はすでに、飲料水を保護するための「河川保護規則」を廃止して、鉱山会社が瓦礫を河川に投棄できるようにしてしまった。大統領のチームは、別名合衆国水域規則とも呼ばれる「きれいな水規則」も廃止した。オバマ政権時代の二〇一五年五月に採択されたこの「規則」は、「きれいな水法」がどの水系を保護するか明示し、何百万人もの米国人の飲料水源である河川と湿地帯に関して、連邦政府の保護の範囲を明らかにした重要な規則であった。さらに二〇一八年八月、同庁は石炭火力発電所の規制を州に移管する計画を発表したが、専門家は、これは石炭産業の利益拡大に寄与するだけだと受け止めている。この計画は、国全体の炭素排出量も増加させるだろう。同庁はまた、自動車メーカーに対する燃費規制を凍結し、さらにカリフォルニア州の「大気浄化法」に対する連邦法の適用免除を取り下げる（訳注：厳しい加州の大気浄化法を緩和させることになる）ことも提案している。[18]現在カリフォルニア州以外に約一二の州でこの規則が適用されていて、販売される乗用車の三分の一がこのルールに従っている。前カリフォルニア州知事のジェリー・ブラウンはこのトランプ政権の撤回提案を「無謀だ」と言っている。

「五〇年前にロナルド・レーガンの要請で制定された法律をトランプが破壊するのは裏切りであり、米国人の健康に対する攻撃だ」[19]とブラウンは声明で述べている。「カリフォルニア州は、あらゆる方法でこの愚かな行為に対抗する」。

同庁の独自調査によると、国のクリーンカー基準は、自動車を購入する際の消費者の選択肢を確保するとともに、燃費を向上させ、温室効果ガスを減少させている。[20] しかし、連邦法が撤廃された今、州政府はその空白を埋め、文字通り国や多国籍企業の尻拭いをする羽目になったのだ。

なぜ企業は州レベルでの規制を望むのか？

「特定の問題に限って言えば、成果を上げている州政府機関や州議会は、いくつもある。しかし、科学的な作業、規制、法執行や検査を行う点で、州レベルの能力は連邦政府よりもはるかに低い」と、アンジュルー・ローゼンバーグは私に言った。

政策統合研究所（IPI）の二〇一七年版報告書によると、州は、連邦政府の環境法の運用を肩代わりする手段も意思もない。[21] 大企業はそれを知っている。私がこれまでに取り上げたミシガン州、テキサス州、ウェストバージニア州、ケンタッキー州、ノースカロライナ州、その他の例を思い出してほしい。

同報告書では、州は取締まる責任があるが、環境保護庁の監察総監室が行った調査は、州の施行努力は不十分で一貫性がなく、「しばしば国の施行目標を達成していない」と結論づけている。[22] 例えば、すべての有害廃棄物大排出企業を五年ごとに検査するという同庁の目標を達成した州は、わずか二つしかない。もし法律の実効性はなく、検査は甘いか存在しないとわかれば、企業は規制を無視して今まで通り製造を続ける。はるかに厳しい罰則のある連邦法違反に比べ、州法違反は罰則がゆるいことを知っているのだ。

フラッキング業界は連邦規制の抜け穴を知り尽くした業界である。読者は覚えていると思うが、この業界は、環境保護庁と内務省が監督できない仕組みを構築している。連邦政府が関われば大損害を被るからだ。ハリバートンの抜け穴は、二〇〇五年に制定されたエネルギー政策法の一部で、フラッキングは安全飲料水法の主要条項の適用除外となり、同庁の取締まりや検査の対象外となっている。また、フラッキング企業は州レベルでも大きな影響力を持つ。天然ガス会社が州に参入し、一万人の雇用を創出するケースを想像してほしい。これは州にとって大変重要なことで、雇用を確保するために、積極的に企業を誘致するだろう。同じ会社が内務省に一万人の雇用を提供しても、同じインパクトはない。さらに、州が行う検査の回数が減り、環境法違反を起訴する手段も少なくなる、と知れば、この業界が州や地方自治体による監督を好む理由がわかるだろう。

私たちは連邦政府と州政府の両方が必要だが、長所と短所を認識する必要がある。州による環境法施行の負担が増えれば、施行率は低下する。また、連邦環境保護庁の予算を削減すれば、州や地域の事務所が執行プログラムに充てる補助金が減る。ほとんどの州は、ただでさえ環境法を実施するための予算や職員数と政治的影響力が足りない。政治家が、「州政府が問題を処理する方法を最もよく知っている、州は民主主義の実験室になりうる」と言う時、その発言の意図は何か、誰がその政治家に選挙資金を提供しているのか正確に調べてほしい。この地方移管の実験は、国全体の公衆衛生を危険にさらし、汚染企業が私たちの裏庭を汚し続けることを意味する。次のフロリダの例を見れば、何が起こっているかわかるだろう。

フロリダの「沼の水を抜く」、そして緑の苔を浄化する

フロリダと聞いて多くの人が思い浮かべるのは、ヤシの木、太陽がさんさんと降り注ぎ何マイルも続く砂浜、そしてペリカンやマナティーなどの野生動物がたくさんいる光景だろう。ところが、今、私はこの

文章を書きながら、このサンシャインステート・フロリダで起きている最悪の水危機を目の当たりにしている。いつもは地元の人や観光客で賑わっているフロリダ州南西部のビーチや水路は、「死の匂い」のせいで誰もいない。フロリダ州全域で二〇一八年の夏は失われた。何百トンもの魚やその他の海洋野生生物の死骸が海岸に流れ着いた[23]。ある男性はフォートマイヤーズ・ビーチで採集したハマグリを食べた後、病気になり病院に行った[24]。水辺の有毒な空気を吸った人たちは、呼吸器系の症状を訴えた。さらに、八六人以上の人がフロリダ州セント・ルーシー川の水に触れた後病院で治療を受けた[25]。二〇一八年九月に私が訪れた際には、大気中の毒物のせいで保健当局がジュピター・ビーチ沿いのビーチを閉鎖していた。

その惨状は、微生物によるダブルパンチによるものだった。フロリダ州の住民は赤潮に慣れている。科学者がカレニア・ブレビスと称する赤潮は、フロリダ沿岸で繰り返し報告されている有害な藻類の大発生（ＨＡＢ）だ[26]。フロリダのメキシコ湾岸では一五〇〇年代から報告されており、一八四〇年代から文献に残っている。赤潮は海水域で発生することが多いが、河口や入江にも発生する。赤潮の弊害は広く知られていて、魚だけでなくイルカ、ウミガメ、鳥類が犠牲になることもある。赤潮の発生時期は通常一〇月から翌年二月までだが、二〇一八年の赤潮は、数百マイルに及ぶ海岸線に一〇カ月以上にわたって影響を及ぼした。科学者たちは赤潮の発生頻度が高まり、発生期間は長くなり、発生地域は増大傾向にあるとしている[27]。人間がどう関与しているかの研究も進んでいる。

赤潮と並ぶのがシアノバクテリアで、より一般的にはアオコとして知られている。私に送られてきた運河の鮮やかな濃緑色でベトベトした画像は、毒々しく不自然に見える。この微細なバクテリアが増殖して制御不能になると、ブルームと呼ばれる。ブルームが発生すると、水中の酸素が減少し、肝毒素、細胞毒素、エンドトキシンなどの毒素が大量に発生し、水中の生物を死滅させる。アオコは淡水で繁殖し、湖や川や小川にあふれる。沿岸水域の赤潮と淡水域の有害なアオコが同時発生すると、フロリダの地域経済、人々の健康、環境に深刻な影響を及ぼす。赤潮の発生は数マイルの沖あいから始まるが、二〇一八年にアオコのブルームがカルーサハチー川河口と周辺の港湾に入り込んで、事態は深刻になった。これらの微生物は人造の栄養素を利用して成長し、拡散するからだ。

　全米沿岸海洋科学センターによると、有毒藻類のブルームは、一九六〇年代から三〇倍以上に増加し、三〇〇以上の沿岸域が影響を受け、全米のほぼすべての州で藻類の異常発生がある[28]。環境保護庁は、窒素やリンなど栄養素の過剰が汚染を悪化させ、深刻で頻繁なブルームを引き起こすとしている[29]。その他の原因としては、暖流水、水の停滞、芝生や商業農場からの残留農薬を含む雨水の流出などがある[30]。

　米国地質調査所によると、「農地や都市部からの栄養塩が下流に運ばれると、貯水池にシアノ・ブルームを発生させ、飲料水の水質を悪化させ、レクリエーション施設の閉鎖につながる」ということだ[31]。

　フロリダの水路が藻類に支配された経緯は、もっと複雑な話である。水の危機は一朝一夕に起こるものではない。フロリダ州は一〇〇年以上にわたって誤った水の管理をしてきたのだ。問題の核心は、沼の水を抜く計画にあった。エバーグレーズと呼ばれる南フロリダの大規模な湿地帯がその対象である[32]。かつて四〇〇〇平方マイルあった湿地帯も、現在はその半分以下になっている。

　この地域は、以前は類まれな動植物が生息する、全米で最も生物多様性の高い地域だった。しかし、この沼地は開発の妨げになると考えられていた。マイケル・グランワルドは、エバーグレーズに関する著書『沼地』にこう書いている。「米国人は、この『神に見捨てられた』沼地の水を抜き、蚊やガラガラヘビから『取り戻』し、豊かな農作物とにぎわう社会のある亜熱帯の楽園に『改善』することが、米国人の運命だと信じていた。湿地は荒れ地と見なされ、『沼の水を抜く』というのは、実は、問題を悪化させるという比喩だった」[33]。

一九世紀に入って、政治家も企業経営者も、湿地帯を生産的なものに変えようと画策した。その結果、水を抜けば、サトウキビ栽培に最適な土地に生まれ変わることに気づいたのだ。実際この地域は、全米でも有数の肥沃な土壌を持つ地域となり、現在では、何十万エーカーものサトウキビ畑が広がる。その他の開発も進み、人口も増加した。今日私たちは、自然の水路を無理に迂回させ、エコシステムを破壊した影響に直面している。この生態系は、それまで廃棄物を濾過し、水を浄化する自然の水処理システムとして機能していたのだ。

エバーグレーズ湿地は、オキチョビー湖のはるか北側から始まっている。この湖は、キッシミー川流域にある全米最大の淡水湖の一つだ。大きな流域の水は、かつて

南西部で水中から引き揚げられた腫瘍のある魚。2018年夏、フロリダで赤潮とアオコ危機で、何千もの海洋生物が死亡し、何百トンもの魚の死骸が海岸に流れ着いた

キッシミー川から小川や支流を経てオキチョビー湖に流れ込み、そこからフロリダ湾へと流れていた。この川に茂る多様な水草の下には多孔質の石灰岩層があり、そこから何十もの湖や泉や湿原に大量の淡水を供給している。キッシミー川は、陸軍工兵隊がフロリダの淡水の流れを農業、工業、住宅開発のために切断するまで、フロリダ・エバーグレーズ湿地の重要な構成要素だった。フロリダ州の背骨を下ってオキチョビー湖まで徐々に流れていた一〇〇マイル以上の曲がりくねった川と支流は、今やオキチョビー湖に直接つながる全長五六マイルの長大な下水道となってしまった。以前は、蛇行する川の自然の水草が、好ましくない栄養分を除去してくれていた。

一九二〇年代後半になると、相次ぐハリケーンに伴う洪水により、治水の主眼は農業用地の排水から洪水対策に移った。これら二つの対策は方向性が大きく異なる。一九三〇年代、陸軍工兵隊は、オキチョビー湖の周囲に連続した堤防を建設するとともに、オキチョビー湖と大西洋を結ぶ四つの巨大な運河を建設した。これによって農業は急成長し、さらに洪水のあと立て直す能力のあるアグリビジネスはこの地域を永久に支配し、手放さなくなったのだ。当時も今もエバーグレーズの主要作物である砂糖の生産量は、陸軍部隊が洪水の制御に成功した後、最初の一〇年間で二倍以上に増えたので、連邦政府の高官は、税収に貢献した企業に感謝したのだった。

一九四〇年代後半には、ハリケーンや記録的な豪雨が相次ぎ、農地や都市部の何十万エーカーもの土地が、わずか六カ月間で一〇八インチ［約二七〇cm］もの雨量に見舞われた。第二次世界大戦後の建設工事は、一日一〇億ガロンの水の流れをコントロールするための堤防、ダム、水路などの建設から始まった。南フロリダ地域では、戦後、人口が爆発的に増加し、それは現在も続いている。その影響は、キッシミー川とその重要な栄養浄化作用のある水草地が干ばつによって荒廃し、フロリダ湾は自然に任せていた時と打って変わってもはや汽水域（淡水と海水の境目）ではなくなり、その独特な生物多様性も永遠に変わってしまった。南フロリダの大部分は、もともと農地でも住宅地でもなかった。人間がこのユニークな熱帯湿地とその生態系を取り返しのつかないほど破壊してしまったのだ。

今日、オキチョビー湖の北にある工業団地や住宅地、酪農場から流れ出る水は、栄養分やその他の汚染物質を濾過する自然の湿地を経由しない。エバーグレーズの栄養豊富な農地から南方向に流れが逆転したことで、オキチョビー湖は事実上の汚染の掃き溜めとなった。この湖には栄養分とミネラルが蓄積され、一九六〇年代以降は季節ごとに有毒なアオコが発生し、一九七〇年代には監視と管理が行われたが、一九八三年に再び有毒なアオコが爆発的に増え、湖面全体を覆ってしまった。

フロリダの状況は、州政府も連邦政府も手を打たないまま、あまりにも長い間放置されてきた。オキチョビー湖からの排水は、数十年にわたり、深刻な生態系と環境の問題を引き起こしてきた。この災害は、メキシコ湾、大西洋、数百マイルにおよぶ海岸線、フロリダ州エバーグレーズ、そして数十の沿岸内水路と湿地帯に重大な影響を及ぼしている。

二〇一八年七月、きれいな水活動家ネットワークである一四のフロリダ・ウォーターキーパーズ団体が、タラハシーに集まり、フロリダ州環境保護局の担当者と会談し、有毒ブルームに関する懸念を表明した。彼らは、地元と州の政治家に対し、共同で次のような行動を要請した。

(1)　インフラの脆弱性と暴風雨リスクの監査を実施し、対策をとらない場合のコストを算定すること

(2) グリーン・インフラ（緑化）を優先的に整備すること
(3) 湿地とマングローブの保護を強化すること

また、NGOのウォーターキーパーズは、ハリケーンや暴風雨が州内の水路に及ぼす継続的な影響について、特に二〇一七年のハリケーン・イアマの影響についての声明も提出した。
「ハリケーンや暴風雨は水質を悪化させ、特にフロリダで人間の健康や環境を脅かす可能性がある。このような暴風雨により大量の洪水が発生し、下水道や浄化槽に障害が起きるとともに、大量の汚水や汚染物質が海、湾、川、湖に流れ込む。栄養塩、農薬、糞便性細菌、重金属、石油製品、工業用化学物質、その他多くの汚染物質が水路に流入し、安全に水泳や釣りをすることができなくなる。大規模な暴風雨とそれに伴う汚染は、地元の漁業や観光業、そしてそれに依存する人々や生活に大きな影響を与える。復旧に数カ月から数年かかることもある[34]」。

NGOグループは、下水汚泥、浄化槽の故障、インフラの老朽化、嵐の雨水の流出、農業排水など、フロリダの水にとって現在進行中の脅威についても議論した。これらは有毒なアオコや赤潮の原因となっている。彼らは州に対して、根本的な原因への対処を開始し汚染源から食い止めるよう求めた。

さらに、ウォーターキーパー・グループが提出した検体は、二〇一八年七月にカロサハッチー川に位置するケープ・コーラル干満運河で採集されたシアノバクテリアだったが、毒素であるマイクロシスチンのレベル（強力な肝臓の毒素）が四万ppb近い濃度で検出された。環境保護庁は、その安全濃度を四ppbに設定している。NGOのグループは州政府に対して、有害藻類対策委員会の再開を要請するとともに、健康への影響を理解するために藻類そのものをさらに検査し、有害藻類の発生に関して州当局から住民へ情報伝達するよう求めた。

市民の意識を高め、州議会議員に行動を促す活動をしているもう一つのグループは、「キャプテンズ・フォー・クリーンウォーター（CFCW）」だ。これは、フロリダの水の不始末に嫌気がさした釣りガイドのグループとして発足した非営利団体である。

「破壊を目の当たりにして、私たちは確信した。私たちが知っていることをみんなが知っていれば、問題はすでに解決していたはずなのだ」。彼らのウェブサイトにはこう書かれている。「私たちは、その解決策が何十年も遅れていることに気づいた。それは、政治的な意思と国民の意識が欠如しているせいである」[35]。

観光は州経済に約六七〇億ドルの収益をもたらしている[36]。観光客が水を怖がれば、釣りやボート、ビーチサイドのホテルやレストランなど、水関連ビジネスは大きな被害を被る。この活動家グループは、フロリダ州の住民が観光と漁業に依存して生活していることを身をもって知っているのだ。

キャプテンズ・フォー・クリーンウォーター（CFCW）の共同設立者クリス・ウィットマンは、フロリダ州ケープ・コーラル近郊の水辺に住み、水関連の仕事をしている。彼はCNNの取材に対して、現況は生態学的にも経済学的にも限界点だと語っている。

「ここは人々が期待して移住してきたフロリダではもはやない。移住するために一生かけて貯蓄して、引退したらこの自然の恵みを楽しもうと夢見る人たちがいるのに、現実はそれとかけ離れている」[37]。

CFCWによれば、エバーグレーズとフロリダの水路の回復に役立つ第一歩は、すでに存在している。議会は二〇〇〇年、「包括的エバーグレーズ再生計画（CERP）」を可決した[38]。これは、「フロリダ州南部の生態系を回復、保全、保護すると同時に、水供給や洪水防止など、この地域の水関連のニーズに対応するための計画」である。このプロジェクトは、米国史上最大規模の水文地質学(すいもんちしつがく)［水循環に関する地球科学の一分野］復元プロジェクトだが、資金と政治的支援の不足のために、危うい状態にある。

「計画通りに進めても、CERPだけでは河口域は救えない」とCFCWのサイトには書かれている。「オキチョビー湖の南側で水の貯蔵、処理、移送を増やすことができれば、有害な排水を止め、エバーグレーズ国立公園とフロリダ湾へのきれいな淡水の流れを回復させることが可能になる」。

フロリダ州で再選を目指す共和党、民主党の両候補は、州の水問題を解決し、より多くの資源をCERPのようなプロジェクトに振り向けることを約束しているが、CERPの制定以来、ひとつもプロジェクトが完成していない。

「選挙区の有権者は、水資源や水管理システムの現状に満足しておらず、これまで以上に関心を寄せている」とCFCWの代表のクリスは言う。「候補者はこのテーマを避けて通ることはできないし、市民はその責任を追及するだろう」。

壊滅的なアオコは、二〇一六年にも同州で発生している。環境擁護団体「ブルシット・ドット・オルグ」のマイク・コナーは当時NPR放送で、「これは人為的かつ政府が加担した大災害です」と語った[39]。

その年、フロリダ州のリック・スコット知事は連邦緊急事態を宣言し、連邦資金を要請したが、ホワイトハウスは、フロリダにはこの問題に自ら対処する資金があるとして、その要請を却下した。フロリダ州スチュアートにある環境教育・研究センター「フロリダ海洋学協会」のマーク・ペリー事務局長は当時、連邦機関が藻の危機を管理するのを助けるべきだが、長期的な解決策は、自然の水の流れを回復させ、オキチョビー湖の水を砂糖農地を通して南へ送ることだ、と語っている[40]。

このような事態を招いた根本的な原因は、その他多くの混乱と同様、政治的な意図を持って進められたプロセスにある。数カ月、数年、数十年にわたる放置、ずさんな運用、および汚職の積み重ねによって悲劇が生まれた。私たちは、政策決定者と水問題で苦しむ住民との間の断絶を克服する必要がある。

二〇〇八年のフロリダ州環境保護局報告書によると、一〇〇〇マイルを超える河川、約三五万エーカー近い湖沼、九〇〇平方マイルの河口域が、過剰な栄養素のために州の水質基準を満たしていない[41]。これを受けて、フロリダの複数の環境保護団体はただちに行動を起こし、「きれいな水法」が要求する「フロリダ州の栄養基準を設定する非裁量的義務を果たせなかった」として、環境保護庁に同意判決（罪を認めずに同意を求める要請）を提出して訴えた[42]。同庁はこれに応え、フロリダ州は全米で初めて、下水、糞尿、肥料の排出基準を設定することになった。しかし、二〇一〇年、三人の州指導者が、州水域の栄養塩汚染（特に窒素とリン）に対する連邦基準の確定を延期するよう提訴した。スコット知事、アダム・パトナム農業委員会委員長、パム・ボンディ司法長官の三人は、就任からわずか一〇日のうちに、当時の環境保護庁のリサ・ボンダ長官に対し、この汚染規制は「威圧的な連邦政府」による「過酷な規制」であると苦言を呈した手紙を出したのだ。

その手紙は、「私たちはそれぞれ、財政的な責任を負うことを公約に掲げ、多くの有権者からフロリダの家庭や雇用者に負担の大きい規制を課す、威圧的な連邦政府への懸念を聞いている」と続いていた[43]。

この規制では、流出水を大もとの水源からきれいにしなければならない。大農場を含む汚染者はその費用を負担したくなかったのだ。その代わりに、彼らは強力な広告会社を雇い、この規制はコストがかかりすぎるという話を広め、さらに業界リーダーで構成された偽の「きれいな水」連合を立ち上げたのだった。[44]
「フロリダ州環境保護局によると、今年〔二〇一一年〕一一月一四日に最終決定される環境保護庁の規制は、自治体の下水処理施設に四〇億ドル以上、雨水処理施設に一七〇億ドル以上のコストがかかります」。州の指導者は書簡でこう述べている。[45]
この数字は、最も高価な廃水処理方法である逆浸透膜方式を基準としていて、より安価なシステムを基準としているわけではない。フロリダ州環境保護局はすぐに、環境保護庁に対して独自のルールを設定する許可を求めた。[46] そして二〇一三年、環境保護庁は州が独自に栄養塩の規制値を管理することに同意したのだ。[47]
それだけではない。リック・スコットは、水質の監視と改善を目的とした州のプログラムを解体し、予算を削減した。二〇一一年、スコット氏はエバーグレーズの浄化と、オキチョビー湖とセント・ルーシー流域、カルーサハッチー流域周辺の水質改善プロジェクトを担当していた南フロリダ水管理地区の予算を五億ドル以上削減した。[48] 同年、彼は二七〇人の職員を解雇し、福利厚生を削減することで、地域水道局予算からさらに一億ドルを取り上げた。[49] これらの地区において、削減された職員数と財源で、より多くの仕事量を維持できるとは考えられない。
「スコットが就任した二〇一一年以降、オキチョビー湖のリン負荷と窒素負荷の重要な測定値は上昇し始め、現在も上昇傾向にある」とデイブ・コンウェイは『スポーツマン』誌に書いている。[50]
もうひとつ、彼はスコット政権がオキチョビー湖の栄養負荷に関する重要な科学的研究を無視してきた、と主張する。フロリダ環境保護局は、南フロリダ水管理地区が作成したデータを無視し、代わりにコンピ

フロリダ市民の非営利ボランティア団体「水辺で手を繋ぐ（Hands Along the Water）」は、2018年8月、有毒な藻の危機を訴えるためにフロリダ州内のビーチで驚くべき団結力を発揮した。

ユーターモデルを使用して栄養レベルを監視しているだけなのだ。

フロリダでは、完璧な嵐が吹き荒れ、為すすべがない。産業界の影響を受けた州政府が独自の水質基準を設定し、水源保護と汚染防止の両方に責任を持つ人々から貴重な職員や財源を奪う一方、議員たちは科学を鼻であしらうという悪条件が同時進行しているのだ。エバーグレーズの淡水の流れを回復させ、農場や芝生から出る肥料やその他の化学物質に厳しい制限を設けるために、より多くの議員や環境保護団体が団結し、洪水や雨水の対策に取り組む必要がある。

地域の水問題は、州境を超えた問題だ。特に五大湖周辺は惨憺たる状況である。サクラメント・デルタは便器のようになった。オハイオ川、ミズーリ川、ミシシッピ川は有害物質があふれている。米国の水路問題の解決には、もっと多くの職員と財源が必要である。今は、最も貴重な資源である水を救うのに役立つ規制を撤廃している場合ではないのだ。

環境保護庁 対 経済

トランプ大統領は就任以来、最も有名なスローガンである「沼を排水せよ」を含む選挙公約や集会での叫びを徹底的に追求している。彼は、首都ワシントンD.C.のそれまでのやり方を捨て、ロビイストの影響力を抑えることで、「政府を再び正直な組織にする」と［ウソの］約束をした。残念ながら、米国人は騙された。彼にとって沼の水を抜くとは、規制緩和し彼に同意する人たちを役職に就けることだったのだ。

また、炭鉱労働者に仕事を与えるというのも、彼の主張の一つだった。トランプは、環境保護庁が経済の活性化を妨害するので、中産階級の米国人が豊かになれないと見ている。

就任から二カ月後、彼はワシントンD.C.にある環境保護庁の本部を訪れ、セレモニーを行った。「このステージ上で私を背後から支えてくれている本当に驚くべき人たちに感謝したい。私たちのすばらしい炭鉱労働者たちに感謝したい」と述べたのだ。

そのあと彼は、連邦政府の規制当局に、「クリーンパワー計画」を書き換えるよう指示する大統領令に署名した。それは気候変動や大気汚染に関する重要な規制を後退させるものだった。そもそもクリーンパワー計画は、石炭、ガス、石油を段階的に廃止するものではなかったのだ。化石燃料の使用を禁止するものでも、発電所の閉鎖を求めるものでもない。単に、温室化効果ガスの排出を約三〇%削減し、電力会社には数十年の猶予期間を与えるものだった。この計画は、米国における再生可能エネルギーの開発を促進するために考案されたものだった。

「私の政権は、石炭との戦いに終止符を打つ」と、トランプ氏は署名式で述べた。「今日の大統領令で、私は米国のエネルギーに対する制約を除去し、政府の介入を減らし、雇用を奪う規制を撤廃する歴史的なステップを踏み出した」。

この日、米国独立石油協会の会長兼CEOであるバリー・ラッセルも署名式に出席していた。彼は声明で、トランプ大統領の「拡大する国家規制を抑えるとともに、米国の経済と雇用を脅かすルールを撤廃するとする大胆な決断」を歓迎すると述べた。

業界外の人々は、この日、違う見方をしていた。

「気候や大気に関する重要な規制を撤廃するトランプ大統領の大統領令は、私の人生において、米国人の健康に対するもっとも大胆で明確な攻撃だ」と前大統領副補佐官（エネルギー・気候変動担当）のヘザー・ジカルは『ワシントン・ポスト』紙に語っている。[51]

電力と水は表裏一体なのだ。全米の発電所が水不足を招き、米国水域の有害物質汚染の最大の原因となっている。二〇一三年に調査した環境保護庁は、発電所に続く九つの産業部門を合計した総量よりも、発電所の方が多量の水銀、ヒ素、鉛といった汚染物質を飲料水源に投棄していることを確認している。[52]

「石炭火力のようなエネルギー源は、一メガワットアワーあたり二万ガロンから五万ガロンの水を消費する。一方、風力発電はほとんど水を必要としない」と世界資源研究所は述べている。[53]

なぜ、環境保護と経済発展のどちらかを選ばなければならないのだろうか。もし私たちが水資源や気候変動に無関心な政策を取り続けるなら、私たちの生活に対する本当の代償は何だろうか？　私たちは、政府の規制緩和が経済の活性化につながるという嘘をやめさせるべきなのだ。

私は、規制は連邦政府の越権行為ではなく、人々の健康を守るための有効な手段だと考える。イェール大学のカウルズ経済学研究財団がまとめた調査において、同大学のジョセフ・シャピロ教授とカリフォルニア大学バークレー校のリード・ウォーカー教授は、米国の製造工場に対する規制により、一九九〇年からの二〇年間に、製造業の生産高は三三％増加したのに対して、有害物質の排出は六〇％減少したと指摘した。この研究では、米国国勢調査局および米国環境保護庁のデータを用いて、製造業がクリーンエネルギー法の新しい要件をどのように遵守しているかを追跡したのだ。[54]

規制が経済を悪化させ、人々の職を失わせるかどうかという研究もある。ボストン大学の経済学者イーライ・バーマンとリンダ・T.M.ブイが行った研究は、ロサンゼルスの大気規制の影響を調査したものである。[55] この地域は、八〇年代に最も厳しい基準が制定された。しかしこの規制によって雇用が減少したわけではなく、この研究によれば、規制を遵守するために、企業はより多くの人を雇用したので、雇用は増加し得るとしている。

「地域の大気汚染規制が雇用を明確に減少させたという証拠は出てこなかった」と著者は書いている。もう一人の経済学者、W・リード・ウォーカーは、一九九〇年の大気汚染防止法改正で企業に操業許可証の取得が義務づけられた結果、労働者へどのような影響があったかを公表している。彼によると、規制された部門に属する労働者が会社を辞めた場合（解雇であれ退職であれ）、規制前の収入から二〇％程度、収入が減少することがわかった。彼は、これらの労働者の損失は合計で約五四億ドルと推計した。これと比較して、環境保護庁は、同じ規制による健康への恩恵は、最大で一兆六〇〇〇億ドルと推定する。

ウォーカーは、「これらの利益を考慮すると、新たに規制を受ける産業の労働者が負担する損失は、比較的小さい」と、二〇一三年の『経済学ジャーナル・クォータリー』誌の論文で書いている。「環境政策がもたらす利益はコストをはるかに上回る」[56]。

規制は特定分野の雇用削減につながる一方で、新たな分野での雇用を創出することもある。雇用の増減は健全な経済の一部である。技術やイノベーションに対応するために常に新しい企業が生まれる一方、古い企業は時代に合わせて進化しなければ、衰退していくことになるからだ。

環境は経済であることを忘れてはいけない。二〇一八年、米国では一四の気象・気候関連の災害が発生し、それぞれの被害額は一〇億ドル以上、合計九一〇億ドルの損害が発生した[57]。この数字と費用は、一九八〇年の記録開始以来、四番目の高い水準である。気候変動の影響については、次章でより詳しく検討するが、サラソタ郡では、赤潮とアオコにより、ホテルの稼働率が二〇一八年末に一一％以上減少した[58]。これは二〇〇一年九月のテロ攻撃以降に見られた最も急激な減少の一つである。通常なら年末は、この地域への旅行が盛んになる時期だ。これは環境災害がビジネスに与える影響の大きさを物語っている。サラソタ郡のホテルオーナーの約八〇％が、二〇一九年一月から三月のビジネスも低調だと報告している。

私たちは皆、環境保護庁が保守派によって創設され、今日ある法律の多くは超党派の支持によって採択されたことを忘れている。エイブラハム・リンカーンは、「分かれたる家、立つこと能わず」と言った。同庁が仕事をするために必要な手段を取り戻し、今後何年にもわたって公衆と環境の健康と活力を確保できるようにしよう。今こそ団結し、資金調達と法律を政争から切り離す時だ。環境規制に従わない者には、大きな処罰を覚悟させよう。米国の未来に関心を持ち、信頼できる科学者が多く連邦・州政府レベルで働けるようにし、我々の影響力を強めよう。科学から目をそらしていては、物事は良くならない。

【コラム】アクション・ステップ

政治と水の分離

規制を政治的に利用するのはやめよう。きれいな水ときれいな空気は、ホワイトハウスに誰が座っているかに左右されるべきではない。それは、「青」（民主党）か「赤」（共和党）かの問題ではなく、全員の問題であり、地球全体の問題である。政治色をなくす最善の方法は、水と環境について語らない議員に投票しないことである。今こそ、誰が候補者の選挙活動を支援しているかに注目してほしい。大企業とつながっていることは政治的に不利だと知らせるべきである。フロリダではすでにそういう構図になっている。砂糖関連の大企業は今までも多くの選挙運動を支援してきたが、二〇一八年砂糖関連の資金で州知事選挙に立候補したのは農業コミショナーのアダム・パトナムだけだった。砂糖企業と関連企業はパトナム陣営と政治団体に直接寄付八〇万四〇〇〇ドルを支出した。パトナムはそれとは別に、この業界も支援する他の政治団体から七六〇万ドルを受け取っている。彼が、州の水路での栄養過多による藻類の異常発生に砂糖業界は全く関与していない、と主張する唯一の候補だったことは、驚くにあたらない。最近全米で出馬する一群の候補者たちは、クラウド・ファンディング（一般市民からインターネットで寄付を募る方式）で資金調達している。彼らは本当の意味で市民に支援され、私たち市民の環境意識に耳を傾けてくれる。誰があなたの州の立候補者を支援しているかは、www.opensecrets.org/states というサイトで簡単に探すことができる。このサイトは超党派独立非営利団体「応答する政治センター（CRP）」が運営している。CRPは米国政治の資金が選挙と公共政策にどう影響しているか追跡している米国屈指の研究グループである。

ＷＩＦＩＡ：新しいインフラ設備計画に投資する

二〇一八年、環境保護庁は貸付総額最大五五億ドルの新プログラムを発表した。この「水インフラ財政刷新法」（ＷＩＦＩＡ）プログラムは、大規模の水関連インフラプロジェクトを計画している州や市町村が低利で融資を受けられ、返済もプロジェクト完了の五年後から開始するよう求められている。二〇一八年八月現在、このプログラムには六二件の記録的な申請があり、総額九一億ドルの申請額はプログラム予算額の二倍を超えるものだった。現在までのところ環境保護庁はこのＷＩＦＩＡに一〇億ドルの信用支援を行い、ワシントン州キング郡、ネブラスカ州オマハ市、カリフォルニア州サンフランシスコ公共委員会、同州オレンジ郡水道地域が恩恵に預かっている。[59] 同庁への申請を増やし、貸付額を増額させ、市民の水道インフラ設備の改善につなげたい。ＷＩＦＩＡに関する詳細は以下のサイトで確認してほしい。 www.epa.gov/wifia

よい活動家になるには

政治システムを左右するロビー団体の影響力は巨大である。会社、労働組合その他の団体は、毎年何十億ドルも使って、議会や連邦機関に圧力をかける。一九九八年、ロビー団体の総支出は一四・五億ドルだったが、今日では三〇億ドルを超えている。[60] 公衆衛生に関わる市民グループがこれくらいの予算と影響力を持っていたらどうだろうか。このような膨大な予算や影響力は巨大産業しか持っていない。あらゆる委員会と議会内事務所に専門家を配置し、あらゆるパブリックコメントにコメントを出し、あらゆる公開説明会に参加することで、企業側の意向が伝わる。政治家もその圧力に抵抗しにくい。

しかし、時代は変わってきた。私たちもロビイストになれる。市民パワーは、特に私たちの将来に関わる決定がなされる時に、結束して声を上げ、心配事を議題に入れることができる。過去においては、ヒンクリーやフリントのような本当の災害の時だけに市民が活躍していた。そういう時に市民が頭を上げて、「すべて問題ないと私に言い続けた議員たちを支援するのは止めた方がいいかもしれない」と言い出したのである。今や、全米の市町村で市民が変化をもたらすために活動していて、あなたのサポートを必要としている。手紙書きでも地元上下院議員に電話するのでも、説明会に出席するのでも、環境保護財団に寄付するのでも効果がある。この重要なツールは、www.townhallproject.com というサイトで確認できる。全米の選挙区で選出議員と対面で話ができるよう手助けしてくれるサイトである。もうひとつ、www.countable.us というサイトは、政治参加を簡単に、且つ、私に言わせれば、楽しい活動にしてくれる。この無料アプリは、議会で検討中の法案の簡潔明瞭な要約が読めて、ワンクリックで議員にコンタクトできる優れたアプリである。議員がどの法案に賛成したか確認できるので、次の選挙の時に責任を追求することもできる。二〇一九年に下院議会では一二六人の女性議員が活動していたが、新米議員もベテラン議員も私たちの関心ある問題を理解してほしいものである。

パブリックコメントの募集時に、もっと多くの人が声を上げてほしい。関わるということは、仕組みを理解することでもある。年二回、環境保護庁のような連邦政府機関は規制案を発表する。これは施行を予定している規制に関する情報提供である。議会で法案が可決されたら、連邦政府機関は、法律の主旨に沿った規制を設ける。そのプロセスは以下の通りである。

(1) 政府機関が規制策定を開始し、規制一覧に新規項目を付け加える。

(2) 案としてのルールその他の文書が www.Regulations.gov に公表される。

(3) 市民はある期間内にこのルールに対してコメントすることが認められる。

この方法を使うことで、市民は自分の意見を公的な記録として残すことができると同時に、議員は選挙区民からの意見を吸い上げることができる。このサイトはいつでもアクセスでき、特定の規制を探したり最新の傾向を確認したりすることができる。

二〇一七年、環境保護庁は、どの規制やルールが、撤廃、変更、修正を必要としているかを問うパブリックコメントを開始した。この要請はトランプ大統領の大統領令に基づくもので、政府機関に規制やルールの再検討を求めるものだった。同庁には五万五〇〇〇以上のパブリックコメントが寄せられたが、その多くが米国民のきれいな水とクリーン・エアに対する基本的な権利を守ってほしい、環境保護庁が今ある規制を実施し続けてほしいと要望するものだった。いいスタートだった。もし一〇〇万、一〇〇〇万、一億のコメントが届いたらどうだろうか。それこそ民主主義というものだろう。

第三部　最後の呼びかけ

空気を吸い、水を飲むことができなければ、
あなたが興味を持っていることも実現できない。
このままではいけない。何か行動しよう。
——カール・セーガン、アメリカの天文学者、宇宙物理学者、宇宙生物学者、作家。

第11章　デイ・ゼロ（すべての始まり）

二〇一八年初頭、南アフリカ共和国ケープタウン市のイアン・ニールソン副市長は、市民一人の水の使用量に上限を設けると発表した。全市民が、一人あたり一三ガロン（五〇リッター）の水しか使えないと宣言したのだ。一日あたり一ガロン用牛乳容器一三個分以上の水を使うことはできなくなった。

この量は多いと思うかもしれないが、そんなことはない。南アフリカ在住のある作家によれば、「この量で一日にできることは、九〇秒のシャワー、〇・五ガロンの飲み水、シンク一杯の食器・洗濯物の手洗い、食事調理一回、手洗い二回、歯磨き二回、そしてトイレを一回流すだけ」である。[1]その作家は、乾式コンポスト・トイレを探していた。トイレの水一回分を他のことに使うためだ。一日の三分の一の量を占めるトイレの水が一回減り、もう一回料理を作った上に、食器洗いと洗濯物を同じ日のうちに済ませることができる。一三ガロンというのは思いつきの量ではない。国連が定めた人間の一日の最低必要量だ（米国連邦政府の試算では、平均的なアメリカ人は一日に一〇〇ガロンも使用している）。

ケープタウンのあちこちで、市民はわずかな水をどう活用するかを考えることになった。この危機的な状況は、アフリカ大陸で最も裕福な都市ケープタウンで起こるはずのない危機だった。南アフリカの資源管理専門家、アンソニー・タートンは、「残念ながらもう夜一一時だ。解決する時間がなくなった。神の御業、聖なる介入が必要だ」と言った。[2]

乾燥した砂漠の町や紛争地域の都市で水が枯渇している、という記事を読むと、その不幸は気の毒だが、理解できる。病気が蔓延し、電力が制限され、戦火が絶えない場所では、水不足と言われても、あまり驚かない。このことが、ケープタウンの水不足をことさら驚愕すべきものにしている。ここは人里離れた戦争で荒廃した村でも、太陽で干からびる内陸の砂漠でもない。人口四〇〇万人の活気あふれる海岸都市であり、毎年何百万人もの観光客が来る場所なのだ。世界的に有名な美術館やレストランがあり、三〇〇万人のサッカーファンを集めたワールドカップの成功からまだ一〇年たっていない。

ケープタウンの水不足は、地球が直面する未来を予感させる。ケープタウンの住民は、この街が完全に水不足になる日を、不吉な響きにふさわしい「デイ・ゼロ（ゼロの日）」と命名した。緊急用の水が底をつく日だ。市は水道管の大半を止め、ケープタウン中の家庭や企業の蛇口は乾く。最低限の生活のために、市民は毎日行列して国連が定めた必要最低量の半分である六・六ガロンの配給をもらう。本来、水は二〇一八年に枯渇するはずだった。しかし、ケープタウンの指導者と市民の未曾有の努力によって、ケープタウンはデイ・ゼロを延期できた。そのためには、水道税を制定し、水圧を下げ、消費制限を導入する必要があった。市は、洗車とプールと庭の水まきを禁止した。ペットボトルの水は、店頭に並ぶとすぐに売り切れた。川の水の闇市がネット上に出現した。何千人ものケープタウン市民が、水差しやゼリー缶を持って、夜明け前から天然の泉に行列した。列の中でケンカになることもあり、「水上警察」が結成された。市長自ら水を使いすぎている家庭を抜き打ちで訪問して反省を促し、市民が個人的な水の使用を減らしてくれるよう指導したのだ。

二〇一八年のその日、ケープタウンの差し迫った水不足の記事を目にした人もいると思う。クリックし、スクロールして読んだ後、その続報は見なかったかもしれないが、それは驚くことではない。国際的なニュースはすぐ忘れられてしまうことで有名だ。そして、ケープタウンは問題を解決し、水不足は回避されたか、誤報だったと考えるのが自然だろう。そうでなければ、続報があったはずだ。

ケープタウンの市民の目覚ましい努力にもかかわらず、デイ・ゼロは回避できていない。未来に先延ばしにしただけだ。問題は遅れているだけなのだ。人類史上初めて、人口何百万人の都市で、水道水が完全になくなる寸前まで来た。そして、デイ・ゼロはまだ近づいている。

減少する水の供給、変化する気候

ケープタウンで何が起こったのか？　それは、世界中の多くの都市を脅かしているのと同じことだ。都市の人口が急速に増加した。その政府は、使用できる水道供給量の増加を優先して、下水再利用施設の建設を先延ばしにしたのだ。そして積極的な節水政策の実施に時間がかかりすぎた。何より、ケープタウンの水を生み出す環境は、全く変わってしまった。ますます暑い日が続き、降水量が減り、小川が干からび、その結果、水不足が深刻化したのだ。そして二〇一四年からの三年間は干ばつが続き、貯水池は空っぽになり、二〇一八年のデイ・ゼロの直前まで行ってしまった。

ケープタウンだけではない。二一〇〇万人の人々が住むメキシコシティでも、定期的に市内で断水する。

同じことは、ブラジルのサンパウロでも起こった。二〇一五年、貯水量が極端に少なくなり、救援のための緊急用トラックが略奪された。ある推計では、サンパウロには二〇日分の水しか残っていなかった。デイ・ゼロまであと三日だった。

バンガロール、北京、イスタンブール、モスクワ、カイロ、ジャカルタ……。何百万人もの人々が暮らすこれらの都市では、水不足が深刻になっている。このような危機は、裕福な「西洋」諸国では起きないと思うかもしれない。しかし、気候の危機は全世界的なものであり、西洋・東洋の区別はない。オーストラリアのメルボルンは、世界的に砂漠が拡大している今、砂漠大陸の端にある都市だ。市当局者は、今後一〇年以内に「デイ・ゼロ」が来ると予測している。カリフォルニア州は最近、五年間の記録的な干ばつから脱出した。大都市ロサンゼルスとサンディエゴは、一年分の水の備蓄もないほどだった。マイアミやソルトレイクシティなどアメリカの他の都市も同じような危機的状況下にある。これらの都市が水不足に陥ったら、かつてない政情不安を目の当たりにするかもしれない。空気と並んで人間が生きていく上で不可欠な物質が失われる。そのような状況下では、水の争いは、生存をかけた争いとなる。極限状態の人々が、体の渇きを満たそうとして何をしでかすかはわからない。

この本では、水が汚染されたら、という話をたくさんしてきた。個人として、地域社会として、何ができるかを考えてきた。しかし、水には別の脅威がある。水の質ではなく、その量だ。地球温暖化がなかったら、ケープタウンに水の危機はないだろう。中国からカリフォルニアまで「デイ・ゼロ」が迫ってこないだろう。人類の未来にとって、これ以上の脅威はない。その脅威を深く実感できたのは、慰めにならない慰めかもしれない。

有識者の出版した多数の本が、人為的な炭素の排出は環境と地球をどう変えるか説明してくれる。私は、科学的に決着したことに興味はない。科学を勉強しなくても、その影響はわかる。尋ねた米国のいたる所で、この一〇年間に天候がいかに変わったかを聞いた。

気候変動は、あなたの想像力でも、ノスタルジーでも、記憶の誤りでもない。その変化は現実であり、確かなデータに裏打ちされたものだ。『ニューヨーク・タイムズ』紙には、私たちの生涯にわたる気候の変化を数値化した、便利なツールがある。このURLをクリックすれば試すことができる［現在は使えない］。www.nytimes.com/interactive/2018/08/30/climate/how-much-hotter-is-your-hometown.html

自分の出身地と生まれた年（引っ越した年でも可）を入力し、その時からの気候変動を観察できる。私は、初めて飲料水汚染を研究した町、カリフォルニア州ヒンクリーを選んだ。私は一九八二年にカリフォルニア州に引っ越してきた。一九八二年、ヒンクリーでは一二九日間、気温が華氏九〇度以上の日が続いた。それに対して二〇一七年は一四三日。つまり、二週間余計に暑い日が続いたのだ。二〇一七年が例外だと思わないでほしい。同じデータを入力し、右肩上がりの傾向を見てほしい。世界の巨大な人口密集地の見通しはさらに悪い。今世紀末、ジャカルタは毎年六カ月間、華氏九〇度の暑さに見舞われ、ニューデリーは八カ月間、暑さに悩むと予想されている。

二〇一八年のカリフォルニアの山火事シーズンが残した、灰と化した残骸を思い出してほしい[3]。この年の山火事で、一八〇万エーカー以上が焼失し、推定九〇億ドルの被害があった。二〇一七年に発生したハリケーン・マリアは、プエルトリコで何千人もの死者を出し、島の一部は数カ月にわたる停電に見舞われた。バランスが悪くなっている地球がもたらす壮大な被害はさておき、裏口の外を見てほしい。子供の頃、こんなに暑かっただろうか。豪雨は少なかったのではないか。冬はもっと雪が積もった記憶がないか。どの指標で測っても、気候が根本的に変わったことに気がつく。

事実は争えない。二〇一八年は史上四番目に暑い年だった[4]。過去五年間は、気候研究者が観測した中で最も暑い五年間だった。また、二〇一八年は過去三五年間で最も雨の多い年だった。科学者たちの考えでは、この雨量の多さは、より暖かい大気による。蒸発量が増え、海が温暖化することで、嵐やハリケーンの激しさが増すのだ。前章で述べたように、二〇一八年は自然災害が最も激しい年の一つだった。米国内だけでも、激しい降雨を引き起こした二回の大西洋ハリケーンを含む一四件以上の災害があった。

「気候変動」とは、アンデス山脈の氷河の減少から、アメリカ中西部の草原火災の増加、そして病気を媒介する蚊の増加まで、無数の地球規模のプロセスの総称である。気候変動の回避、緩和、適応について述べるには、もっと分厚い本が必要となる。この本では、私がいちばんよく知っている「水」に絞って書く。水に注目するのは、「蛇口から何も出てこないときはどうしたらいいのか」という問いの方が、「二一〇〇年に世界の平均海面が一メートル高くなったらどうするか」という質問よりはるかに説得力があり、よく目に見え、行動につながる質問だからだ。

これは、あなたの孫世代の遠い将来の話ではない。今、死の床に就いているのでない限り、この本を読んでいるあなた自身の直面する問題なのだ。気候変動は、地球上の飲料水の量を減少させている。問題の範囲と深刻さを理解し、即座に行動を起こす必要がある。

二〇一八年一〇月、国連気候変動政府間パネル（ＩＰＣＣ）が発表した報告書は、事態がいかに悪いかを率直に書いている。あと十数年のうちに気温を安定させなければ、深刻な事態に直面する。四〇カ国から九一人の科学者チームが集まり、このテーマのほぼすべての研究論文を調査・検討した結果、今行動すべきだと結論づけた。気候変動は明白で、世界中の何百万人もの人々に直接的な影響を及ぼす。今歯止めをかけなければ、未曾有の森林火災、大規模の食糧不足、世界のサンゴ礁の消滅など、数知れない大惨事につながる可能性がある。

報告書の中身に入る前に、著者について少し話そう。IPCCのイ・フェソン議長は、韓国の気候経済学に関する国際的な専門家で、気候について世界で最も信頼されている権威である。IPCCは独自の研究を行うのではなく、気候科学と気象学の分野における最新の研究成果を報告書としてまとめる国際機関で、世界各国の政府は行動を起こす際、それを参考にしている。このプロセスには、何千人もの科学者が参加している。IPCCは三〇年間、活動を続け、二〇〇七年には、その世界的な評価によって、ノーベル平和賞をアル・ゴアとともに受賞した。IPCCを非難するなら、その組織的なコンセンサス重視のせいで、気候変動の脅威を控えめに出している点が挙げられる。同報告書には、文章や結論のほぼすべてに信頼性評価（低、中、高）が付いている。IPCCは、自らが最も厳しい批評家なのだ。

気候変動ジャーナリストのデビッド・ウォレス・ウェルズは次のように書いている。「一九八八年の結成当初から、IPCCは問題に対する評価が慎重すぎると批判されてきた。もともと慎重な多数の科学者たちが、自分たち全員が合意できるような予測（その予測は政策立案者にも理解されることを望んでいたかもしれない）を目指したから無理のないことだ。パネルのウィキペディアのページには、「時代遅れの報告書」と「IPCC報告書の保守的な性質」という項目がある[5]」。読む時は気を付けてほしい。IPCC報告書は脅威を誇張せず、軽視している可能性が高いからだ。

この報告書の正式名称は「一・五度の温暖化：工業化以前の水準と比べた一・五度の地球温暖化の影響と関連する地球温室効果ガス排出に関する気候変動、持続可能な開発と貧困解消努力への地球規模の対応を強化するという観点からの特別報告書」である。このタイトルが重要な示唆を与える。ＩＰＣＣは、丹念に数字に基づいて、何百ページも概説することにより、地球温暖化を産業革命以前の水準から一・五度に抑える場合、何が起こるかを説明している。

地球全体では、すでに産業革命以前のレベルを一度上回っている。この報告書は、一・五度に抑えることは非常に困難だが重要である、と言う。〇・五度の差は大したことでないと思われるかもしれないが、そうではない。科学者たちの言う一度の差とは、季節外れの暖かい日や寒い日の話ではなく、平均的な地球の温度の差のことだ。〇・五度の差は、人類の文明と生活様式が依存する繊細なシステムである地球の、根本的な変化を反映している。

ＩＰＣＣ第二作業部会のハンス・オットー・ポートナー共同議長は、「少しでも温暖化することは心配材料だ。特に、一・五度以上の温暖化は、一部の生態系の消失など、長期的または不可逆的な変化のリスクを高める」と述べる[6]。活字では小さく見える気温差も、何百万人もの生死にかかわる問題なのだ。

この著者たちは、産業革命以前の水準から一度上昇する気候変動がすでに起きたと言う。同報告書の作業部会共同議長を務める気候学者のパンマオ・ツァイは、「この報告書の強くて重要なメッセージは、私たちはすでに産業革命以前より一度高い気候変動の結果、異常気象の増加、海面上昇、北極海の海氷の減少などの変化を目撃しているという点だ」と言う[7]。報告書の著者らは、気候変動により、海洋熱波の発生頻度と持続時間の増加、及び陸上での熱波の増加も明らかにした。また、豪雨の発生頻度や強度の増加も関連している。地中海沿岸の干ばつリスクも高まったと述べている。[8]

しかし、この報告書が主に訴えたいのは、人間活動が気候変動の直接の原因であるという既知のことではなく、注意深く地球を見守らないと将来何が起こるかわからない点である。

温暖化が一・五度を越えたら、さらに異常気象が多発すると予想される。[9]「最も強く温暖化するのは、北米の中央および東部、ヨーロッパの中央および南部、地中海沿岸地域（ヨーロッパ南部、北アフリカ、近東を含む）、西部および中央アジア、アフリカ南部（信頼度中程度）である。また異常高温日数は、気温の経年変動が小さい熱帯地方で最も増加すると予測される。極端な熱波はこれらの地域で最も早く発生するだろう。一・五度の地球温暖化でも広まると予想される」。

また、この報告書では、産業革命以前の気温から二度上昇した場合についても調べている。一方で〇・五度の差は微々たるものに思えるかもしれないが、この報告書は、それでもどれほどの危機になるか思い起こさせる。二度の上昇では、海洋酸性化で世界のサンゴ礁のほとんどが破壊される。洪水は広州（中国）、ムンバイ（インド）、大阪（日本）、ニューオーリンズ、ニューヨークなど世界中の沿岸都市を危険にさらす。財産の損失の被害、数百万人の転居、そして低地を守るためのコストは、世界の一人当たりGDPを一〇％以上削減する。また、都市部を洪水から守るための最大規模の取り組みも、必然的に不完全なままとなる。ウォレス・ウェルズが指摘するように、マンハッタンは裕福なので、政策立案者はほぼ間違いなく、巨大な防潮堤を築く価値があると考えるだろう。実際、二〇一二年のスーパーストーム「サンディ」の後、すぐにそのような取り組みが始まった。しかし、これには何千億ドルも必要で、完成までに三〇年以上かかる上に、お隣りのロングアイランドは無防備なままなのだ。家を捨てる何百万人もの気候変動難民が発生したら、地方や州政府はどう対処するのだろうか。

気候変動による住民の移動は、米国も例外ではない。気候難民とは、夕方のニュースに出てくる遠い外国の人たちのことではない。カリフォルニアの山火事「キャンプファイアー」やハリケーン「フローレンス」で家を追われた家族のことだ。「災害の生存者は、小売店の駐車場にテントを張ってキャンプをしたり、友人のソファーで寝たり、破壊された自宅の芝生にトレーラーを停めたり、住宅がますます不足している地域で、高値のアパートを借りたりしている」と環境レポーターのアリーン・ブラウンが書いている。洪水・火災保険、連邦緊急事態管理庁のようなセーフティネットも、被災者が住居を確保し、食事をし、自立するには不十分なのだ[10]。

深刻なのは、世界各国の政府が気候難民にどう対処するかだ。これも仮定の話ではない。米国の南部国境に到着する難民は、中米の干ばつから避難してきた人々だ。そのうちの一人が、ホンジュラスから移民キャラバンに参加した農民のダビッドである。レポーターのブラウンが、中米とメキシコを徒歩で縦断する、考えられないほど危険な旅に出た理由をきくと、ダビッドは、「干ばつのせいだ」と答えた。

米国でいちばん身近に感じるのは大規模な日照りである。地中海沿岸地域（南ヨーロッパ、北アフリカ、北アフリカを含む）では、干ばつの数と規模は「一・五度の場合よりも二度の場合の方が大幅に大きくなる」[11]。社会経済的な違いも影響する。最貧層の人々がより大きな被害を被る。しかし、私たちも免除されるわけではない。温暖化が二度進むと、最大で四億人が、ケープタウン以上の水不足に苦しむのだ。

しかし、摂氏二度という温暖化も「楽観的」であることに留意してほしい。CO_2排出量を劇的に変えない限り、今世紀末までに三～四度の温暖化が起きる。三度なら、南欧やアフリカで数年にわたる干ばつが発生する。四度では、世界の穀物生産が半減し、経済危機や飢饉が頻発する。この報告書をじっくり読むと、一・五度の温暖化なら、惨状の心配はあるものの、それ以上の温暖化に比べれば、ある種のハッピーエンドのように聞こえ始める。

きれいな水へのアクセス

私はこのIPCC報告書を非常に興味深く読み、大きな不安を覚えた。というのも、世界の気候変動は、私が米国でライフワークとしている「人々がきれいな水にアクセスできるようにする」ということと結びついているからだ。しかし、このIPCC報告書のわずか数週間後に、もっと身近なところで、別の報告書が発表された。二〇一八年一一月下旬に、一三の米国連邦機関が独自の報告書を発表したのだ。米国が気候変動に対処しなければ経済の一〇％を失うリスクがあるという報告書である。読んで字のごとく、気候変動は、わが国のGDPの一〇分の一に直接的かつ積極的に脅威を与える。『ニューヨーク・タイムズ』紙が報じたように、損失は、「一〇年前の大不況［リーマンショック］の二倍以上」に相当する。[12] IPCC報告書と同様に、米国内の報告書でも、西部では毎年山火事が発生し、中西部では作物が不作になり、大西洋岸とメキシコ湾岸で記録的なハリケーンが発生しているが、原因は気候変動なのだ。

一六五六ページのこの報告書は、その調査結果だけでなく、発表されたこと自体も注目に値する。実は、NASAや環境保護局を含む一三の連邦政府機関が協力して、トランプ大統領の見解と真っ向から対立する報告書を発表したのだ。トランプ大統領は、その他の問題発言と並んで、「美しく、クリーンな石炭」を称え、気候変動を「中国のデマ」と断じている。それに対してこの報告書は、米国で出版された最も包括的なデータ集であり、地球温暖化の原因は人間であるという以外に「説得力のある説明はない」と断定している。トランプ大統領はこの報告書の結論に同意せず、環境保護庁に対して、気候と環境および水供給に関して、地球温暖化を大幅に悪化させるよう指示したのだ。自動車の排気ガス基準を緩めたのはその一例である。彼はまた、科学者たちに対して、研究を二週間繰り上げて終わらせ「ブラック・フライデイ」当日に報告書を公表するよう指示した。[13] この日は多くの米国人が休日のショッピングに気を取られ、新聞の見出しをチェックしない日なのだ。案の定、週明けの月曜日に質問されたトランプ大統領はジャーナリストたちに、「私はその報告を信じていない」と発言している。[14]

「この政権が発表した報告書と、この政権自身の政策には奇怪な食い違いがある」と非営利の気候変動研究機関、ウッズホール研究センター代表のフィリップ・B・ダフィーは、『ニューヨーク・タイムズ』紙に語っている。[15] しかし、ここでは少なくとも、ポジティブなことに目を向けよう。気候変動を否定する人物が見出しを飾っていても、科学者や政策の専門家たちが舞台裏で働き続け、私たちに気候変動の現実を知らせ、手遅れになる前にその問題に対処できるようにしてくれている。手遅れになるのはいつだろうか。IPCCは、二〇四〇年までに一・五度の温暖化が固定化されると指摘している。

気候変動のような大問題に対して、どうすればいいいか。この章の最後に、いくつかの実用的な提案をしたい。しかし、その前に優先すべきことがある。気候変動の事実を直視することが大事だ。連邦政府の報告書が結論で手加減していないことが嬉しい。「平均的な気候条件の変化と並んで、頻繁で激しい異常気象は、地域社会に不可欠なインフラや生態系、社会システムに継続的なダメージを与える。将来の気候変動は、特に老朽化し劣化したインフラ、生態系のストレス、経済的不平等が、さらに繁栄を妨害する」[16]。

水に関して、この報告書は非常に厳しく指摘している。「大気・水温の上昇と降水量の変化により、干ばつが激化し、豪雨が増え、積雪が減少し、表流水の水質低下を引き起こす」[17]。

細部を調べる価値はある。気候変動がもたらすのは、気象パターンの変化だ。雪が多くなり、雨が不足し、寒いはずの地域が暖かくなる。過去と比較して、利用可能な水量が予測できなくなるのだ。気候変動はまた海面上昇につながり、塩分を含んだ海水が上昇し飲料水に混じると、人々が利用できる水の量がさらに減る。私たちが利用している水や廃棄物の処理施設は、温暖化を想定していない。試算によると、ダム、下水道、下水処理場、排水処理場などの水インフラの更新だけで、今後二五年間で一兆ドルの費用がかかる[18]。

危険なのは飲料水だけではない。生活や経済のあらゆる面で水は不可欠だ。例えば、発電所が冷却できなければ、エネルギー問題が生じると報告書は指摘している。水力発電所など、水から直接得られるエネルギーもある。そこでは、環境変動により水の総量が減少すると、発電量も確保できなくなる。消費者は化石燃料に依存し、温暖化ガスが増えるという悪循環に陥る。家畜は飲む水が必要だという点で、農業［酪農］は、環境変化による水量の変化の影響を受ける。もちろん、私たちが食べる農作物は、水に依存している。二〇一二年の干ばつでミシシッピー川は記録的な低水位となり、輸送に支障をきたし、中西部では作物の収穫ができず、出荷が滞った。毎晩の天気予報の極端な洪水や干ばつに目を奪われると、より深刻で体系的な変化や衝撃を見逃してしまう。その影響は何十年も続く可能性がある。

このＩＰＣＣ報告書には、特に強調したい点がある。「水システムは、気候変動がなくとも、かなりのリスクに直面している」ということだ[19]。気候変動が解決しても、ダムや堤防の維持管理は不十分で、「最近の一連の豪雨で、ダムや堤防、あるいは重要なインフラが破壊された」ということになるのだ。

悪名高い失敗は、二〇〇五年のハリケーン・カトリーナの際に決壊したニューオーリンズの堤防である。その結果、悲惨な洪水が発生した。しかし、同じような水関連設備の失敗は、米国で日常茶飯事だ。例えば、二〇一五年と二〇一六年、サウスカロライナ州では、異常降雨の圧力で七五基ものダムが決壊した。二〇一七年には、カリフォルニア州北部のオロビルダムの放水路が崩壊し、約一八万の住民が避難した。これらは突発的な事例だが、蛇口にきれいな水を供給するインフラ全体は深刻な状態にあり、改善が必要だ。報告書では、「全米で、水道の基幹インフラの多くは老朽化しており、場合によっては、劣化が進んでいるか、設計寿命が近づいているため、故障のリスクが高まっている。さまざまなデータから、ダム、堤防、水道橋、下水道、上水道と汚水処理場の再建・維持管理費用を合計すると、数兆ドルにのぼる」[20]。ダムの近くに住む米国の多くの人々にとって本当に恐ろしい結論は、「米国にある一万五〇〇〇以上のダムが、決壊すると大損失につながる高危険度ダムに指定されている」という事実だ。

気候変動は特に飲料水に対してどのような悪影響があったのか。気温の上昇に伴い、国内のさまざまな地域で降雪量が減少している（報告書によると、これは特にアメリカ西部で顕著だ）。雪解け水は、飲料水として利用している淡水層に流れ込む。雪が減れば、雪解け水も少なくなり、水位も下がる。降雨量の増加で相殺されると考える人がいるが、降雨は問題を解決しない。第一に、降雨は水不足の地域に集中することはない。連邦政府の報告書によれば、たとえば、「二〇一一年から二〇一六年のカリフォルニアの干ばつは、記録的な高温と、低降水量が特徴である」。第二に、大雨が降ると、汚染物質が流出し、水源に流れ込んでしまう。二〇一八年のハリケーン「フローレンス」の際に、ネット上で拡散したノースカロライナ州の貯蔵池から流出した豚の排泄物の写真は記憶に新しい。加えて、雪解けが早く起こり、融けた氷河が水生生態系を変化させるので、報告書では、「人間の生活と生態系維持のための水の供給が減少し、同時に非常に不安定になるリスク」があるとしている。

気候変動は、水の需要にも影響する。気候変動が水に与える影響は悪循環に陥る可能性がある。温暖化により、利用できる水が枯渇する一方、人間はより多くの水を必要とするようになる。もちろん、このような悪循環が起こるのは明らかで、暑ければ、私たちは多く水を消費する。また、灌漑用水は蒸発が早くなるため、農家はその損失を補うためにさらに水を使うようになり、その結果、地下水脈のような貴重な資源を枯渇させる。つまり、気温が上がれば、農家は経営のために、より多くの水を消費するのだ。

気候が変わると、水質も変化する。大規模な洪水などで水の流れが変化すると、病原体、微生物、土砂、海水など、新たな物質が飲料水に混入する。海面上昇と給水インフラの劣化で、「塩水遡上」はカリブ海から太平洋に浮かぶ島々及びマイアミの飲料水にとって深刻な脅威となっている。

マイアミはすでに、太陽が出ている日でも「慢性的な洪水」に直面している。しかし、マイアミの水問題は、海面上昇だけではない。海面上昇で、マイアミの飲料水である地下水にも塩水が浸透してくる。また、気候変動に伴う雨や洪水の増加により、地元のスーパーファンド埋立地からの有害廃棄物や浄化槽からの人間の排泄物などで、地下水が汚染される恐れがある。現在、マイアミでは、簡単に利用できる帯水層から水を汲み上げている。しかし、『ブルームバーグ・ビジネスウィーク』誌は、「地表に近く安価で豊富な淡水がなければ、この暑い都市は人が住めなくなるだろう」と書いている。[21] この記事の見出しはもっと悲惨だ。「マイアミはまもなく水没する。しかしその前にマイアミの飲料水がなくなる」。

これとは別の飲料水の大規模な劣化が、二〇一四年八月、オハイオ州トレドで起こった。有毒な藻がエリー湖で発生し、微生物が住民の飲料水を粘性のある緑のスープに変えてしまったのだ。藻は単に水を変色させただけでなく、人間の嘔吐やペットや家畜の死につながる毒素を発生させたので、地元の浄水場が対応できなくなった。五〇万人の住民は飲み水のない状態に陥った。最近の連邦政府の報告書によれば、これは一過性のものではなく、気候変動のもうひとつの影響である。「気候変動に伴う気温の上昇と降水量の多さが、HAB（有害藻類ブルーム）の発生に寄与している」のだ。実際、そのようなブルームがエリー湖ではこの一〇年間、増加傾向にある。オハイオ州だけではない。二〇一八年の夏には、フロリダで最近一〇年以上で最悪の有害ブルームが発生し、数千匹の海洋動物が死亡した。

これらの理由から、地球の温暖化は、直接的にも間接的にも水質を悪化させる。水システムへの悪影響は、相互に関連している。その意味で、これは地球の気候変動と似ている。気温が上昇すると北極の永久凍土が溶けてメタンガスが放出され、気温がさらに上昇する。また、二酸化炭素が海に流れ込み、海を酸性化させる。水道システムも複雑で、予期せぬ衝撃を受けやすい。

トレドのケースをもう一度考えてみよう。ここでは、一時的に飲料水が使えなくなったが、それは悲劇というよりむしろ不便だというだけのことだった。藻の大発生の間だけ、住民はペットボトルに頼ればよかった。しかし、ペットボトルの水は魔法のように棚に並ぶわけではない。ミネラルウォーターの製造は、他の水源を枯渇させるだけだ。瓶詰めや輸送の過程で産業廃棄物が出るので、飲料水の喪失だけの話ではない。ミネラルウォーターで解決できるのは、飲料水の問題が地域限定的で短期的に発生した時だけである。水不足が長期化し、あまりに多くの人が苦しむようだと、もうトレド程度の問題ではなくなる。ミネラルウォーターを棚に並べても、すぐ売れてしまうケープタウンのような状況になるのだ。

二〇一二年の中西部の大凶作はどうか。数世紀前、このような作物の不作は、地域全体を飢えさせ、多数の死者をもたらしただろう。幸いなことに現在では、そのような飢饉はめったにない。世界の食糧システムの柔軟性と回復力により、地域的な不足を補うことができるからだ。二〇一二年の不作を食料品店での価格上昇という形で体験した人はいた。でも家族を養えないという苦悩はなかったと思う。しかし、二〇一二年の不作が限定的だったのと同じ理由で、干ばつの深刻化も心配だ。つまり、地球規模の食糧供給システムと水供給システムは相互につながっている。このシステムは、局地的な不作に適応できる。しかし、干ばつのペースが速くなり不作になると、影響はグローバルなシステム全体に波及するのだ。摂氏四度の温暖化の結果、世界の穀物生産量が半減する。ウクライナやジンバブエで干ばつが発生すれば、ロードアイランド州の食料品店の棚が空っぽになるのだ。

ある意味で、連動している社会生活が、突然うまくいかなくなるのは、気候変動の最大の悲劇と言える。そのシステムが崩壊する瞬間に、何気なく頼ってきた自然や人間のシステムの相互依存性と美しい複雑さに気づくことになるのだ。

しかし、まだ少し抽象的に感じられるかもしれない。例えば、蛇口をひねる時、地球規模の水システムについて考えることはない。ひねるだけで出てくる命の源である水のことは、少なくとも常には考えていない。感謝したい気分の時は、贅沢でなくごく普通のこととしてきれいな水が飲める場所に住める幸運に感謝する。雪解け水から貯水池、ろ過装置、そして蛇口へと水を流すインフラに依存し、それを維持するために毎日働いている人たちに頼り、飲料水が、不安定な環境条件に依存しているか、と考えて感謝する。反対に、蛇口から何も出てこないと何が起こるか、考えてみるのもいい。

ロリー・ポープはそんなことを想像する必要はない。二〇一四年、家族とアリゾナ州南東部の新居に引っ越してすぐ、彼女は蛇口から茶色い水が出るのに気づいた。手をかざすと、砂粒のような感触があった。やがて食洗機と洗濯機が動かなくなり、地元の水質調査員が彼女の不安を裏付けてくれた。「水がなくなる」[22]。彼女の家は、地下の帯水層に届く深さ三〇〇フィートの井戸に頼っていたが、それが突然涸れたのだ。隣家の井戸も同じように枯れた。ポープ一家が住んでいたサルファースプリングズ渓谷では、一〇〇世帯ほどが同じような水不足に見舞われた。

原因は、この谷の大規模農業だった。海外投資家に支えられて、この一〇年間に大規模な農業経営が進んだ。彼らは、ピーカンやピスタチオの栽培に必要な水を求めて、井戸を深さ二〇〇〇フィートまで掘ったのだ。アリゾナでの地下水の採水は、現在もほとんど規制されていないので、ポープ家のような家庭が頼っている地下水を農業が奪っても、何の救済措置もない。しかし、より大きな問題は、工業化された農場が、枯渇する資源をどんどん使っていることだ。『ニューヨーク・タイムズ』紙が報じたように、「世界中の帯水層が、食糧増産と二〇年以上にわたる水不足の複合的な影響で、静かに枯れ始めている。特にこの期間のうち一〇年間は史上もっとも暑い年だった」。

帯水層は、降雨が徐々に地面に浸透し何千年もかかって蓄積されるが、人間はその何百分の一かの時間でそれを枯渇させることができる。過去数十年の間に、サルファースプリングズ渓谷の住民や農場は帯水層から、毎年、いわば破産する勢いで、浸透する量の一〇倍以上の水を使っていた。気候変動や農業の集約化により、降水量と使用量の両面で水を枯渇させるパターンが世界中で繰り返されている。

米国航空宇宙局の科学者は次のように言う。「地球上の三七の主要な帯水層システムのうち、二一が崩壊しかけている。米国グレートプレインズでは、農家がオガララ耐水層の飲用水の三分の一をわずか三〇年で使い果たした。カリフォルニアのセントラルバレー帯水層は、今世紀半ばに人間の手が届かなくなるだろう。しかし、最も悪化したのはアジアと中東だ。地球上で最古の帯水層が枯渇しかけている[23]」。

前述のアリゾナ州のロリー・ポープのような人々にとって、水不足は、ニュースや気候予測、国際的な報告書で知る抽象的なものではなく、今ここにある現実だ。彼女の家族は、家を売ることができずにいるが、幸運なことに近くの牧場に管理人として移り住むことができた。今は、井戸水で十分用が足りている。しかしロリーにとって、蛇口を開けるという行為は、決して本能的で無意識の行為ではない。「蛇口を開けたらどうなるだろう。それが何を意味するのか」と考えてしまうのだ。

以上のようなことは、どれも秘密ではない。帯水層が干上がっていることは公然の事実である。砂漠で水を大量に使う農業をやっても、水が永遠に入手できると期待することはできない。カリフォルニアでダムが決壊したり、オハイオで淡水が緑色になったり、ミシシッピ川が水位低下で船が出られなくなったりするとニュースになる。IPCCや連邦政府の報告書は、オンラインで無料で読める。だから、警告を受けなかったと言い訳はできない。

この章では、まずケープタウンの「デイ・ゼロ」の悲惨な状況と、それが一時的に先送りになっていることを説明した。しかし、この話の中で、私が最も悲しいと感じた部分には触れなかった。それは、一九九〇年四月二六日付の『ケープ・タイムズ』紙の「市は一七年後に水不足になる」という見出しだ。この予測は少し早めに出たが、本質的には当たっていた。ケープタウンは警告を受け、何が起こるか知っていた。本当に素晴らしい努力をかなりしたが、その警告を十分に真剣に受け止めなかった。生命の源である水がなくなるという警告を本当に信じたら、それを回避するために、どんな犠牲でも払い、どんな政策でも実行するはずだからだ。ケープタウンは対策をとらず、予言は的中した。

今日、私たちが受けているのは、ケープタウンよりはるかに大きく深刻で、無視できない規模の警告だ。ライトは赤く点滅している。私たちはその警告に耳を傾けるのだろうか。気候変動は、私たちが直面し、解決しなければならない。私は、この危機の規模も、この危機の対処法も軽視したくない。国連報告書を起草した科学者の一人は、「化学と物理の法則により、温暖化を一・五度に抑えることは可能だが、そのためには前例のない変化が必要だ」と言う。二〇三〇年までに炭素排出量を二〇一〇年比で四五％削減し、さらに大気中の二酸化炭素を物理的に除去する必要もある。

国連の報告書がこの問題は解決できるかもしれないと書くなら、やってみる価値はあるはずだ。広く一般に気候変動がもたらす劇的な影響のうち、とりわけ水供給への影響について、まだ手遅れではないからだ。ご存知のように、私は傍観者ではない。毎年会い、話をする何千人もの人々は、何か行動を起こしたいと思っている。自分の声を聞いてもらいたいのだ。おそらく最も重要なこととして、自分の子供や家族、隣人が安全できれいな水をずっと飲めるようにしたいと思っている。では、どうすればそれを実現できるのだろうか。私たちは何をすればいいのだろうか。私たちの地球と水のために、私たちはどのように具体的な行動を起こせばよいのだろうか。いくつか提案したい。

投票に意味がある

環境保護庁を汚染産業に明け渡し、燃費基準を骨抜きにしたことに加え、トランプ政権が招いたもう一つの深刻な結果は、パリ協定から米国を脱退させたことだ。パリ協定は、二〇一六年に米国が妥結交渉に協力し、世界で団結してこの問題を解決しようと目指している。トランプ政権自身が発表した報告書で、気候変動がリーマンショックの二倍も経済に打撃を与えると指摘しているのに、協定から離脱することで、米国は気候変動との闘いに真剣でないことを世界に知らせたのだ。中国と並んで、米国は世界でもっともたくさん炭素を排出しているので、米国抜きにした気候変動の解決策は考えられない。

地球温暖化のような、大きな難問にどう対処すべきか。まずは、あなたの一票から始めてほしい。次回の選挙では、有権者として地球温暖化に関心を持っていることを候補者に伝えよう。もし、議員の発言が気に入らないなら、それも伝えよう。手紙を書き、電話して、答えを求めよう。次の選挙では、地元や国の候補者がパリ協定をどう受け止めているか確認し、投票しよう。友人にも投票するよう伝えよう。

もう一度言うが、これは政治的な立場を明らかにしたり政党を選んだりするためではない。私はこれまで、この問題に対する民主党と共和党双方のアプローチに失望している。この問題は政治的な問題ではないし、そうあるべきでもない。現実の科学的な問題であり、ＩＰＣＣ報告書が示すように、確立され、よく研究され、合意された結論があり、私たちはそれを真剣に受け止める必要がある。私は最近の選挙に勇気づけられている。二〇一八年には、このテーマについて的確な意見の新しい男女が議会に選ばれた。彼らは、「グリーン・ニューディール」のような解決志向の法案を提出し、炭素排出量を削減し、経済活性化のために新たな雇用創出に取り組む。気候変動を議論の中心としていること自体が重要なのだ。

ＩＰＣＣ報告書でおそらく最も重要なのは、メディアが軽視している点、つまり地球温暖化に対処する時間はまだ残っている、という点だ。事態は悪く見えるが、希望はある。「もう黙ってはいられない、これは地球の問題であり、米国はその解決をリードする必要がある」から希望を行動に移すことが大切だ。この本のすべての章の最後に、あなたができることを書いているが、この章も同じだ。地球温暖化のような解決不可能と思われる問題にも注意を払う必要がある。なぜなら、あなたもあなたの子どもたちも飲む水のことだから。本当に行動を起こさなければ、水道の水は思ったより早く枯渇するだろう。

ビジネスリーダーを見る

米国の民間企業には、気候変動に積極的に取り組んでいるリーダーたちがいる。イーロン・マスクは物議を醸す人物だが、私は、トランプ大統領がパリ協定から離脱した途端、彼がとった行動には拍手喝采する。彼はホワイトハウスの諮問委員会から退いたのだ。「諮問委員会から脱退する。気候変動は現実だ。パリ協定を離れることは、米国にとっても世界にとっても良いことではない」。

こうした批判が想像できただろうか。イーロン・マスクが気候変動に関して公に堂々と政治を批判したのだ。彼は自分の言葉を理解している。樹木に抱きつく自然愛好家でも環境保護活動家でもなく、自動車とロケット企業の社長だ。科学的知識も豊富で、気候変動が単なる恐い言葉でないと理解している。

なぜ、彼の話が重要なのか。それは、ある企業のＣＥＯが勇気をもって信念を貫いているからだ。非難を浴びようとも、それに耐える時、そのようなCEOに拍手を送り、応援したい。ディズニーのCEOであるボブ・アイガーも、パリ協定の離脱決定後、ホワイトハウスの諮問委員会を去ることを発表した。アマゾンCEOのジェフ・ベゾスは、気候変動と戦う計画を公にしている。アップル社のティム・クックCEOは、持続可能なビジネスの先駆者であり、他のリーダーたちに行動を呼びかけている。

日用品やサービスを提供する企業のリーダーたちに、このテーマについて彼らの動きに注目している、と知らせよう。一般人がパリ協定に反対のツイートをするのと、マスクやクックがパリ協定に反対して、ホワイトハウスが間違いを冒したと表明するのとでは、インパクトが異なるのだ。

直接行動を起こす

しかし、あなた自身は個人的に何ができるか。もしマスクやクックのような人がホワイトハウスに気候変動の現実を受け入れさせることができないのなら、あなたは何ができるだろうか。

実は、かなり多くのことができるが、それには、米国内あるいは世界で同じ信念を持つ人々と力を合わせる必要がある。インターネットやソーシャルメディアのおかげで、同じ信念を持つ仲間を見つけるのは、かつてないほど簡単だ。私たちの歴史の中で、ボイコットや市民的不服従のような手段は、必要な変化をもたらしてきた。例えば、二〇一六年と二〇一七年に行われたスタンディング・ロックの抗議行動では、アメリカ先住民の土地と飲み水を脅かすノースダコタ州のパイプラインに抵抗するため、何千人もの人々が集まった。短期的には、パイプラインを阻止できなかったが、彼らの行動は全米の一般市民を刺激し、突き動かした。そのうちの何人かは二〇一八年の中間選挙で公職に立候補し、当選している。

気候変動という最悪の事態を食い止めるには、声を上げると決意した多くの一般市民が、このような勇敢な姿勢をとることが必要だ。身近にいる気候変動活動家と連携するには、パソコンやスマホでのほんの数クリックで十分だが、それが大きな変革につながっていく。

フットプリントを減らす

気候変動は、ランチに肉を食べる、大西洋横断航空券を予約する、自転車ではなく車で通勤するなど、毎日行っている何百万もの小さな決断の結果である。私やあなたの選択が気候変動につながっている。私はそれを指摘し、あなたに力があることを感じてほしい。気候変動は私たちに降りかかってきているのではなく、私たち全員が加担しているので、早く行動すれば改善できる。気候変動が恐ろしいのは、私たちの小さな、一見取るに足らないような選択が、時間とともに生活を根底から覆すほどの影響力を持つようになることである。しかし、これが気候変動の幸いな点でもある。解決策は決して複雑ではなく、日々の小さな選択と同じレベルにあって、まさに今この瞬間あなたがいるところから始まるのだ。

二〇一七年、研究者チームが三九の研究結果を検討し、炭素排出量を減らすために、個人ができる最も効果的な手段を特定した。[24] 上位一二のアクションを紹介しよう。

1. 子供を一人産むのを減らす
2. 車を使わない生活にする

3. 大西洋横断便の往復を一回減らす
4. グリーンエネルギーを購入する
5. より効率の良い車を買う
6. 電気自動車からカーフリーに切り替える
7. 植物性食品を食べる
8. ガソリン車からハイブリッドカーに買い換える
9. 洗濯物を水洗いにする
10. リサイクルする
11. 洗濯物を吊って乾燥させる（乾燥機を使わない）
12. 電球を交換する（LEDを使用）

もちろん、あなたが子供も車も持たず、乾燥機も使わない菜食主義者であったとしても、一分間に大気中に送り込まれる炭素の総量は、わずかしか減らないだろう。そうならなぜ、敢えて気にするのか。何より、それが正しいことだからだ。気候変動を悪化させたくない。それだけだ。時として私たちは、結果が確実に得られるかどうかに関わらず正しいことをするよう求められる。しかし気候変動の場合、一致団結して正しいことをすれば無力だとは限らない。周りで水が枯渇したり毒で汚れたりした時、ただ手をこまねいている必要はない。まず生活の中で行動を起こし、同じ思いを持つ人たちと手を取り合い、手遅れになる前に、権力者に働きかけるような運動を始められる。水について学ぶことで、より理解が深まるように、気候変動の生活への影響に対処することで、未来の選択肢を開拓できるのだ。

今すぐ行動を起こすためのモチベーションが必要なら、こんな話を紹介しよう。この本を編集しているとき、コロラド川に関する気候変動の新しい見出しが目にとまった。二〇二〇年二月に発表された研究により、米国西部の悲惨な水事情が確認されている[25]。長年にわたる干ばつと気温の上昇によって川が悪影響を受けていると誰しも感じていたが、米国地質調査所のコンピュータ・シミュレーションと過去のデータから、毎年の積雪量の減少により、約一五億トンの水が失われていることがわかった。この量は、米国人約一〇〇〇万人の年間水消費量に匹敵する。コロラド川は南西部で最大の最重要な川で、四〇〇〇万人に飲料水を供給し、毎年一兆ドルの経済活動を支え、何百万エーカーの農地に灌漑用水を供給している。

問題は、この数字は憂慮すべきものに聞こえるが、蒸発は新しい現象ではないことなのだ。科学者たちは何年も前からこうした問題を監視し、警告してきた。二〇一五年、研究者は蒸発を「ミード湖やパウエル湖を含むコロラド川流域の大規模かつ継続的な問題であり、毎年約五〇〇〇億ガロンの水が蒸発している」と警告している[26]。この二つの湖は、全米で最も大きな人工の貯水池だ。この水は一度なくなるとそれで終わりになる。消えてしまうのだ。私は、一九八六年からのパウエル湖の水損失に関する研究報告書を持っている[27]。新しい水管理戦略を見つける時が来たのだ。気候変動に対処する時なのだ。

地球温暖化は、本書で取り上げた多くの問題と同様、遠い存在、理論的な存在、解決不可能な存在に見える。しかし、水質汚染や有害物質が地域社会にもたらす脅威のように、「必ず」何かできることがある。私は、人間が引き起こした問題で、人間が解決できないものはないと信じている。地球温暖化も同じだ。人生で学んだ一番大事なことは、一人ひとりが世界を変えることができることなのだ。

第12章　行動する時が来た！

スース博士の代表的な児童文学『ロラックスおじさんの秘密の種』は、責任と自然環境の物語である。作者は、この本が自分のお気に入りであり、企業の強欲が自然環境を破壊していることを目の当たりにした怒りから書いたと言っている。私たちは皆、「あなたのような人が、とても深刻に心配してくれないと、何も良くならない」と言うが、それは間違っている」という格言を知っていると思う。

最近、孫娘たちにこの物語を読んで聞かせているうちに、私は飲料水の危機を考えて、怒りがこみ上げてきた。毎日連絡をくれる人たちが、このフラストレーションを感じている。市民を保護するための環境規制が破綻しているのを知り、自分の目で惨状を見て落胆している。多くの人が地元の役人に連絡を取ったが無駄だったと言う。正直言って、何をすべきか、どこに向かえばよいか、わからないでいる。

私は、今までにない不確実な状況の中で、強く生きるための激励とやる気になる言葉を送り続けたい。皆さんは、これまで政策の役割、有害化学物質、法律、規制機関、地方・州・市政府の役割、科学的不正、そしてコミュニティの立ち上がりを学んだ。本書では、水不足（二〇〇八年以降、米国のほぼすべての地域で水不足が発生している）[1]、洪水、そして全米各地でパイプラインの破裂や爆発事故が発生し、石油が直接飲料水源に流れ込んでいるなど、喫緊の水課題には触れていない。しかし、これらの問題も非常に重要である。

「私の水は安全ですか」という質問をよく受ける。少なくとも一日に一〇〇〇回はそう質問される。水道局や規制当局は、懸念を抱く地域住民からのこの質問に答えるのに苦労する。汚染物質が発見され、飲料水の問題が解決されても、多くの人々が、健康への懸念から水道水を飲むことを拒否している。

過去一〇年間で、六〇〇〇万人以上の米国人が、産業廃棄物、農場汚染、インフラの老朽化などにより、安全でない飲み水を飲んでいる。[2] 飲料水システムの問題は、通常、解決に二年程度かかる一方、多くの浄水場では、汚染物質の除去設備を導入する余裕がない。何百万という鉛の配水管を取り替えることも含めて、全米で水道システムのアップグレードが必要である。何百万ポンドものヒ素、鉛、水銀など有毒な産業汚染物質を排出し、川や小川に投棄している約四〇〇の石炭火力発電所は大問題だ。[3] 長年の政治的抗争と、規制官庁に圧力をかける産業界の資金により、環境保護庁の行動は圧倒され滞っている。最近の行政命令と予算削減案は、環境保護庁を元に戻すのに何十年もかかるような損害を与えているのだ。

何百万人ものアメリカ人がさらされているＰＦＯＡやＰＦＯＳといった化学物質は、まだほとんどの水道供給システムで規制されず、定期的な水質検査もされていない。これらの化学物質は、ガンや甲状腺障害、免疫力の低下、その他多くの健康問題に関係している。私が本書の執筆を始めた二〇一六年、環境保護団体である環境ワーキンググループ（ＥＷＧ）は、一六〇〇万人のアメリカ人が、ＰＦＡＳという総称で呼ばれるこれらの有機フッ素化合物にさらされていると報告した。二〇一八年五月には、同団体は、一五〇〇を超える給水システムがこれらの化学物質に汚染され、全米で最大一億一〇〇〇万人に影響があると報告している。環境保護庁は同月、ＰＦＡＳ問題をテーマに首脳会談を開催した。同庁はＰＦＡＳ化学物質について、二〇一三年から二〇一五年にかけて公共水道の全国検査を義務付けたが、検査結果は何カ月も公開されなかった。確かに同庁は、ＰＦＡＳの濃度が最も高い自治体を特定したが、九〇ppt以下のＰＦＡＳが検出された公共施設の名前は公表しなかったのだ[4]。つまり、何百万人もの人々が、生活用水が汚染されていることに気づいていない。この記事を書いている間にも、多くの地域で水道水中の化学物質に関連した健康被害が発生している。フロリダ州サテライト・ビーチでは、地元の高校の同窓生にガンが多発していることが、ガン専門医でガンのサバイバーでもあるジュリー・クリフト・グリーンワルト博士の目に留まった。彼女は近くのパトリック空軍基地の水から発ガン性物質が検出されたという記事を読んで、そのことを個人のフェイスブックに投稿したところ、ガンと診断された人たちから何百ものメッセージが寄せられた。現在彼女は啓発活動をしながら、飲料水に含まれるこれらの化学物質について追加調査を行い、次世代の学生をこの環境汚染から救うために活動している。

この問題はもう無視することはできない。今日米国で、きれいな水の最大の障壁は、化学的、物理的、金銭的な問題ではなく、政治的な問題だ。政治体制が暴走し、最も貴重な資源である水を破壊している。これは、もはや「ふつうのこと（Business as usual）」ではない。今、飲める水が一滴もないという状態にならないよう、戦うべき転換点に立っている。問題は、正しいか正しくないかの争いだ。右か左かの問題ではない。ミシガン州フリントの水道水危機から、フロリダのオキチョビー湖の有毒廃棄物排出問題まで、根本的な原因は、常に政治的なプロセスにある。地域住民や消費者が積極的に参加し、水道水に何が起こっているのかを知り、そのプロセスに参加すれば、真の変化と前進が起こる。意思決定は、最も得をする人か最も損をする人のどちらかが決定する。最終的に被害を受ける地域住民や危険な水を飲まざるを得ない消費者は、そのプロセスに参加しないことが多い。彼らは、強力な企業の大きなロビー活動によって切り捨てられる。これらの事例では、事実がねじ曲げられ、誤解を招くようなキャンペーンが展開されている。これらの問題は複雑なのだ。しかし、米国に住む皆が注目し、学び、取り組む必要がある。これ以上、政府が特別な利益集団に遠慮し続けるべきではない。これは党派の問題ではなく、人権問題なのである。

「私たちにできることは何ですか」というのが二番目に多い質問で、未来に希望を与えてくれる。皆解決に貢献したい。私の役割は、水に何が起きているかにスポットライトを当て、教え、情報提供し、真実を伝え、エンパワーする（力づける）ことだ。きれいな水を求める闘いでは、事実が最大の武器になる。

根本的な問題は、政府は誰のために働いているのかだ。事実や有権者の関心事に反応しない議員は支持できない。そのために、私は全米と地方で行動を起こし、地域社会や指導者が、「真実、回答、解決策」という三つの政治の手段で強く闘えるよう働きかけている。ミシガン州フリントのデイン・ウォーリング前市長のように、水危機の際、テレビで有権者に「水は安全だ」と言う市長はもう要らない[5]。彼は、自分も家族も毎日水を飲んでいるとツイート（発信）したのだ。リック・スコット前フロリダ州知事のように、フロリダで何年も有毒な藻を発生させ、水、野生生物、そして人々に害を及ぼした危機を無視する知事も、もう不要だ。今こそ、このような地方自治体の役所に押しかけ、電話をかけまくり、独立の研究と検査に資金を投入することで、問題解決を進めよう。

環境保護政策は、この政治的混乱期に後退し、忘れられ、優先順位が下がった。これは不可解で信じられないことだが、それでも私は、時代が何か教えていると感じる。よく見ると、私たちがあると思っていた保護が、実は存在しないことがわかった。見守ってくれていると思っていた機関が、実はそっぽを向いていた。水や環境、健康への影響が深く理解できた今、直面する深刻な問題に再び焦点を当てよう。情報と理解が進めば、身近なことに警戒し、率直に言えるようになる。環境保護庁の大幅な予算削減と、多数の汚染物質の深刻な被害を考えて、市町村や州ごとに協力し、未来に向けて声を上げよう。

「ヒューストン、緊急事態発生」

この国家的危機を解決するための最初のステップは、問題があると認めることだ。私たちは、"#Me Too"や"Time's Up"のような先駆的な反セクハラ運動や女性のエンパワーメント運動、そして学校での銃乱射事件に抗議する"#NeverAgain"運動の台頭を見てきた。こうした運動と同じように、力強い水の運動が必要だ。あなたは思っている以上に力がある。この国のあちこちに、水について深く考えている人がいて、すべての人にきれいで安全な水を届けようと活動している。もっと多くの人が参加し、市民の活力を発揮してほしい。このような勢いは以前に見たことがある。一九六三年、ワシントンD.C.のリンカーン・メモリアル前に二五万人の人々が集まり、「ワシントン大行進」を行ったのだ。これは、アフリカ系アメリカ人がいまだに直面する不平等に抗議するものだった。一九八二年には、核兵器に反対し、冷戦の緊張を終わらせるために、一〇〇万人近くがセントラルパークでデモ行進した。この数年、数一〇〇万人が女性問題のために行動を起こしている。行進は始まりに過ぎない。果たして水運動を続ける多くの情熱的な人々が出てくるだろうか。単に若い人や被害地域の住民に呼びかけているのではない。産業界のトップ、市町村長、議員、母親、父親、科学者、学生、不動産業者、医療従事者、水道局担当者、退役軍人などにも呼びかけたい。最終的に、地域の飲料水システムは私たちのものである。水道料金を支払っている私たちなしには、水道システムは存続できない。意識を高め、飲料水システム、水インフラ設備、政府、規制機関に関心を持つ必要がある。

コミュニケーション力が向上すると、企業が成長し個人の人間関係が発展するが、水問題も、効果的な情報共有の方法が必要だ。水道事業者や浄水場の管理者、そして市の職員は、汚染問題の対処方法を学び、住民の声に耳を傾け、地域社会の信頼を回復する必要がある。会社組織は、有害物質の投棄に責任を持ち、強固な検査・監視システムを築き、公衆衛生に悪影響のある化学物質の使用を中止する必要がある。企業は環境保護のリーダーになり、人や環境に害を与えない技術革新に注力し、地域社会の良き隣人になるべきだ。医療従事者や医療専門家は、有害化学物質が患者に与える影響を理解しておく必要がある。一般市民は、自分の直感を信じ、地域社会の環境問題を見つけたら、声を上げよう。自分たちの声が重要なことを知ろう。なぜなら、知れば立ち上がることができるからだ。

ほぼ毎週、新しい市町村で、飲料水が安全でないと判明している。今まできれいな水は当たり前のものと受け止め、飲み水、料理、入浴、灌漑、野菜洗い、コーヒーや紅茶をいれるなどふつうに利用してきた。私たちは一日中何気なく、シャワーを浴び、トイレを流し、グラスに水を注ぐ。しかし、今こそ目を開き、水に起きていることを知り、行動するべきだ。この拡大する危機に終止符を打ち、基幹インフラへの投資を増やし、水質浄化法と飲料水安全法をしっかりと執行する必要がある。すでに述べたように、よい法律はできているが、万人にとって水道水の安全を確保するためには、より厳格に遵守させる必要がある。

皆さんは、隠蔽体質、事故、規制の欠如、怪しい政治の問題を見て、圧倒されたかもしれない。そうであればなおさら、皆さんに自分達で解決しようと考えてほしい。私はそのことに情熱を注いでいる。自分の中のヒーローに気づくだけで、スーパーヒーローになれるのだ。たしかに問題は深刻で圧倒されるが、リンゴを一度にまるごと食べることはできない。一口ずつ食べなければならないのだ。

水危機において市民ができる七つのステップ

水道水が有毒かもしれない、と思ったら、問題解決に向けてアクション・プランを確認しよう。

ステップ一　関心を持つ

水道水の色や臭いや水圧に変化はないか。水質報告、別名消費者信頼レポートを請求しよう。入手したら、法定基準や水道水の化学物質に関する警告を超過している汚染物質がないか、確認してほしい。もし最近、水道水に混入しているかもしれない汚染物質の記事を読んだ方はステップ二に進んでほしい。

ステップ二　事実を作り話や詐欺から切り離す

浄水場管理者や公共水道管理者と話してみよう。説明会に出席して職員に対して心配事を話そう。あなたの関心事を裏付けるために、写真を撮り、観察記録を書き、新聞記事やその他可能な範囲であらゆる証拠を集めよう。課題について市民側と水道事業者側とが議論しながら手順を決めていくのがよい。

ステップ三　真実を話し、広報する

市町村で支援者を集め、変化を実現する。多くの場合このステップはタウンミーティングを主催したりフェイスブック・グループを立ち上げたりするところから始まる。科学者、弁護士、公共企業、NGO、その他の変革を志す仲間を作り、問題意識をより信憑性の高いものにしてほしい。

ステップ四　圧力をかける

もし責任者から返事がない場合、圧力を高めよう。署名活動を始め、地元メディアを巻き込み、立て看板を作り、目的のために支援を集めよう。

ステップ五　自分自身を守る

解決策を模索する間、家族を守ろう。汚染水を飲んではいけない。問題が解決するまでの間、暫定的に家庭用浄水器またはミネラルウォーターを要求（購入）しよう。

ステップ六　ノーと言わせない

活動を持続し、議員たちに正直に言うよう圧力をかけ、対話の姿勢を持ち続け、質問を投げ続け、決して諦めないという姿勢を示し続けてほしい。

ステップ七　祝杯をあげる

何が起ころうが、変化を実現するまでどれくらい長くかかろうが、自分の旅路と、声を上げたコミュニティに、変革をもたらした勇気と努力をねぎらうのがよい。きれいな水に関するメッセージを出し続け、あなたの粘り強い努力からどれほど多くの人たちが恩恵を受け続けるか、忘れないようにしよう。

【コラム】国家的優先事項

きれいな水は国家的優先事項だが、そのために働いている人はほとんどいない。議会も会社も州や市町村の機関もほとんどない。しかし米国人として私たちは信用できる水の供給を受ける権利がある。今後何年も持続できる水道インフラの根本的な改良を要求する必要がある。二〇一六年の記事で調査レポーターのT・クリスチャン・ミラーは、「おそらく必要なのはクラウド・ファンディングによる水道プロジェクトです。これは市民による探偵団が、全米で水道水の安全性を記録するようなものです」と書いている。[6] このアイディアはすばらしい。水探偵団、水の戦士、水管理人といった呼称のどれが好きかに関わらず、あなたのような人が関わることができるし、関わる必要がある。強力な集団的エネルギーを発揮して、本当の水の変化を世界中で実現しよう。私たちは水なしには生きていけない。現実を知った今、あなたの質問は「さあ、何をしようか」になるだろう。

私が何年もかけて築いた最強のツールは、〝RAM〟だ。これは、気づき、評価、士気、の頭文字をとった造語である。個人や会社や町で、活動を強め勘を養い行動するためのものである。

R（Realization）　気づきは悟りであり対応である

他人を非難するのは簡単だが、じきに気づきの瞬間が到来し、正直に自分の行動に責任をとることになる。個人の場合なら、自分が行動し、自身の問題であると宣言し、事態にどう影響したか確認する。水道水に問題があると認めるのが第一歩だが、衝撃的なことにほとんどの人がその第一歩を踏み出さない。市町村の場合なら、記者会見を主催し、問題解明の調査委員会を立ち上げることになる。健康や幸せや生命が危うくなるまで待ってはいけない。今すぐ目を開いて、地元の水道水を正直に見よう。

A（Assessment）評価は能力を確認し、自分に責任を持つことである

自分のスキルと姿勢と信念を信じて、見えているものが気に入らないなら、恐れずに変更してほしい。必要なら一からやり直すのがよい。自分を評価し、どういう人物かよく確認したら、あとは信じればよい。同じ原則を、町に当てはめると、職員は外部コンサルタントや専門家に問題の原因を探してもらう必要があるかもしれない。安全計画と汚染レベルを評価して、課題を制御するために新たなシステムが必要かもしれない。ひとたびシステムが評価されたら、次の段階に進むことができる。

M（Motivation）動機付けとマインドフルネスは原動力となる

あなたの人生で、才能はあるが成功していない人を一人や二人は思いつくだろう。その逆に、能力はないが大いに成功している人もいるだろう。水問題の場合、成功とは、問題を解決し、よりよい何かを生み出すことと定義できる。成功のカギは、動機付けを見つけることである。動機付けがあなたを駆り立てる燃料になる。公共事業会社は、会社の職務は安全できれいな水を地域住民に届けることである、という動機付けで事業に取り組むべきだ。しかし多くの会社でこの動機付けは役立っていない。そういう場所こそあなたの出番だ。責任者は、あなたの顔を見て、問題を聞き、あなたが心配していると知る必要がある。私たちは、どれくらい力を持っているか忘れている。私たちはまた、スマホやパソコンから目を離して地球とのつながりを再確認する必要もある。最近はおしゃべりが多すぎて内面の声を聞けなくなり、周囲で何が起きているかさらに感じ取れなくなっている。川は以前よりも汚染され濁って見

えるか。空気は臭いか。風呂にお湯を入れる時、水はどうか。特に状況が変わった時には、周囲をよく観察し、細部に気を配ろう。あなた自身が一番の相棒なのだ。

信頼回復

水浄化方法に選択肢がある一方、水が飲用に適しているかを一回で確認できる検査方法はない。浄化方法を決める前に、水源水の水質を把握し、変化がないかを監視し続ける必要がある。消費者からのクレームには、仲間のポキプシーのランディ・アルスタットのように、担当者は「耳を傾ける」必要がある。ノースカロライナ州ウィルミントン市が水危機に直面したとき、当局の最初の対応は沈黙で、その後に続いたのは、「飲料水は州と連邦の基準をすべて満たしている」という主張だった。この発言は、技術的な面では正しかった。なぜなら、飲料水に含まれていた有害化学物質ＧｅｎＸ［ジェンエックス、ＰＦＡＳの一種］は、どの規制でも検査項目に入っていなかったからだ。研究者たちは、デュポン・ケマーズ社が、ウィルミントンから一〇〇マイル上流のケープ・フィア川にＧｅｎＸを垂れ流していることを突き止めた。地元の水道局は、何十万人もの人々が水道水の水源として頼るこの川からＧｅｎＸを取り除けなかった。こうした事態にどう対処すべきか、各当事者に教訓と提言を与えるために、この事例を使って説明したい。

水道事業者

消費者からの圧力が高まり、ケープ・フィアア公益事業団とブランズウィック公益事業団は、原水と浄化処理水のＧｅｎＸと類似化合物の検査を開始した。両社は新しい粒状活性炭システムと逆浸透膜システムの導入に向けて入札を開始している。両社は、これらの一〇〇万ドル規模の施設導入のツケを、消費者ではなく、ケマーズ社に回すべく、法的措置も開始している。

ウィルミントンや他の自治体が将来的に検討できる方法の一つに、テキスト・アラートがある。テキスト・メッセージは九九％の開封率で、約九〇％は受信後三分以内に読まれている。[7] 住民がすでに使っているこの方法を使えば、有用な警告や通知を送り、状況報告や注意喚起を行える。市は、何も言わない、あるいは水が全てのガイドラインに適合している、と主張する代わりに、市民を動転させないよう前もって対話集会を周知できる。ウィルミントンの場合、ほとんどの人は地元の新聞で汚染について知ったが、検査結果はすでに公開されたデータだった。市民に伝達されていなかったのだ。水道浄化設備管理者は新しい汚染物質について最新の情報を入手し、飲料水源に対する他のリスクにも注意を払う必要がある。現状維持を目指すのではなく、利用者の健康と幸福のための監視者、指導者になることが大切だ。

公益事業者は、ミズーリ大学の新しい研究成果を知っておく必要がある。ミズーリ大学の科学者たちが全国規模の調査を実施した結果、一般市民は水の改善にお金を払ってもよい、と思っていた。[8]「地域差があり、国レベルの調整は難しい」と調査者の一人、同大学自然資源学部フランシスコ・アギラー森林学准教授は言った。「それでも、全米の人々は、水質改善のためにお金を払う気がある」。

ビジネス

ケマーズ社の代表者は、ニュースが流れた後、すぐにウィルミントンの町当局者と会談し、次のステップについて、地元、州、および連邦政府関係者と協力することを誓った。しかし、この化合物を生産中止にしなかったため、メディアで批判された挙句、三通の違反通知と住民訴訟に直面した。二〇一八年六月、環境品質局が六〇日間以内に同社の大気排気許可を取り消す通知を出すと、ようやく会社は一億ドルを投資して、二〇二〇年までにジェンエックス（ＧｅｎＸ）の河川投棄などすべての排出を停止すると発表した。

産業界に対する私のメッセージはシンプルだ。真実は必ず明らかになる。倫理的な商慣行から始めれば、法律や規制を心配する必要はない。その分野のリーダーになり、地域社会の良き隣人になってほしい。あなたの会社がこの汚染と腐敗の遺産を止める会社になれるのだ。

私の体験からもう一つ例を挙げよう。ロケットダイン社は、ロケットエンジンの設計と製造を行う会社で、元々は私の自宅から近いロサンゼルス郊外にあった。一九六七年から一九九六年までロックウェル・インターナショナルの傘下にあり、最終的にエアロジェット・ロケットダインとなった。何年もの間、この会社はこの地域の上空でロケットエンジンのテストを行っていた。そのため、大気汚染防止法に違反する疑念が生じ、有害物質が近隣に流出する懸念があった。その結果、同社に対して二つの集団訴訟が起こされた。私の元上司のエド・マズリー氏がその一つを担当したが、そのときの資料が残っている。その中のひとつに、ある元従業員が、この会社に対する不安について、会社のやり方に疑問を感じたので、経営陣に相談したところ、「テストで何人か殺してもかまわない、ロックウェル社には、対処できる大規模な法務スタッフがいるからだ」との回答があったのだ。悲しいことに、このような態度はまだ大企業で横行している。ロックウェル社その他の大企業のみなさんへ、このような公害や企業の悪行によって、病気になったり、親族を亡くしたりした人たちは、あなたが思っている以上に粘り強い。弁護団の予算を減らして、皆のためになる技術革新にもっとお金を使ったらどうか。

ビジネスは、世の中を良くする力があるし、良くするべきだ。一つの方法は、キックスターター、ベン&ジェリーズ、カスケード・エンジニアリング（プラスチックメーカー）、ニュー・ベルギー・ブルーイング、ナチュラ（中南米最大の化粧品メーカー）、アイリーン・フィッシャーのような「B認定企業」の仲間入りをすることだ[9]。彼らは、第三者機関による社会的・環境的パフォーマンス、公共的な透明性、そして法的説明責任の最高基準をクリアしながら、利益と目的のバランスを保っている。二酸化炭素排出量から多様性まで、あらゆる項目で評価され、その結果を公開している。民間企業は政府機関より多くの資源があるので、無駄を省き、効率を高め、環境問題を作り出すのではなく解決することに貢献できる。

科学と健康の専門家

環境問題において、科学は非常に重要だ。ＧｅｎＸが初めて問題になったときノースカロライナ州保健社会福祉省は、七万一〇〇〇pptを健康目標としたが、専門家は、追加の研究結果から、米国疾病管理センターや他の国家保健機関と協議し、類似の化合物も考慮した結果、すぐに一四〇pptに引き下げた。

私たちは、今日市場に出ている化学物質について、もっと情報が必要だ。科学者や専門家は、より大胆に行動する必要がある。人間をモルモットにするべきではないし、毒素の放出はもっと慎重にしてほしい。私はこれまで新たな科学的知見があると、健康上の規制目標が下がることを何度も見てきた。科学と健康諮問委員会の予算を増やし、重要な公衆衛生活動を継続してほしい。

規制当局

飲料水には、医薬品や工業化学物質など多くの汚染物質が混入しているが、ほとんど規制されていない。なぜ、未規制の化学物質が水道水中に入っているのか。この国で化学物質は、有毒であることが証明されるまでは安全である、と考えられているからだ。今こそ、それを覆すときだ。考え方を逆転させて、化学物質が安全であると証明されるまでは有害かもしれない、と考えるようにする必要がある。ヨーロッパでは、化学物質から人々の健康と環境を守るための規制が二〇〇七年に制定された。それはＲＥＡＣＨと呼ばれ、Registration（登録）、Evaluation（評価）、Authorization（認可）、Restriction（制限）of Chemicals（化学物質）の頭文字をとったものである。化学物質の登録、評価、認可、制限を意味している。

この欧州連合（ＥＵ）の規制では、物質が無害であることの立証責任は企業にある。企業は、ＥＵ域内で製造・販売する化学物質を登録し、そのリスクを特定し管理する一方、リスク管理策をユーザーに伝えなければならない。リスクが管理できない場合、当局は化学物質の使用を制限または禁止できる。大西洋の反対側の友人たちがこの常識的な法律を制定できるなら、私たちもできるはずだ。

ＧｅｎＸは謎めいた化学物質で、規制の責任者が誰なのか、誰も知らなかった。環境保護庁がこの化学物質に関する規制が存在しないと表明したため、地元の規制機関は対応できないと思っていた。そのため結局、ケマーズ社は、標準的な手法として自社製品の毒性評価を自由に行えたのだ。規制機関は、公衆衛生の勧告に、専門家の査読を経た毒性学的データを必要とするが、資金が不足していて、データを得るには時間がかかる。環境保護庁は過去二〇年間、一つも新しい基準を採用することができなかった。

規制を欺いた者は厳しく処罰できる先進的かつ独創的な産業規制が必要だ。また、規制当局側には業界の元社員は入れない、と定めておく必要がある。

議員

しばしば、汚染事件はすぐに政治的な問題に発展する。人々は論争の相手を批判するが、きれいな水は民主党か共和党の問題ではない。水インフラの予算を増額し、安全策を強化し、規制を強化するために、党派を超えて立法府議員の支援が必要だ。ところが、市民が被害を受けて苦しむ中、政策立案者同士の意見がまとまらないのだ。

ウィルミントンの危機の際、民主党のロイ・クーパー知事はＧｅｎＸレベルを監視し続けるために水質衛生安全課を設立し、環境保護局のスタッフを増員しようとしたが、共和党主導の州議会で却下された。共和党は、ＧｅｎＸの研究とテストにもっと資金を投入する法案を逆提案したので、意見対立が深まった。州議会上下両院はそれぞれＧｅｎＸ特別委員会を設置したものの、議員たちが可決できないような法案を提案するので、実際の行動は停滞している。二〇一八～一九年の州予算は、ノースカロライナ州保健福祉省の水質衛生安全部門に追加資金がなかった。財源や人手がなければ、州機関は通常の仕事量をこなした上で、環境の悲劇が起こったときに手を差し延べられるだろうか。

市町村レベルでは、二〇一七年八月に行われたウィルミントンの地域団体「ウィルミントン水道のＧｅｎＸを止めよう」主催の公開フォーラムに、地方議員は誰も出席しなかった。このグループのオンライン版では、約一万人の会員がいた。地元の議員は、市民の声を聞くことで、市民と対話できるはずだ。以下は、地域のリーダーが自ら確認するための質問項目である。

- より透明性を高めるにはどうしたらよいか？
- そもそも水源を汚染から守るにはどうしたらよいか？
- 住民の信頼を回復するためにはどうしたらよいか？
- 同じような問題を経験した他の地域社会から何を学び、どうすればより早く変化を起こせるか？

人々

誰も自宅の水が汚染されていることを望んではいない。汚染を知ったら、疑問や不安を抱くのは当然だ。全国で何百もの住民の対話集会を開催してきた理由は、事実と情報を提供するためだった。通常、小さな町では、私が出席することで関心が高まり、地元のメディアがその問題を取り上げることもある。市民が水をきれいにするためにどうやって集まり、何をすればよいのか情報共有し、学んでもらえる。自分の飲料水に関して自ら質問してもいいと皆に伝えたい。質問してはいけないと誰にも言わせないでほしい。水の状況を説明するためにウィルミントンに行ったとき、集会で何百人もの人々に質問を書いてもらった。その中には、すばらしい質問があった。

- なぜ、企業が水を捨てる前に、安全であることを証明させることができないのか？
- なぜ、私たちが選んだ議員たちが、もっと早くこれを止めなかったのか？　説明責任はないか？
- ＧｅｎＸは大気中に出ているのか、出ているとすれば、それは私たちにとって有害か？
- 子供たちに安全な飲み水を確保するためには、学校にどう働きかければいいか？
- シャワーや水浴びは有害か？
- いつになったら安全な水が飲めるようになるか？
- 最前線で活躍する排水処理業者に力を与えるにはどうすればいいか？
- ＣＦＰＵＡ（ケープ・フィア公共事業公社）がＰＦＡＳを完全に除去できる排水処理施設を合理的なコストで合理的な時間枠で設置できる見込みはあるか？
- 政治家はいつになったら勇気と創造性を発揮して、ノースカロライナのような州に、雇用をもたらすビジネスを奨励すると同時に健康を最優先にするよう要求できるようになるか？

役人は見下そうとするが、私が訪問したすべてのコミュニティで、人々は良い質問をしていて、水に問題があると理解している。地域社会が団結すれば、情熱と不屈の精神と知恵を使って、前向きに解決できる。徹底的に真実を明らかにしよう。それは、近所の家の蛇口のことであり、お子さんのことだ。議員の責任を追及し続けることで、我が身を守ることができる。一番のアドバイスは「あきらめないこと」だ。エネルギーを蓄積し、多くの仲間を見つけることだ。十分な人数が集まれば、本当の変化が可能だ。

ミネラルウォーターは解決策になるか？

ミネラルウォーター産業が持つ諸刃の剣について話したい。ミネラルウォーターは、緊急時の救世主となるし、実際水道水が飲めなくなった人たちの生命線だが、何を飲んでいるかは知る必要がある。米国人は、ボトル入りの水の方が水道水よりきれいで安全だと考える。しかし地域によっては、ペットボトルのラベルは誤解を与える。ラベルは幻想を抱かせるもので、山の純粋な湧き水の絵と説明が印刷されているが、実は、多くのペットボトルは水道水を入れてあるだけなのだ。

ボトルウォーター産業は、コカコーラやペプシなどの大手飲料メーカーが、二〇〇〇年代前半に清涼飲料の売り上げが減少した時、利益確保のために発売したのが始まりだ。ミネラルウォーターは二〇一六年にはジュースの売り上げを上回り、現在では数量ベースで最大の飲料カテゴリーである[10]。

「一九七〇年代、ペリエが米国に進出したとき、ミネラルウォーターがこれほど売れるとは、誰も予想しなかった」。ビバレッジ・マーケティング社のマイケル・ベラス会長兼CEOは言う。「米国人がペットボトルの水を持って街を歩き、車のカップホルダーに入れて運転するのは、かつては想像できなかったが、今ではそれが普通だ[11]」。

米国人はペットボトルの水に年間一六〇億ドル費やしている。[12] 業界最大のブランドは、『ベバリッジ・ダイジェスト』誌によれば、ネスレのピュアライフ、コカコーラのダサニ、そしてペプシコのアクアフィーナである。水の広告に関して、自治体がこれらの企業に対抗することは不可能なので、ミネラルウォーターの売り上げが伸びたのは当然のことだ。ペプシもコカコーラも、公共の水（水道水）を濾過したものだ。

ミネラルウォーターは、水道水の水質を管理する環境保護庁の規制を受けない。全米で販売されているミネラルウォーターの安全性は、米国食品医薬品局が責任を負っている。州は、州内で包装され販売される水を規制していて、これがミネラルウォーターの大半を占めている。

ミネラルウォーターを購入する時は、必ずラベルの細かい文字を読み、逆浸透膜、蒸留、粒状活性炭、ミクロンろ過、あるいは純粋な湧水のものを選んでほしい。湧水について環境保護庁は、「水が自然に地表に流れ出る地点、あるいは地下水源に届いたボーリング穴から採取された地下水」と定義している。[13] ラベルに「町の水源」または「町の水道システム」とあるのは水道水のことである。

ペットボトルの水は水道水よりもずっと高価だ。一見すると、一本一ドルから三ドルの値段は悪くないと思われるかもしれないが、約四七八七本のペットボトルに二・一〇ドルで水道水を入れることができる。ミネラルウォーター一本あたり、水道水の二〇〇〇倍以上の値段になる。[14] その内訳は以下の通り。

（公共水道水の単位は、通常センタム・キューービック・フィート〔ＣＣＦ〕である）

一ＣＣＦ＝七四八ガロン〔二八三一・一八リッター〕

七四八ガロン＝九万五七四四オンス
九万五七四四オンス＝水ボトル四七八七本分
一CCFのコスト＝二・一〇ドル

もちろん、ミネラルウォーターを大量に購入すれば、よりお得になるし、水道料金は全米でさまざまだが、だいたいのイメージはこういうことになる。
コストに加えて、ペットボトルの水は大量のゴミを生み出す。この業界では、二〇一六年だけで約四〇億ポンドのプラスチックを使用する。多くはリサイクルされず、ゴミ処理場や公共のゴミ箱を塞ぐ。[15]さらに、ボトルを製造するプラスチック工場は、飲料水源を汚染することがわかっている。[16]
ペットボトルの水は、「緊急時の飲料水として短期的に有効な手段」だが、永続的な解決策ではない。ミシガン州フリント市の水危機の際、二〇一六年一月から州兵がミネラルウォーターの戸別配布を支援した。市は無料のミネラルウォーター配布所を設置し、一日あたり約二万二〇〇〇ドルで、数百万ケースの水を配った。[17]これは、州と連邦政府による四億五〇〇〇万ドルの支援の一環だったが、納税者が負担したことは確かだ。ペットボトル配給計画は被害を緩和したが、代償は相当大きいものだった。

環境運動ははすべての人の利益のため

これまで活動する中で多くの人々と出会ったが、彼らは自分では環境保護主義者とも活動家とも思っていない。しかし、水が飲めなくなると、人々の考え方は大きく変わる。環境保護運動は金持ちエリートの産物であり、規制は労働者を苦しめるというのが、トランプ政権から聞いた最も論議を呼ぶ論点だ。私は毎日、このような人たちと話をしているが、彼らは「規制があるから苦しんでいる」わけではないと断言できる。むしろ、放置されたインフラや企業の悪行や官僚的な障害によって被害を受けたのだ。アメリカンドリームは崩壊した。この国には、忘れ去られた町がたくさんあり、保護とケアが必要である。

ポーラ・ジーン・スウェアレンジンさんは、炭鉱で有名なウェストバージニア州マレンズに生まれ育った、四人の男の子を持つシングルマザーである。彼女は炭鉱労働者の娘であり孫娘でもある。彼女の家族は、この地域の多くの人々と同様、石炭産業の負の影響を目の当たりにしてきた。祖父は炭鉱労働者のじん肺（黒い肺とも呼ばれる）で亡くなった。叔父たちもこの病気と診断された。町の小川や川は、炭鉱からの流出水で有毒になった。彼女は、鉱山の閉鎖後、町全体がゴーストタウン化し、鉱山労働者が何年も病気と闘うのを見てきた。ウェストバージニア州で失職した世代の人たちは、全員仕事に戻ることを望んでいるので、トランプの選挙メッセージは彼らに期待させるものだった。しかし、彼らは信頼できる安全な仕事を求めているのであって、現状での石炭産業がそれを提供できる兆しはない。

ポーラ・ジーンは新しい道を切り開くために、同州選出の米国議会上院議員選挙に立候補した。「今直面している問題は、石炭がなくなったらどうするのかということだ」と彼女はウェブサイトに書いている。「石炭は間違いなく消失する。私たちの健康や環境を犠牲しなくてすむ回答は誰も教えてくれない。私たちの未来は、二一世紀のクリーンな経済を構築することにあると信じている」。

ポーラ・ジーンは、二〇一八年の民主党予備選挙で、現職のジョー・マンチン氏に対する注目の選挙戦では勝てなかったが、三〇%の得票率を獲得した。環境と水質汚染への懸念から政治家に立候補したのは、彼女だけではない。実際、二〇一八年の中間選挙には、町の有害な水を浄化するために多くの候補者が立候補したのだ。私は、今後、多くの候補者が州や国の選挙に出馬すると見ている。市議会の議席など地方レベルでは、すでに何年も前からこのようなことが起こっている。

二〇一八年五月、ミシガン州議会第一区に立候補したマット・モーガンは、住民たちにPFAS化合物のキャンペーンメールを送った。PFASが、彼の選挙区にある軍事基地の水から発見されたのだ。「六〇年の歴史を持つ二つの海兵隊航空基地の閉鎖と環境修復に携わった元海兵隊員として、米軍各担当部局には周辺地域の水質基準に関して環境問題に十分に対処する責任があると切実に感じる」と、彼は二〇一三年五月の選挙でメールを出した[18]。

モーガンは海兵隊に二〇年以上勤務した後、中佐として二〇一三年に退役した。四七歳の彼は、現職の共和党のジャック・バーグマン候補には勝てなかったが、一九六六年以来、現職が負けたことのない議席で、四四パーセントの得票を得ている[19]。

当然のことながら、ウィルミントンを擁するノースカロライナ州第七区でも、興味深い選挙戦が繰り広げられた。女性医師のカイル・ホートン博士が民主党から出馬し、共和党の現職デービッド・ラウザー氏に対抗した。ラウザーの選挙資金源の一部は、GenXを開発したダウ・デュポン社から出ている。それに対してカイルは、化学工業や化石燃料産業から資金を受け取らないという確固たる政策をとっている。

カイルは、労働者階級の家庭に生まれ、兵役歴も長く、退役軍人だけでなく、女性や子ども、家族のためのヘルスケアにも力を入れている。彼女は、水が州の多くの人々の関心事であることを知っていて、選挙公約のひとつに「水を守る」という項目を入れた。

GenXの問題に関して、彼女は地元のニュースサイトで次のように語っている。「子どもたちを『フォーチュン』誌のトップ五〇〇企業のモルモットにしてはいけない。子どもたちが、さまざまな優遇措置や税制特例を受ける公害企業によって毒を盛られることのないよう、理にかなった政策が必要である。今、彼らは環境保護庁の資金を削減し、いずれ解体しようとして、本当にやりたい放題である。水道水に混入した多くの有機フッ素化合物などの新しい化合物によって、私たちの健康や将来の世代の健康を無謀にも危険にさらすこともできる」[20]。

カイルは素晴らしい選挙戦を展開し、敗北宣言のメッセージでこう書いている。「私たちは、第七選挙区の人々のために、草の根運動を構築することを目指し、それを達成した。ワシントンのインサイダー、キャリア政治家、大金持ちの特別利益団体に警告を発した。企業の政治活動委員会、大汚染企業、そして腐敗した仲間集団の暗黒の汚れたお金なしで、すべて達成した。確かに今回は、違憲状態にある選挙区を克服できなかったが、分裂を解消するために人々を結集させた。私たちは、『人民の、人民による、人民のための』政府というビジョンを持って、多くの人々を団結させた。このビジョンは、民主主義を維持するために、最も基本的な建国の価値観と伝統を尊重するビジョンである」[21]。

カイルは、水問題に携わる医師を増やし、州内の環境公衆衛生の追跡調査への関心を高めるなど、草の根の支援活動にも取り組んできた。また、鉛と銅に関する超党派の法律を成立させた。ノースカロライナ州は、鉛と銅の測定結果を定期的に米国疾病予防管理センターに提出していない数少ない州だったのだ。同州は現在、そのデータを定期的に提出するようになっている[22]。

彼らのような新しい政治家候補者について、もう一つ重要なことは、汚染物質や廃棄物処理場は通常、反撃が予想されない場所に位置していることだ。これは鶏と卵のような状況だ。一旦汚染されれば、資産価値は下がるが、有毒物質の投棄で最も被害を受けやすいのは、もともと貧しい地域社会なのだ。例えば、ミシガン州フリントでは、住民の四五パーセントが連邦政府の貧困レベル以下の生活をしている[23]。五〇パーセント以上がアフリカ系アメリカ人である。彼らの苦境を環境差別と思わないわけにはいかない。

ロバート・D.ブラード教授は、著書『ディクシーの投棄：人種、階級および環境の質』の中で、次のように書いている。「汚染された黒人社会の問題は、今に始まったことではない。歴史的に見れば、有毒物質の投棄と地域に歓迎されない土地利用は、『抵抗が最も少ない道』を辿ってきた。つまり、黒人や貧困層のコミュニティは、この種の外部からの負担を不当に強いられてきたのである」。

二〇一六年、『環境研究レター』誌に発表の研究によると、「有色人種や低所得者層を化学物質に不当にさらす最悪の超汚染企業群」が存在する[24]。汚染企業は、有色人種コミュニティの近くに多い。その最悪の例が、「ガン横丁」である[25]。ルイジアナ州のバトン・ルージュとニューオーリンズの間にあるこの地区には、一五〇〇以上の工場が点在し、ガンその他の健康問題が多いことで有名である。

きれいな水が飲めるかどうかは、肌の色や銀行口座の金額、郵便番号で決まるべきではない。よりよい方法を求めて改良する必要がある。議会選挙の候補者が汚染水問題を取り上げることは、これまでほとんどなかったが、このような政治状況を変え、多くの人が環境保護を掲げる候補者に注目するようになってほしい。

混乱を引き起こす人がもっと必要だ

本書の冒頭で、私自身、幼少期に難読症と闘っていたことを話した。しかし、この話には続きがある。私が子供の頃、父は毎週末に私をワトソンパークに連れて行ってくれた。そこには機関車一〇七三号があり、私のお気に入りの公園だった。本物の蒸気機関車で、本物の線路の上に乗っていた。私はその上で遊ぶのが大好きで、上へ下へと走り、すべての客室に出入りしていた。車掌になりきって遊んでいた。ある日、列車の上を走り回っていると、父が「もう帰るよ」と叫んだ。私は父のいる梯子の方へ行き、下り始めたが突然怖くなり、「無理だ、下りられない」と言った。父は、「大丈夫、ハニー」と答え両手を合わせて、「ここにいるから、下りておいで、手の中に入ってこい、つかまえるから」と言った。

その次の瞬間、私は滑って転び、梯子の一段一段に頭をぶつけ、父を通り過ぎ、線路にうつぶせに落ちた。父も兄も、私が転げ落ちるのを見て恐怖を感じた、と後で知った。私は助からないと思ったそうだ。控えめに言っても、ひどい脳震盪を起こし、何日も意識が戻ったり戻らなかったりした。目の周りは真っ黒いあざになり、一年ぐらいとれなかった。私は奇跡的に回復し、長期的な影響はなかったように見えたが、母は、いくつかの変化があることに気づいた。靴の右と左を履き違えるようになった。靴紐の結び方がわからなくなった。左に行くつもりが右に行くようになり、方向感覚を失ったが、不思議とゴーフィッシュのゲーム［トランプで同じ数字を四枚揃えるゲーム］では負けなかった。

学校では、いろいろな変化があった。私は何でも記憶できた。視覚に頼って、読むより記憶した。視覚的なもの、特に地図が好きで、何でも目で見ようとした。教室では、いつも十分な議論と実験を求めた。先生たちは、私が議論好きだと感じていたが、私は質問好きで、観察力が鋭かった。他の人が私に対して抱いている不満は、目つきでわかった。人の情緒を読み取ることができた。

突然、私は難しい子になってしまった。長年、怠惰でのろくて不注意で集中力が持続しないというレッテルを貼られ、特殊学級に入るべきだと言われた。教育システムに適合できなかったのだ。ディスレクシア（難読症）の診断を受けたのは、思春期のことだった。当時、難読症は専門家もよく知らなかった。数年後、それはトラウマによる難読症と呼ばれるようになった。

私は、レッテルを貼られ判断されるのがとても嫌だった。「正しい」方法で学んでいなかったのだろう。しかし、その基準やルールは誰が決めたのか。皆、同じように行動し、考えなければならないのだとは知らなかった。いつも急かされ休みがないような気がしていた。人と違うからと言って、劣っているわけではない。一部の人が混乱を引き起こす「困ったちゃん」と言っても、引っ掻き回すことが悪いことだと考える必要はない。実際、私は混乱させることでキャリアを築いてきた、とも言われる。

ほとんどの人は、「混乱を引き起こす人」［disruptor］を悪いレッテルだと考えている。厄介者、乱暴者、無秩序のイメージがあるからだ。学校では、順番を無視して発言する生徒は罰せられ、女の子は従順だと褒められるが、人生はそううまくはいかない。現状を維持しても、後で賞をもらえるわけではない。リスクを負う必要がある。高校時代の恩師は、テストを口頭で行うというリスクを負った破壊者だった。彼女は許可を得てやったわけではない。直感に従ったのだ。ビジネスの世界では、破壊的とは、革新的で独創的ということだ。政治の世界では、議会や政府の最高レベルにおいて、破壊的な行動が見られる。世界は、想像を超える速さで変化している。これまで以上に破壊的なリーダーが必要だ。

私は、幼い頃の困難な出来事によって、居心地よい環境から抜け出て、自己表現する方法を学んだ。自分が何者かを他人に決めさせたら、人生の成功はないことも知った。最大の欠点がスーパーパワーになった。今こそ、自分のスーパーパワーを目覚めさせるために、内面を見つめてほしい。混乱と苛立ちから行動を起こそう。受け身をやめて水道システムを変えてほしい。この壊れたシステムの破壊者になろう。

センセーショナルな瞬間

今、私たちは、かなりの報道が「フェイク・ニュース」と呼ばれる時代に生きている。メディアは役に立つが、私のメール受信箱に入ってくるできごとは見逃されている。メディアは、環境問題がセンセーショナルになった途端に取り上げるようになる。彼らが去った後、人々は問題を抱えたまま取り残される。それが問題なのだ。二〇一〇年にメキシコ湾で起きたBP社ディープウォーター・ホライズン油井の原油流出事故の際、ルイジアナ州南部を訪れたときのことは忘れられない。記者たちに追い回され、話を聞かせてほしい、夜のニュースのネタがほしいと懇願された。私は、法律や環境問題を支援するために行っていた。石油の浄化には何年もかかる。私たちは、その地域の人々の生活と生計、野生生物、漁業が壊滅的な打撃を受けるのを見た。重油にまみれたペリカンやカモメ、海岸に打ち上げられたウミガメの死骸、どろどろの黒い油で覆われた湿原は忘れられない。最後に記者たちに対して、「みなさんは今、この瞬間のために来て、出来事を報道して去るが、ここの人たちはこの先何年も、この惨状を背負って生きていくのだ」と言ったのだった。

この話を持ち出したのは、メディアと喧嘩するためでも、重要な記事を報道する勤勉な人たちを見下すためでもない。実際この本では、多くの良質の記事を使っている。要するに、有害物質が生む真の破壊を議論したいのだ。水道水問題は、全国ネットのテレビニュースの平均的な長さである二分二六秒ではとてもカバーできない。有名なニュース・キャスターのウォルター・クロンカイトも、夕方のニュースを「釘付けにする見出しニュース・サービス」と呼び、視聴者には新聞を読んで深く掘り下げるように勧めた。『エリン・ブロコビッチ』の映画に触発された人も多いが、あの映画は何年もの仕事を二時間一二分の法廷劇にまとめたもので、一つの汚染物質と一つの町に焦点を当てた。湾岸流出事故から五年、米国海洋大気庁の二〇一五年の調査では、事故以来一〇〇〇頭以上のバンドウイルカが死亡した[26]。流出は最大三カ月間続き、数百万ガロンの原油と化学物質がメキシコ湾に流出した。この危険な汚染は、海岸沿いの企業や観光業、商業漁業に大きな打撃を与え続けた。

メディアが信頼を回復するには、劇的な瞬間の後も取材を続けることだ。私たちは皆、地域のことを知るために、ニュースを聞き、地方紙を読む。しかし、見出しに圧倒されてはいけない。住民が助け合う必要がある。どうすれば協力できるか問うことが必要だ。

分水嶺の瞬間

"Watershed"ということばは、雨や雪を受け止め、それが小川や河川にしみ込んでいく土地のことである。「流域」と訳される。他方、口語では「分水嶺」「分岐点」「重大な転換点」を意味する。私たちは、私がずっと待っていた分水嶺に到達したのだ。破壊が起こっている。最初にカリフォルニア州ヒンクリーで働き始めたとき、町の人々と私は孤独だった。この小さな町の深刻な公害問題に、誰か関心を寄せてくれるだろうか。そんな声は、議論の場やソーシャル・メディアがなくても高まり、映画の視聴者は彼らの物語を支持したのだった。今、ヒンクリーと同じことがあちらこちらで起きている。このような地域社会を大切にし、行動を起こす人間になれるか。今こそ、未来を築く力を発揮する時だ。それは、これからの何世代もの人たちのために大切なことである。解決策と技術はある。十分な資金さえあれば、科学の助けを得て、この危機を乗り越えられる。水を破壊する権利は誰にもないが、水を守るのは一人ひとりの責任なのだ。

この国はますます分裂しているように見えるが、まだ人間らしさが私たちを結びつけている。気分転換するために何をするか。九九・九%の人が外に出ると答えるだろう。日差しと風を感じ、ガーデニングやゴルフをしたり、湖や海で泳ぎ、友人と自然保護区を散歩し、週末に大自然の中で過ごしたりするだろう。

それらがすべて永遠になくなったらどうか。水と空気と土がなければ生きていけない。生活や生命の維持に不可欠な要素が、汚染されたり、消滅したりしたらどうなるか。あり得ないと言う人もいる。しかし本書のメッセージは明確だ。私たちは危機に瀕していて、自分で水を救う必要があるのだ。

争っている暇はない。団結する時なのだ。私はこれまで、あまりにも多くの無駄、利己主義、強欲、隠された意図、責任の押し付け合いを見てきた。情報を共有し協力することが、唯一の希望である。解決は、地域住民、地方や州の役人たちなど、この偉大な国家で変化のために働いている人たちの手にかかっている。誰かが救いに来るのを待つ必要はない。近所の小さなことから始めて、何世代にも及ぶ重大な変化を起こせる。私は、これが天職だと感じ、人生を賭けている。皆さんにもぜひ協力してほしい。

付録：活動団体リスト

活動するには

水汚染問題には数多くの素晴らしい団体が活動している。財政的に支援し、議員への電話攻勢に協力し、地域や全米の抗議デモに参加することでサポートできる。近くにグループがない場合は、自分のグループを始めればよい。少し調査し、オンライングループを始め、似た考えの人を数人集めるのは簡単である。以下のリストは、水浄化問題に関わっている全米組織の一例である。

Americans Against Fracking (www.americansagainstfracking.org)

この団体の目的はフラッキングの禁止である。連邦・州・市町村のフラッキング反対活動を支援し、フラッキングの一時停止を実現し、天然ガス輸出とフラッキング用の砂の掘削とパイプラインの建設を中止させる活動である。

American Rivers (www.americanrivers.org)

健全な川を保護し、損傷した川を復活させ、きれいな水を守る。

Citizens Concerned About Chloramines (www.chloramine.org)
クロラミンの健康被害を周知する。

Clean Water Action (www.cleanwateraction.org)
画期的な「きれいな水法」キャンペーン時の一九七二年に設立された。環境と公衆衛生を守り、環境法を強化し、地域の環境問題に取り組む。

The Clean Water Fund (www.cleanwaterfund.org)
一九七四年以来、よりきれいで安全な水と空気、及び家屋や地域や職場の有毒物質汚染からの保護のキャンペーンを支援。

Earth Justice (earthjustice.org)
全米最古で最大の環境法団体として、正義を目指して闘い、健康な世界をもたらす。

Environmental Working Group (www.ewg.org)
超党派の団体として、健康的な環境下で生活を送れるように支援する。

Environment America (environmentamerica.org)

環境を脅かす課題を調査し、啓発活動を続けている。

Environmental Integrity Project (www.environmentalintegrity.org)
超党派の監視団体として、環境法の効果的な運用を求める。

Food and Water Watch (www.foodandwaterwatch.org)
すべての人に健康的な食物ときれいな水を提供し、利益優先の企業に異議を唱え、人々の生活を向上させ、環境を守る。

The Union of Concerned Scientists (www.ucsusa.org)
科学者とエンジニアの集まりで、地球の緊急の問題を解決するために活動している。ＭＩＴの科学者と学生が一九六九年に設立した。

National Association of Clean Water Agencies (www.nacwa.org)
四〇年以上にわたり、きれいな水問題すべてに関して、議会と規制当局と法曹界におけるリーダー的存在として、水管理と持続可能性とエコシステム保護の第一級の技術的リソースであり続けている。全国あらゆる規模の公共水道システムと治水機関の声を代表している。

The National Wildlife Federation (www.nwf.org/Home/Our-Work/Waters)

一九三七年の第一回年次大会以来、米国の水質改善を提唱している。

Waterkeeper Alliance (waterkeeper.org)

きれいな水だけに焦点を合わせ、飲めて魚が棲めて泳げる水域を目指して、各地のウォーターキーパー団体を統括し、世界各地の団体とも連携している。

以上

謝辞

私の仕事を支援してくれた人たちに感謝したい。特に：

ボブ・ボウコックには友情と専門的知見、および何年もの間数知れない町へいっしょに運転して行ってくれたことに感謝。

スーザン・ブースビー：いっしょにこの本を書いてくれ、無数のエピソードを生き生きと蘇らせ、膨大な時間を執筆と調査に割いてくれた。

ジミー・ソニーとロブ・グッドマン：気候変動の調査と執筆を手伝ってくれた。

ビクトリア・ウィルソン：初対面の時からこの本を書くように支援し、出版まで注意深い編集とチェックをしてくれた。

ローラ・ヨーク：初めから最後まで、視点と支援と声援を提供してくれた。

デイブ・キャス：長年の友情と、適切な人にいつもつないでくれた。

いっしょに仕事をした水の戦士と地域住民の方達の力と目的への献身に感謝したい。この本に体験談を使わせてくれてありがとう。この本に書けなかった人たちの水質改善の努力に拍手を送りたい。皆の変革

に期待している。私を町や自宅に招待してくれてありがとう。そして重要な問題の認識を共有するために信じられないほど長い時間を費やしてくれたことに感謝したい。

以上

原注

はじめに

1 "EPA Releases First Major Update to Chemicals List in 40 Years," U.S. EPA press release, February 19, 2019.

第1章　どうやってここまで来てしまったのか

1 History of the Clean Water Act, U. S. EPA.

2 James L. Agee, "Protecting America's Drinking Water: Our Responsibilities Under the Safe Drinking Water Act," *EPA Journal*, March 1975.

3 Richard Nixon, Annual Message to the Congress on the State of the Union, January 22, 1970.

4 Jack Lewis, "The Birth of the EPA," *EPA Journal*, November 1985.

5 "What Is the National Environmental Policy Act," U.S. EPA, https://www.epa.gov/nepa/what-national-environmental-policy-act.

6 EPA Mission Statement, U.S. EPA website.

7 "Nonpoint Source: Urban Areas," U.S. EPA website.

8 "Basic Information about Nonpoint Source (NPS) Pollution," U.S. EPA website.

9 Charles Duhigg, "Clean Water Laws Are Neglected, at a Cost in Suffering," *The New York Times*, September 12, 2009.

10 The United States Department of Justice, "Rapanos v. U.S.," U.S. Department of Justice website.

11 "Waters of the United States (WOTUS) Rulemaking," U.S. EPA website.

12 Timothy Cama, "Federal Judge Blocks Obama's Water Rule," The Hill, August 27, 2015.

13 Coral Davenport, "Trump Plans to Begin E.P.A. Rollback with Order on Clean Water," *The New York Times*, February 28, 2017.

14 "Current Implementation of 'Waters of the United States,' " U.S. EPA website.

15 "NRDC: Trump Moves to Deny Americans Clean Water," September 12, 2019, National Resources Defense Council.

16 "Summary of the Safe Drinking Water Act," U.S. EPA website.

17 "How EPA Regulates Drinking Water Contaminants," U.S. EPA website.

18 Technical Report Summary, made available in *Palmer v. 3M*, https://www.documentcloud.org/documents/4592747-PFAS-in-Tennessee-River-Fish.html.

19 Sharon Lerner, "3M Knew About the Dangers of PFOA and PFOS Decades Ago, Internal Documents Show," *The Intercept*, July 31, 2018.

20 "Toxicological Profile for Perfluoroalkyls," Draft for Public Comment, Agency for Toxic Substances and Disease Registry website, June 2018.

21 "Teflon Chemicals Harmful at Smallest Doses," Environmental Working Group, August 20, 2015, http://www.ewg.org/research/teflon-chemical-harmful-at-smallest-doses/pfoa-pollution-worldwide-and.

22 "Lead and Copper Rule," U.S. EPA website.

23 Curt Guyette, "A Deep Dive into the Source of Flint's Water Crisis," *Detroit Metro Times*, April 19, 2017.

24 Kate Taylor, "Most New York City Schools Had High Lead Levels, Retests Find," *The New York Times*, April 28, 2017.

25 George Lavender, "Bill Would Force CA Schools to Test Drinking Water for Lead," KPCC, April 6, 2017.

26 "Water Questions & Answers," USGS, http://water.usgs.gov/edu/qa-home-percapita.html.

27 Stephen A. Hubbs, "Facts About Chloramine Drinking Water Treatment," Water Quality & Health Council, February 19, 2016, https://waterandhealth.org/safe-drinking-water/facts-chloramine-drinking-water-treatment.

28 "Cancer Statistics," National Cancer Institute, https://www.cancer.gov/about-cancer/understanding/statistics.

29 "American Housing Survey for the United States: 2007," U.S Department of Housing and Urban Development, September 2008.

30 Lena H. Sun, "Legionnaires' Outbreaks Cases Nearly Quadrupled in 15 Years," *The Washington Post*, June 7, 2016.

第2章　ヒンクリーから始まり、今やいたるところに

1 David Andrews and Bill Walker, " 'Erin Brockovich' Carcinogen in Tap Water of More Than 200 Million Americans," Environmental Working Group, September 20, 2016, http://www.ewg.org/research/chromium-six-found-in-us-tap-water.

2 Jim Steinberg, "Milestone Reached in Cleanup of Polluted Hinkley Water Made Famous in 'Erin Brockovich'," *San Bernardino*

Sun, April 20, 2017.

3 Marla Cone, "Chromium in Drinking Water Causes Cancer," *Scientific American*, February 9, 2009.

4 David Danielski, "Spreading Pollution Spawns More Worries in Hinkley," The Press-Enterprise, December 12, 2010.

5 Genevieve Bookwalter, "Pending Chromium 6 Limits Worry Small Water Company," California Health Report, November 12, 2011.

6 Andrew Blankstein and Jean Guccione, "Lockheed Linked to Chromium 6 Pollution," *Los Angeles Times*, January, 21, 2001.

7 Lisa Evans, "EPA's Blind Spot: Hexavalent Chromium in Coal Ash," Earth Justice Report, February 1, 2011.

8 Sedina Banks, "The 'Erin Brockovich Effect': How Media Shapes Toxics Policy," University of California, Davis School of Law, 2003.

9 Ibid.

10 "Industry Groups Used Cherry-Picked Science to Avoid Regulation of Chromium," Union of Concerned Scientists, Disinformation Playbook.

11 David Heath, "How Industry Scientists Stalled Action on Carcinogen," Center for Public Integrity, March 13, 2013.

12 Corbett, Finley, Paustenbach, and Kerger, "Systemic Uptake of Chromium in Human Volunteers Following Dermal Contact with Hexavalent Chromium," *Journal of Exposure Analysis and Environmental Epidemiology*, April-June 1997.

13 Kerger, Finley, Corbett, Dodge, and Paustenbach, "Ingestion of Chromium(VI) in Drinking Water by Human Volunteers," *Journal of Toxicology and Environmental Health*, January 1997.

14 Egilman and Scout, "Corporate Corruption of Science—the Case of Chromium(VI)," *International Journal of Occupational and Environmental Health*, April–June 2006.

15 "OECD Science, Technology and Industry Scoreboard 2015," Organisation for Economic Co-operation and Development, 2015, p. 156.

16 Cynthia McFadden, "Town Plagued with Contaminated Water," ABC News, 1996.

17 Peter Waldman, "Study Tied Pollutant to Cancer; Then Consultants Got Hold of It," *The Wall Street Journal*, December 23, 2005.

18 Ibid.

19 Zhang JianDong and Li Xilin, "Cancer Mortality in a Chinese Population Exposed to Hexavalent Chromium in Water," *Journal of*

Occupational and Environmental Medicine, April 1997.

20 Melissa Lee Phillips, "Journal Retracts Chromium Study," *The Scientist*, June 7, 2006.

21 John Stossel, *Give Me a Break* (New York: HarperCollins, 2004), p. 84.

22 "Heads They Win, Tails We Lose: How Corporations Corrupt Science at the Public's Expense," Union of Concerned Scientists, February 2012 Report.

23 Senate Hearing of the Senate Health & Human Services Committee, "Possible Interference in the Scientific Review of Chromium VI Toxicity," February 28, 2003, Los Angeles, California.

24 Chip Jacobs and Kevin Uhrich, "Troubled Waters," *LA CityBeat*, April 22, 2004.

25 "Frequently Asked Questions About Hexavalent Chromium in Drinking Water," California Water Boards, September 25, 2015.

26 "Hexavalent Chromium," National Toxicology Program Fact Sheet, February 2018.

27 Sara Jerome, "California Drops Tough Chromium-6 Standard," *Water Online*, August 16, 2017.

28 Ryan McCarthy, "State Panel Removes Water Standard Opposed by Vacaville, Taxpayers Group," *Daily Republic*, August 2, 2017.

29 "Chromium-6 Drinking Water MCL," California Water Boards.

第３章　点と点を結び、地図を作る

1 "Cancer Statistics," National Cancer Institute, April 27, 2018.

2 "Child Health," National Center for Health Statistics, Centers for Disease Control and Prevention.

3 "About Us," Trevor's Trek Foundation.

4 "Frank R. Lautenberg Chemical Safety for the 21st Century Act," Public Law 114-182, June 22, 2016.

第４章　化学物質の海に浮かぶ

1 "How Much Water Is There on, in, and Above the Earth?" U.S. Geological Survey.

2 Lena H. Sun, "Legionnaires' Outbreaks Cases Nearly Quadrupled in 15 Years," *The Washington Post*, June 7, 2016.

3 Stephen A. Hubbs, "Addressing Legionella: Public Health Enemy #1 in U.S. Water Systems," Water Quality & Health Council,

August 29, 2014.

4 "Drinking Water Requirements for States and Public Water Systems," U.S. EPA.

5 "President Clinton Signs Legislation to Ensure Americans Safe Drinking Water," U.S. EPA press release, August 6, 1996.

6 "Percentage of U.S. Children Who Have Chronic Health Conditions on the Rise," American Academy of Pediatrics, April 30, 2016.

7 "About Chronic Diseases," National Center for Chronic Disease Prevention and Health Promotion, Centers for Disease Control and Prevention, September 5, 2018.

8 "EPA Releases First Major Update to Chemicals List in 40 Years," U.S. EPA press release, February 19, 2019.

9 CNN Wire Staff, "Everyday Chemicals May Be Harming Kids, Panel Told," CNN, October 26, 2010.

10 "Quarles Testifies on the Need for Toxic Substances Act," U.S. EPA press release, July 10, 1975.

11 "Emerging Chemicals of Concern," California Department of Toxic Substances Control, State of California, https://www. dtsc.ca.gov/assessingrisk/emergingcontaminants.cfm.

12 "Summary of the Toxic Substances Control Act," U.S. EPA.

13 "TSCA Chemical Substance Inventory," U.S. EPA.

14 John Stephenson, "Chemical Regulation: Observations on Improving the Toxic Substances Control Act," Testimony Before the Committee on Environment and Public Works, U.S. Senate, December 2, 2009.

15 "NTP: Known to Be a Human Carcinogen," Toxic Substances Portal, Agency for Toxic Substances and Disease Registry, March 3, 2011.

16 Chris Tyree and Dan Morrison, "Invisibles: The Plastic Inside Us," Orb.

17 Emily J. North and Rolf U. Halden, "Plastics and Environmental Health: The Road Ahead," *Reviews on Environmental Health*, January 22, 2013.

18 Rolf U. Halden, "Plastics and Health Risks," *Annual Review of Public Health*, January 13, 2010.

19 Warren Cornwall, "In BPA Safety War, a Battle over Evidence," *Science*, February 9, 2017.

20 Ken Broder, "It's Never Too Late to Test the Air Around Toxic Superfund Sites," *AllGov.com*, March 10, 2015.

21 "Montrose & Del Amo Superfund Sites Update Fact Sheet," U.S. EPA Region 9, Spring 2018.

22 Tony Barboza, "Shell to Spend $55 Million to Clean Soil at Old South Bay Rubber Plant," *Los Angeles Times*, September 30, 2015.

23 "Population Surrounding 1,836 Superfund Remedial Sites," U.S. EPA, October 2017.
24 Consumer Confidence Reports (CCR), U.S. EPA, https://ofmpub.epa.gov/apex/safewater/f?p=ccr_wyl:102.
25 "Surf Your Watershed," U.S. EPA.

第5章　有害物質のトップ

1 David Andrews and Bill Walker, " 'Erin Brockovich' Carcinogen in Tap Water of More Than 200 Million Americans," Environmental Working Group, September 20, 2016.
2 "Understanding the History, Usage, and Regulation of Hexavalent Chromium," Pantheon Enterprises.
3 "Chromium in Drinking Water," U.S. EPA.
4 Matthew D. Stout, Ronald A. Herbert, Grace E. Kissling, Bradley J. Collins, Gregory S. Travlos, Kristine L. Witt, Ronald L. Melnick, Kamal M. Abdo, David E. Malarkey, and Michelle J. Hooth, "Hexavalent Chromium Is Carcinogenic to F344/N Rats and B6C3F1 Mice After Chronic Oral Exposure," *Environmental Health Perspective*, May 2009.
5 Julia Lurie, "Remember That 'Erin Brockovich' Chemical? There's a Good Chance It's in Your Water," *Mother Jones*, September 22, 2016.
6 "Public Health Goals," California Office of Environmental Health Hazard Assessment (OEHHA).
7 "Consumer Confidence Reports (CCR)," U.S. EPA.
8 "Comparison of MCLs and PHGs for Regulated Contaminants in Drinking Water," California Water Boards, November 19, 2018.
9 Michael S. Feely and John A. Heintz, "Calif. to Make Waves with New Drinking Water Standard," *Law360*, February 28, 2014.
10 "New Report Reveals Toxic Coal Ash Contamination Threatens Public Health," NJ Sierra Club press release, August 26, 2010.
11 "Meeting Minutes," Drinking Water Quality Institute, September 10, 2010.
12 Michael Biesecker, "Testimony: Health Director Covered Up Cancer-Causing Water in North Carolina," *PBS NewsHour*, August 2, 2016.
13 "Public Health Goal for Hexavalent Chromium (Cr VI) in Drinking Water," Pesticide and Environmental Toxicology Branch, California Office of Environmental Health Hazard Assessment (OEHHA), July 2011.
14 J. J. Rook, "Formation of Haloforms During Chlorination of Natural Waters," *Journal of Water Treatment Examination*, 1974.

15 "Disinfection By-Products," Centers for Disease Control and Prevention, December 2, 2016.
16 J. K. Dunnick and R. L. Melnick, "Assessment of the Carcinogenic Potential of Chlorinated Water: Experimental Studies of Chlorine, Chloramine, and Trihalomethanes," *Journal of the National Cancer Institute*, May 1993.
17 "Monochloramine Treatment Not as Effective in Protecting Drinking Water," *Chemical Online*, March 2, 2007, the American Society for Microbiology and ASM Biodefense and Emerging Disease Research Meeting.
18 Jim Barlow, "Byproduct of Water-Disinfection Process Found to Be Highly Toxic," University of Illinois press release, September 14, 2004.
19 Katherine Shaver and Dana Hedgpeth, "D.C.'s Decade-Old Problem of Lead in Water Gets New Attention During Flint Crisis," *The Washington Post*, March 17, 2016.
20 "National Primary Drinking Water Regulations," U.S. EPA.
21 "Water Treatment Process: Chloramination," PWC & Partnership for Safe Water, Fayetteville, NC.
22 J. M. Wright, J. Schwartz, and D. W. Dockery, "Effect of Trihalomethane Exposure on Fetal Development," *Occupational and Environmental Medicine*, March 2003.
23 Rachel Layne, "Lead in America's Water Systems Is a National Problem," CBS News, November 21, 2018.
24 "ATSDR Public Health Statement: Lead," ATSDR, August 2007.
25 Amy Zimmer, "83 Percent of City Schools Found with Too Much Lead in Water, Data Shows," *DNAinfo*, April 28, 2017.
26 Kelly House, "Portland Schools Lead: Superintendent Carole Smith Vows to 'Take Responsibility,' " *OregonLive.com*, June 5, 2016.
27 Susan K. Livio and Claude Brodesser-Akner, "Christie: All N.J. School Water Fountains to Be Tested for Lead," *NJ.com*, May 4, 2016.
28 "Drinking Water Requirements for States and Public Water Systems: Lead in Drinking Water in Schools and Childcare Facilities," U.S. EPA.
29 Ibid.
30 "Study: Improvement Needed to Accurately Detect Precise Levels of Lead in Blood," American Academy of Pediatrics, July 17, 2017.

31 “Drinking Water Requirements for States and Public Water Systems: Lead and Copper Rule,” U.S. EPA.

32 “Lead and Copper Rule Revisions White Paper,” U.S. EPA Office of Water, October 2016.

33 Oliver Milman, “U.S. Authorities Distorting Tests to Downplay Lead Content of Water,” *The Guardian*, January 22, 2016.

34 M. B. Pell and Joshua Schneyer, “The Thousands of U.S. Locales Where Lead Poisoning Is Worse Than in Flint,” Reuters, December 19, 2016.

35 Oliver Milman, “U.S. Authorities Distorting Tests to Downplay Lead Content of Water,” *The Guardian*, January 22, 2016.

36 H.R. 1068—Safe Drinking Water Act Amendments of 2017.

37 “EPA Proposes Updates to Lead and Copper Rule to Better Protect Children and At-Risk Communities,” U.S. EPA website, October 10, 2019.

38 Miranda Green and Rebecca Beitsch, “EPA to overhaul rule on testing for lead contamination,” *The Hill*, October 10, 2019.

39 “AWWA Statement on Revised Lead and Copper Rule,” American Water Works Association, October 10, 2019.

40 “Governor Cuomo Signs Landmark Legislation to Test Drinking Water in New York Schools for Lead Contamination,” New York State press release, September 6, 2016.

41 Joan Leary Matthews, “Grade F to A? Getting Rid of Lead in School Drinking Water,” Natural Resources Defense Council, April 12, 2018.

42 California Assembly Bill No. 746, October 13, 2017.

43 “Lead and Copper Rule Revisions White Paper,” U.S. EPA Office of Water, October 2016.

44 “Public Health Statement: Perfluoroalkyls,” ATSDR Division of Toxicology and Human Health Sciences, August 2015.

45 “PFOA and PFOS Detected in Newborns,” Johns Hopkins University Bloomberg School of Public Health press release, April 24 2007.

46 Bill Walker and Soren Rundquist, “Mapping a Contamination Crisis: PFCs Pollute Tap Water for 15 Million People, Dozens of Industrial Sites,” Environmental Working Group, June 8, 2017.

47 “Our Approach,” DuPont company website, 2018.

48 Nathaniel Rich, “The Lawyer Who Became DuPont’s Worst Nightmare,” *The New York Times Magazine*, January 6, 2016.

49 “Assessing and Managing Chemicals Under TSCA: Fact Sheet: 2010/2015 PFOA Stewardship Program,” U.S. EPA.

50 Arathy S. Nair, "DuPont Settles Lawsuits over Leak of Chemical Used to Make Teflon," Reuters, February 13, 2017.

51 "3M Reports Fourth-Quarter and Full-Year 2016 Results," 3M press release, January 24, 2017.

52 "Co-operation on Existing Chemicals Hazard Assessment of Perflurooctane Sulfonate (PFOS) and Its Salts," Joint Meeting of the Chemicals Committee and the Working Party on Chemicals, Pesticides, and Biotechnology, Organisation for Economic Co-operation and Development, November 21, 2002.

53 Kyle Bagenstose, "Dangers of Firefighting Foam Discussed in 2001, Document Shows," *The Intelligencer*, June 9, 2017.

54 "Baron & Budd Investigating Potential Lawsuits Regarding PFOS and PFOA Contamination of Drinking Water," *Business Wire*, May 17, 2017.

55 Tiffany Kary, "Hamptons Tainted Water Lawsuit Adds to Slew of 3M Complaints," *Bloomberg News*, June 14, 2017.

56 Karen Feldscher, "Unsafe Levels of Toxic Chemicals Found in Drinking Water of 33 States," *Harvard Gazette*, August 9, 2016.

57 "Water Quality: About 3M Residential Water Filtration Products," 3M company website.

58 Annie Snider, "Exclusive: Trump EPA Won't Limit 2 Toxic Chemicals in Drinking Water," *The Hill*, January 28, 2019.

59 "U.S. Standards for 'Safe' Limits of PFCs in Drinking Water Appear Too High for Children," Harvard T. H. Chan School of Public Health press release, January 2013.

60 Claire Condon, "EPA Targets PFAS—but Is Your State Ahead of the Game?" *EHS Daily Advisor*, January 2, 2018.

61 Arathy S. Nair, "DuPont Settles Lawsuits over Leak of Chemical Used to Make Teflon," Reuters, February 13, 2017.

62 "Fact Sheet: PFOA & PFOS Drinking Water Health Advisories," U.S. EPA, November 2016.

63 "Perfluorooctane Sulfonic Acid," TOXNET Toxicology Data Network, National Library of Medicine, October 25, 2016.

64 Tim Buckland, "So Where Does Your CFPUA Water Come From?" *StarNews Online*, June 12, 2017.

65 Laura Leslie, "NCSU Scientist: GenX Not Only Toxic Chemical in Cape Fear River," WRAL.com, July 28, 2017.

66 Sharon Lerner, "New Teflon Toxin Found in North Carolina Drinking Water," *The Intercept*, June 17, 2017.

67 "N.C. Drinking Water Tainted with Chemical Byproduct for Decades?" CBS News, June 26, 2017.

68 "Hydraulic Fracturing for Oil and Gas: Impacts from the Hydraulic Fracturing Water Cycle on Drinking Water Resources in the United States," Executive Summary, U.S. EPA, December 2016.

69 "Analysis of Hydraulic Fracturing Fluid Data from the FracFocus Chemical Disclosure Registry 1.0," U.S. EPA.

70 Michael Greenwood, "Chemicals in Fracking Fluid and Wastewater Are Toxic, Study Shows," *Yale News*, January 6, 2016.
71 Abrahm Lustgarten, "Buried Secrets: Is Natural Gas Drilling Endangering U.S. Water Supplies?" ProPublica, November 13, 2008.
72 Eliza D. Czolowski, Renee L. Santoro, Tanja Srebotnjak, and Seth B. C. Shonko, "Open Access Toward Consistent Methodology to Quantify Populations in Proximity to Oil and Gas Development: A National Spatial Analysis and Review," *Environmental Health Perspectives*, August 23, 2017.
73 "Hydraulic Fracturing for Oil and Gas: Impacts from the Hydraulic Fracturing Water Cycle on Drinking Water Resources in the United States," Executive Summary, U.S. EPA, December 2016.
74 "Questions and Answers About EPA's Hydraulic Fracturing Drinking Water Assessment," U.S. EPA.
75 Robert Higgs, "Ohio Supreme Court Rules Munroe Falls Regulations on Oil and Gas Drilling Are Improper," Cleveland.com, February 17, 2015.
76 Bruce Finley, "Colorado Supreme Court Rules State Law Trumps Local Bans on Fracking," *Denver Post*, June 23, 2016.
77 John Boyle, "Did Energy Group Bus Homeless In to Support Fracking?" *Citizen Times*, September 15, 2014.
78 Pamela Wood, "Maryland General Assembly Approves Fracking Ban," *Baltimore Sun*, March 27, 2017.
79 Beth Weinberger, Lydia H. Greiner, Leslie Walleigh, and David Brown, "Health Symptoms in Residents Living near Shale Gas Activity: A Retrospective Record Review from the Environmental Health Project," *Preventive Medicine Reports*, December 2017.
80 Stephanie Desmon, "Study: Fracking Associated with Migraines, Fatigue, Chronic Nasal and Sinus Symptoms," *The Hub*, Johns Hopkins University, August 25, 2016.
81 Lisa M. McKenzie, William B. Allshouse, Tim E. Byers, Edward J. Bedrick, Berrin Serdar, and John L. Adgate, "Childhood Hematologic Cancer and Residential Proximity to Oil and Gas Development," *PLOS One*, February 15, 2017.
82 "Endocrine-Disrupting Activity Linked to Birth Defects, Infertility Found near Drilling Sites," Endocrine Society press release, 2013.
83 "Background and Environmental Exposures to Trichloroethylene in the United States," Draft Toxicological Profile for Trichloroethylene, Agency for Toxic Substances and Disease Registry.
84 "Report on Carcinogens, Fourteenth Edition: Trichloroethylene," National Toxicology Program, National Institutes of Health.
85 "14th Report on Carcinogens," U.S Department of Health and Human Services, National Toxicology Program, November 3, 2016.

86 Alexander Nazaryan, "Camp Lejeune and the U.S. Military's Polluted Legacy," *Newsweek*, July 16, 2014.
87 Eric Pianin, "The US Military Is Facing Another Polluted Drinking Water Scandal," *Business Insider*, April 26, 2017.
88 "What Are EPA's Drinking Water Regulations for Trichloroethylene?" U.S. EPA Fact Sheet.
89 "Fact Sheet on Trichloroethylene (TCE)," U.S. EPA.
90 "What Are Trichloroethylene's Health Effects," U.S. EPA Fact Sheet.
91 "Background and Environmental Exposures to Trichloroethylene in the United States," Draft Toxicological Profile for Trichloroethylene, Agency for Toxic Substances and Disease Registry.

第6章　立ち上がる地域の人たち

1 "America's Infrastructure Receives Poor Assessment," *PBS NewsHour*, March 11, 2017.
2 Ken Silverstein, "Clean Up Chemical Leaks and Put Safety First, Activist Tells West Virginians," *Forbes*, January 14, 2014.
3 "Report on the National Toxicology Program Response to the Elk River Chemical Spill," Division of the National Toxicology Program, National Institute of Environmental Health Sciences, National Institutes of Health, June 16, 2015.
4 "Investigation Report: Chemical Spill Contaminates Public Water Supply in Charleston, West Virginia," U.S. Chemical Safety and Hazard Investigation Board, September 2016.
5 John Raby, "Chemical Spill into River Shuts Down Much of Charleston, W.Va.," *The Ledger*, January 10, 2014.
6 Trip Gabriel, "Thousands Without Water After Spill in West Virginia," *The New York Times*, January 10, 2014.
7 Deborah Blum, "Our Toxicity Experiment in West Virginia," *Wired*, January 18, 2014.
8 Elizabeth Shogren, "The Big Impact of a Little-Known Chemical in W.Va. Spill," NPR, January 13, 2014.
9 Amy Goodman and Aaron Maté, "Erin Brockovich: After Chemical Spill, West Virginians Organizing 'Stronger Than I've Ever Seen,' " *Democracy Now!*, January 14, 2014.
10 Emily Atkin, "What Freedom Industries' Bankruptcy Really Means for Those Harmed by the Chemical Spill," *ThinkProgress*, January 22, 2014.
11 Matt Pearce, "Many Reported Sickened After West Virginia Chemical Spill, Survey Says," *Los Angeles Times*, May 21, 2014.
12 Ken Ward Jr., "Freedom Fined $900,000 for Elk Spill, but Unlikely to Ever Pay," *Charleston Gazette-Mail*, February 4, 2016.

13 "Summary of Criminal Prosecutions," U.S. EPA, 2016.

14 Associated Press, "Freedom Industries Pleads Guilty to Pollution Charges in West Virginia Chemical Spill Case," Fox News, March 23, 2015.

15 Raf Sanchez, "British Executive Admits Spilling Chemicals into West Virginia Drinking Water," *The Telegraph*, August 19, 2015.

16 Joseph Fitzwater, "Settlement Reached in Freedom Industries MCHM Class Action Lawsuit," WOWK-TV, May 12, 2017.

17 Rebecca Hersher, "$151 Million Settlement Deal Reached over West Virginia Water Poisoning," NPR, November 1, 2016.

18 Joanna M. Foster, "West Virginia House Passes Chemical Storage Bill in Effort to Prevent Future Spills," *ThinkProgress*, March 6, 2014.

19 Brian Clark Howard, "A Year After West Virginia Chemical Spill, Some Signs of Safer Water," *National Geographic*, January 10, 2015.

20 Emily Atkin, "New Analysis Shows West Virginia's Chemical Spill Traveled into Kentucky," *ThinkProgress*, January 12, 2015.

21 "WV Bill Would Exempt O&G Industry from Storage Tank Law," *Marcellus Drilling News*, March 13, 2017.

22 Gina McCarthy, "U.S. EPA's Cabinet Exit Memo," U.S. EPA, January 5, 2017.

23 Jim Gebhardt, "The Time to Invest in America's Water Infrastructure Is Now," *The EPA Blog*, July 12, 2016.

24 Pam Fessler, "Kentucky County That Gave War on Poverty a Face Still Struggles," NPR, January 8, 2014.

25 "QuickFacts: Martin County, Kentucky," U.S. Census Bureau.

26 Nina McCoy, "A Victim of Official Abuse, Martin County Says 'Time's Up'," *Lexington Herald-Leader*, February 11, 2018.

27 Christian Detisch, "How Many People Can't Afford Their Water Bills? Too Many," Food & Water Watch, March 21, 2017.

28 "Martin County Could See Huge Rate Increase Despite Failing System," Food & Water Watch press release, January 24, 2018.

29 James A. Fussell, "Meet L. Frank Baum, The Man Behind the Curtain," *Kansas City Star*, August 31, 2014.

30 Kenneth G. McCarty, "Farmers, the Populist Party, and Mississippi (1870–1900)," *Mississippi History Now*, July 2003.

31 Ibid.

32 Henry Littlefield, "The Wizard of Oz: Parable on Populism," *American Quarterly* 16, no. 1 (Spring, 1964), pp. 47–58.

33 "Broiler Chicken Industry Key Facts 2018," National Chicken Council.

34 Ibid.

35 Amanda Little, "Tyson Isn't Chicken," *Bloomberg Businessweek*, August 15, 2018.
36 "America's Next Big Polluter: Corporate Agribusiness," Environment America Research & Policy Center.
37 Peter S. Goodman, "An Unsavory Byproduct: Runoff and Pollution," *The Washington Post*, August 1, 1999.
38 "National Pollutant Discharge Elimination System (NPDES)," U.S. EPA.
39 "Tyson Pleads Guilty to 20 Felonies and Agrees to Pay $7.5 Million to Clean Water Act Violations," Department of Justice press release, June 25, 2003.
40 Ibid.
41 Sheila Stogsdill, "Animal Waste Caused Pollution, Study Shows," *The Oklahoman*, November 22, 2003.
42 Lynn LaRowe, "Tyson Foods to Pay $500,000," *Texarkana News*, June 13, 2009.
43 Bryan Salvage, "Tyson Fined $2M for Animal Waste Discharging Violation," *Meat + Poultry*, August 21, 2009.
44 Tom Schoenberg, "Tyson Foods to Pay $5.2 Million over Mexican Bribes," *Bloomberg News*, February 10, 2011.
45 Dan Rivoli, "Tyson Settles Donning, Doffing MDL for $32M," *Law360*, September 6, 2011.
46 "Tyson Foods $7.75 Million Settlement Approved by Judge," WATTAgNet.com, July 23, 2014.
47 "No Relief: Denial of Bathroom Breaks in the Poultry Industry," Oxfam America, 2016.
48 "Tyson Foods Commits to New, Sustainable Approach to a Better Workplace," Tyson Foods press release, April 26, 2017.
49 Erica Shaffer, "Tonganoxie City Council Tanks Proposed Tyson Plant," *Meat + Poultry*, October 4, 2017.
50 Megan Durisin and Shruti Singh, "How Tyson's Chicken Plant Became a $320 Million Turkey," *Bloomberg Businessweek*, October 11, 2017.
51 "Chromium in Drinking Water," U.S. EPA.
52 Jeremy P. Jacobs, "Another Pollution Battle Looms in Erin Brockovich's Town," *The New York Times*, August 18, 2011.
53 "Hinkley Chromium Clean-Up Could Take More Than a Century," *Trager Water Report*, November 29, 2010.
54 Paloma Esquivel, "15 Years After 'Erin Brockovich,' Town Still Fearful of Polluted Water," *Los Angeles Times*, April 12, 2015.
55 Molly Peterson, "PG&E Makes $3.6 Million Settlement with Hinkley, Its Second in 20 Years," KPCC, March 16, 2012.
56 Jim Steinberg, "Hinkley Residents Angered at Decision to Close Town's Only School," *The Sun*, February 27, 2013.
57 Miles O'Brien, "Protecting Americans from Danger in the Drinking Water," *PBS NewsHour*, March 13, 2013.

58 Letter to Kevin Sullivan, "Conditional Acceptance of Plan to Improve Lower Aquifer Chromium Remediation and Modification to Agricultural Treatment Unit Permit Monitoring and Reporting Program," Lahontan Regional Water Quality Board, December 22, 2014.

59 "Cleanup and Abatement Order NO. R6V-2015-0068," California Regional Water Quality Control Board Lahontan Region, November 4, 2015.

60 Jim Steinberg, "Milestone Reached in Cleanup of Polluted Hinkley Water Made Famous in 'Erin Brockovich'," *The Sun*, April 20, 2017.

61 Donna Foote, "Erin Fights Goliath," *Newsweek*, March 12, 2000.

62 David Lazarus, "Erin Brockovich Going After PG&E Again," *SF Gate*, January 13, 2002.

63 Richard A. Oppel Jr. and Jeff Gerth, "Enron Forced Up California Prices, Documents Show," *The New York Times*, May 7, 2002.

64 Rene Sanchez and Peter Behr, "California Utility Declares Insolvency," *The Washington Post*, April 7, 2001.

65 David Lazarus, "PG&E Files for Bankruptcy / $9 Billion in Debt, Firm Abandons Bailout Talks with State," *SF Gate*, April 7, 2001.

66 "Bankruptcy Reorganization Plan Violates State Law," Consumer Watchdog, 2001.

67 Laura Roberts, "BP Oil Disaster: Major Compensation Payouts from Other Global Corporations," *The Telegraph*, June 17, 2010.

68 David Lazarus, "Erin Brockovich Going After PG&E Again," *SF Gate*, January 13, 2002.

69 David Pierson and Hemmy So, "PG&E Will Pay Residents Who Sued over Groundwater Pollution," *Los Angeles Times*, February 4, 2006.

70 Associated Press, "PG&E Is Found Guilty of Obstructing Investigators After Deadly 2010 Pipeline Blast," *Los Angeles Times*, August 9, 2016.

71 George Avalos, "PG&E Gets Maximum Sentence for San Bruno Crimes," *Mercury News*, January 27, 2017.

72 Taryn Luna, "PG&E Spends More Than $1 Million to Lobby California Officials on Wildfire Laws," *Sacramento Bee*, August 1, 2018.

73 Russell Gold, Katherine Blunt, and Rebecca Smith, "PG&E Sparked at Least 1,500 California Fires. Now the Utility Faces Collapse," *The Wall Street Journal*, January 13, 2019.

74 Cleve R. Wootson Jr., "The Deadliest, Most Destructive Wildfire in California's History Has Finally Been Contained," *The Washington Post*, November 26, 2018.

75 Tomi Kilgore, "PG&E Shareholder BlueMountain Says Bankruptcy Filing Would Be 'Utter Abdication' of Duty to Shareholders," January 17, 2019.

76 Jeff Daniels, " 'Pretty Overwhelming' Evidence Against PG&E in Deadly Paradise Fire, Says Attorney Suing CA Utility," CNBC, November 14, 2018.

77 Phil Willon, "Newsom Tested Right Out of the Gate with Teachers' Strike and PG&E Crisis," *Los Angeles Times*, January 28, 2019.

78 J. D. Morris, "Does PG&E Need to File for Bankruptcy? Erin Brockovich Doubts It," *San Francisco Chronicle*, January 22, 2018.

79 "American Community Survey 5-Year Estimates," U.S. Census Bureau, 2017, *Census Reporter Profile* for Kettleman City, CA.

80 Jacques Leslie, "What's Killing the Babies of Kettleman City?" *Mother Jones*, July/August 2010.

81 Allen Martin, "California Town's Water Tainted with Arsenic for Decades," KPIX 5 San Francisco, May 19, 2016.

82 "Drinking Water for 55,000 Californians Has Illegal Levels of Arsenic," Environmental Integrity Project press release, September 12, 2016.

83 Ibid.

84 Lewis Griswold, "Environmentalists, State Settle Differences over Hazardous Waste Site," *Fresno Bee*, September 6, 2016.

85 Jennifer LaVista, "Contamination in U.S. Private Wells," U.S. Geological Survey (USGS), March 2009.

86 "Learn About Private Water Wells," U.S. EPA.

87 "Brockovich: Midland, Texas Water Sullied," CBS News, June 10, 2009.

88 Kathleen Thurber, "Residents File Lawsuit Against Companies in Relation to Hexavalent Chromium Contamination," *Midland Reporter-Telegram*, April 9, 2011.

第7章　「意図しない結果」にノーと言う

1 "Hudson River PCBs," Riverkeeper.

2 "Learn About Polychlorinated Biphenyls (PCBs)," U.S. EPA.

3 "EPA Expands Scope of Hudson River Cleanup Analysis," U.S. EPA press release, January 29, 2018.
4 "America's Most Miserable Cities 2013," *Forbes*.
5 Djanette Khiari, "The Role and Behavior of Chloramines in Drinking Water," Water Research Foundation. June 2018.
6 "Technical Fact Sheet: N-Nitroso-dimethylamine (NDMA)," U.S. EPA, January 2014.
7 "Public Health Statement: What Is N-Nitrosodimethylamine?" Agency for Toxic Substances and Disease Registry.
8 Stuart W. Krasner, "Controlling Nitrosamines: A Balancing Act," *American Water Works Journal*, June 2017.
9 John Tibbetts, "Chloramine Catch: Water Disinfectant Can Raise Lead Exposure," *Environmental Health Perspectives*, February 2007.
10 Sara Jerome, "EPA Considering Change in Chloramine Rules," *Water Online*, August 12, 2016.
11 "Chloramines-Related Research: What Does EPA See as the Disadvantages of Using Monochloramine?" U.S. EPA, February 24, 2009.
12 Kris Maher, "Use of a Water Disinfectant Is Challenged," *The Wall Street Journal*, August 9, 2016.
13 Emily Baucum, "Major Changes Coming to Tulsa Drinking Water," *News on 6*, October 14, 2011.
14 Zack O'Malley Greenburg, "America's Most Livable Cities," *Forbes*, April 1, 2009.
15 Michael Bates, "Chloramine Controversy: Safe for Tulsa's Water?" BatesLine website, October 17, 2011.
16 "Other Major Accomplishments," Tulsa Metropolitan Utility Authority.
17 Kim Womack, "City Manager Ron Olson Resigns," City of Corpus Christi Newsroom, May 17, 2016.
18 Associated Press, "Boil-Water Alerts on the Rise in Texas," *CBS DFW*, May 29, 2016.
19 Asher Price, "Corpus Christi Facing Water Crisis amid Contamination Concerns," Austin American-Statesman, December 16, 2016.
20 Matt Woolbright, "What Led to Corpus Christi's Water Crisis? Depends Who You Ask," *The Caller-Times*, May 21, 2016.
21 Associated Press, "Corpus Christi Lifts Drinking Water Ban," *The Wall Street Journal*, December 18, 2016.
22 Kris Maher, "Use of a Water Disinfectant Is Challenged," *The Wall Street Journal*, August 9, 2016.
23 "Morbidity and Mortality Weekly Report: Notifiable Diseases and Mortality Tables," Centers for Disease Control and Prevention, December 8, 2017.

24 Elisha Anderson, "Genesee County Confirms Its First Case of Legionnaires'," *Detroit Free Press*, July 6, 2016.
25 Oona Goodin-Smith, "More Deaths May Be Tied to Flint Legionella Outbreak Than Reported, Expert Says," MLive.com, September 21, 2017.
26 Tony Barboza, "Disneyland Shuts Down 2 Cooling Towers After Legionnaires' Disease Sickens Park Visitors," *Los Angeles Times*, November 11, 2017.
27 Mike Stobbe, "Most Legionnaires' Deaths Tied to Spray from Shower, Faucet," *Business Insider*, August 13, 2015.
28 "Meet the Candidates: 2 Vying to Represent Ward 3 on Hannibal City Council," *Hannibal Courier-Post*, March 21, 2017.
29 Ashley Szatala, "Use of Ammonia in Hannibal Drinking Water Will Cease," *The Herald-Whig*, April 5, 2017.
30 Ashley Szatala, "Hannibal BPW Directors Choose Carbon Filtration System to Filter Drinking Water," *The Herald-Whig*, February 20, 2018.
31 Alyssa Casares, "Columbia's Water Disinfection Method Switched from Chlorine to Chloramine," KBIA 91.3FM, November 6, 2014.
32 David J. Lamb, Letter to Mayor Brian Treece, September 21, 2016, https://www.como.gov/utilities/wp-content/uploads/sites/20/2017/04/DNRwaterColumbiaSept2016.pdf.
33 Yehyun Kim, "Residents Explore Alternatives for Columbia Water Treatment," *Columbia Missourian*, January 25, 2018.

第8章　地元政治が暴走する

1 Michigan House Bill No. 4214, March 16, 2011.
2 Oona Goodin-Smith, "Flint's History of Emergency Management and How It Got to Financial Freedom," MLive.com, January 16, 2018.
3 City of Flint: Comprehensive Annual Financial Report, June 30, 2011.
4 Kristin Longley, "State-Appointed Emergency Managers Make Six Figures at Local Community's Expense," MLive.com, December 27, 2011.
5 Jeff Wright, "The Flint Water Crisis, DWSD, and GLWA," Michigan Civil Rights Commission & Flint Water Crisis Committee, November 22, 2016.

6 Susan J. Masten, Simon H. Davies, and Shawn P. McElmurry, "Flint Water Crisis: What Happened and Why?" *Journal of the American Water Works Association*, December 2016.
7 David Rosner, "Flint's Toxic Industrial Legacy," Columbia University Mailman School of Public Health, January 26, 2016.
8 Susan J. Masten, Simon H. Davies, and Shawn P. McElmurry, "Flint Water Crisis: What Happened and Why?" *Journal of the American Water Works Association*, December 2016.
9 Ibid.
10 Merrit Kennedy, "Lead-Laced Water in Flint: A Step-by-Step Look at the Makings of a Crisis," NPR, April 20, 2016.
11 Ron Fonger, "General Motors Shutting Off Flint River Water at Engine Plant over Corrosion Worries," MLive.com, October 13, 2014.
12 Lindsey Smith, "How People in Flint Were Stripped of a Basic Human Need: Safe Drinking Water," Michigan Radio, December 15, 2015.
13 Lindsey Smith, "This Mom Helped Uncover What Was Really Going On with Flint's Water," Michigan Radio, December 14, 2015.
14 Ron Fonger, "Emergency Manager Calls City Council's Flint River Vote 'Incomprehensible'," MLive.com, March 24, 2015.
15 Paul Egan, "Fired DEQ Official Pleads Fifth in Flint Water Probe," *Detroit Free Press*, June 16, 2016.
16 Mark Brush and Sarah Hulett, "EPA Region 5 Administrator Susan Hedman to Resign in Wake of the Flint Water Crisis," Michigan Radio, January 21, 2016; Paul Egan, "DEQ Director Wyant Resigns over Flint Water Crisis," *Lansing State Journal*, December 29, 2015.
17 Paul Egan, "These Are the 15 People Criminally Charged in the Flint Water Crisis," *Detroit Free Press*, June 14, 2017.
18 Ed White, "Flint Official Faces Manslaughter Trial over Deaths Possibly Caused by Tainted Water," *Time*, August 20, 2018.
19 Ron Fonger, "Flint Water Prices Almost Eight Times National Average, Erin Brockovich Associate Says," MLive.com, March 17, 2015.
20 LeeAnne Walters testimony to the House Oversight and Governmental Reform Committee, February 3, 2016.
21 Jim Lynch, "EPA Stayed Silent on Flint's Tainted Water," *Detroit News*, January 12, 2016.
22 Dr. Marc Edwards et al., "Lead Testing Results for Water Sampled by Residents," Flint Water Study, September 2015.
23 Dr. Marc Edwards et al., "Our Sampling of 252 Homes Demonstrates a High Lead in Water Risk: Flint Should Be Failing to

Meet the EPA Lead and Copper Rule," Flint Water Study, September 8, 2015.
24 Ryan Grimes, "High School Friend Sounded First Alert to Flint's Dr. Mona Hanna-Attisha," Michigan Radio, February 16, 2016.
25 Mona Hanna-Attisha, Jenny LaChance, Richard Casey Sadler, and Allison Champney Schnepp, "Elevated Blood Lead Levels in Children Associated with the Flint Drinking Water Crisis: A Spatial Analysis of Risk and Public Health Response," *American Journal of Public Health*, February 2016.
26 Dr. Mona Hanna-Attisha testimony to House Democratic Steering and Policy Committee, "The Flint Water Crisis: Lessons for Protecting America's Children," February 10, 2016.
27 "EPA Awards $100 Million to Michigan for Flint Water Infrastructure Upgrades," U.S. EPA press release, March 17, 2017.
28 "Gov. Rick Snyder Announces Comprehensive Efforts to Strengthen Flint," Office of Governor Rick Snyder press release, January 27, 2016.
29 Robby Korth, "Virginia Tech's Flint Research Professor Accuses Ex-Colleagues of Defamation," *Roanoke Times*, July 26, 2018.
30 "Mackinac Center and Virginia Tech Professor Dr. Marc Edwards Sue Wayne State over Flint Water Documents," Mackinac Center for Public Policy press release, June 13, 2018.
31 "EPA Awards $4 Million in Grants to Research Lead in Drinking Water," U.S. EPA press release, April 25, 2018.
32 Jiquanda Johnson, "More than 50 petitions Taken Out for Seats on Flint City Council," MLive.com, February 3, 2017.
33 "Meet the 17 Candidates Running for Flint City Council," MLive.com, October 25, 2017.
34 Oona Goodin-Smith, "Flint Emergency Manager Order Repealed, City Officially in Control of Finances," MLive.com, January 22, 2018.
35 Adele Peters, "This 11-Year-Old Invented a Cheap Test Kit for Lead in Drinking Water," *Fast Company*, July 13, 2017.
36 Erik D. Olson and Kristi Pullen Fedinick, "What's in Your Water? Flint and Beyond," Natural Resources Defense Council, June 28, 2016.
37 Jessica Glenza, "Philadelphia Water Department Faces Class Action Lawsuit over Water Testing," *The Guardian*, June 3, 2016.
38 Catherine Ngai, "Cushing Hub's Crude Storage Shell, Working Capacity Edges Lower: EIA," Reuters, May 31, 2017.
39 Jessica Resnick-Ault, "Oil Glut Up Close: How Cushing Copes with Full Crude Tanks," Reuters, April 5, 2016.
40 Jessica Miller, "Oklahoma World's No. 1 Earthquake Area," *Enid News & Eagle*, November 10, 2015.

41 USGS-NEIC ComCat & Oklahoma Geological Survey, Preliminary as of December 3, 2018.
42 Michael Klare, "How Obama Became the Oil President," *Mother Jones*, September 12, 2014.
43 Elizabeth Ridlington, Kim Norman, and Rachel Richardson, "Fracking by the Numbers: The Damage to Our Water, Land and Climate from a Decade of Dirty Drilling," Environment America Research & Policy Center and Frontier Group, April 2016.
44 Thea Hincks, Willy Aspinall, Roger Cooke, and Thomas Gernon, "Oklahoma's Induced Seismicity Strongly Linked to Wastewater Injection Depth," *Science*, March 16, 2018.
45 EPA's Study of Hydraulic Fracturing and Its Potential Impact on Drinking Water Resources: The Hydraulic Fracturing Water Cycle, U.S. EPA.
46 Michael Wines, "Oklahoma Recognizes Role of Drilling in Earthquakes," *The New York Times*, April 21, 2015.
47 Robinson Meyer, "Could Scott Pruitt Have Fixed Oklahoma's Earthquake Epidemic?" *The Atlantic*, January 18, 2017.
48 Michael Wines, "Oklahoma Recognizes Role of Drilling in Earthquakes," *The New York Times*, April 21, 2015.
49 Justin Rubinstein, "Yes, Humans Really Are Causing Earthquakes," USGS Monthly Evening Lecture Series, U.S. Geological Survey, August 27, 2015.
50 Rivka Galchen, "Weather Underground: The Arrival of Man-Made Earthquakes," *The New Yorker*, April 13, 2015.
51 Jessica Morrison, "Earthquakes and Fracking Activities Linked in Environmental Protection Agency Report," *Chemical & Engineering News*, February 13, 2015.
52 Forum News Service, "Saltwater Spills Can Cause Lasting Damage," SOS Environmental, October 29, 2015.
53 Robinson Meyer, "Could Scott Pruitt Have Fixed Oklahoma's Earthquake Epidemic?" *The Atlantic*, January 18, 2017.
54 Thea Hincks, Willy Aspinall, Roger Cooke, and Thomas Gernon, "Oklahoma's Earthquakes Strongly Linked to Wastewater Injection Depth," *ScienceDaily*, February 1, 2018.
55 Susan Phillips, "Could Fracking Earthquakes Shake Pennsylvania?" StateImpact Pennsylvania, January 23, 2012.
56 Ibid.
57 Michelle Sneed, Devin L. Galloway, and William L. Cunningham, "Earthquakes—Rattling the Earth's Plumbing System," U.S. Geological Survey Fact Sheet 096-03.
58 "Magnitude 5.8 Earthquake in Oklahoma," USGS press release, September 3, 2016.

59 "Geophysicist Says Pawnee Earthquake Happened on Newly Discovered Fault," KWCH12, September 6, 2016.
60 Ross Kenneth Urken, "Native Americans Sue Frackers over Manmade Earthquakes," *National Geographic*, July 6, 2017.
61 "Pawnee History," Pawnee Nation of Oklahoma website, http:// www.pawneenation.org/page/home/pawnee-history.
62 "Hydraulic Fracturing for Oil and Gas: Impacts from the Hydraulic Fracturing Water Cycle on Drinking Water Resources in the United States (Final Report)," U.S. EPA, December 2016.
63 Ibid.
64 "How Much Gas Is in the Marcellus Shale?" U.S. Geological Survey.
65 Glynis Hart, "Dryden Takes First Step to Ban Fracking," *Ithaca Times*, April 21, 2011.
66 "Local Resolutions Against Fracking," Food & Water Watch, https://www.foodandwaterwatch.org/insight/local-resolutions-against-fracking.
67 CNN Wire Staff, "Vermont First State to Ban Fracking," CNN, May 17, 2012.
68 Thomas Kaplan, "Citing Health Risks, Cuomo Bans Fracking in New York State," *The New York Times*, December 17, 2014.
69 Brian Witte, "Maryland Governor Signs Fracking Ban into Law," AP News, April 4, 2017.
70 Zack Burdryk, "Oregon House Approves 10-Year Fracking Ban," *The Hill*, March 19, 2019.
71 "3Ts for Reducing Lead in Drinking Water in Schools and Child Care Facilities," U.S. EPA.

第9章　軍事基地の公害と闘う英雄たち

1 Abrahm Lustgarten, "Open Burns, Ill Wounds," ProPublica, July 20, 2017.
2 Corinne Roels, Briana Smith, Adrienne St. Clair, and News21 staff, "Military Bases' Contamination Will Affect Water for Generations," Center for Public Integrity and Carnegie-Knight News21 program, August 22, 2017.
3 Alexander Nazaryan, "Camp Lejeune and the U.S. Military's Polluted Legacy," *Newsweek*, July 16, 2014.
4 McClellan Air Force Base, U.S. Nuclear Regulatory Commission, November 2, 2018.
5 "City of Dayton Demands Wright-Patterson Air Force Base Stop Contaminating Water Source," City of Dayton, Ohio, press release, February 8, 2018.
6 "Public Health: Potential Exposure at Fort McClellan," U.S. Department of Veterans Affairs.

7 “Superfund Site: Hill Air Force Base, Hill AFB, UT,” U.S. EPA.
8 Mission Statement, U.S. Department of Veterans Affairs.
9 *Feres v. United States*, 340 U.S. 135 (1950).
10 Rachel Natelson, “The Unfairness of the Feres Doctrine,” *Time*, February 25, 2013.
11 “Cleanup to Begin at the CTS Superfund Site in Asheville, N.C,” U.S. EPA press release, November 17, 2017.
12 *CTS Corp. v. Waldburger*, 573 U.S. No. 13-339 (2014).
13 Ibid.
14 “Report to Congressional Committees: Military Base Realignments and Closures,” U.S. Government Accountability Office, January 2017.
15 David A. Siegel, S. Jane Henley, Jun Li, Lori A. Pollack, Elizabeth A. Van Dyne, and Arica White, “Rates and Trends of Pediatric Acute Lymphoblastic Leukemia— United States, 2001–2014,” *Morbidity and Mortality Weekly Report (MMWR)*, Centers for Disease Control and Prevention, September 15, 2017.
16 “What Are the Risk Factors for Childhood Leukemia?” American Cancer Society.
17 Brian Lamb, “Q&A with Jerry Ensminger and Rachel Libert,” C-SPAN transcript, March 15, 2012.
18 Manuel Roig-Franzia, “Water Probe Backs Marine Corps Defense,” *The Washington Post*, October 7, 2004.
19 Carey P. McCord, “Toxicity of Trichloroethylene,” *Journal of the American Medical Association*, July 30, 1932.
20 S. W. Lagakos, B. J. Wessen, and M. Zelen, “An Analysis of Contaminated Well Water and Health Effects in Woburn, Massachusetts,” *Journal of the American Statistical Association*, vol. 81 (1986).
21 P. Cohn, J. Klotz, F. Bove, M. Berkowitz, and J. Fagliano, “Drinking Water Contamination and the Incidence of Leukemia and Non-Hodgkin's Lymphoma,” *Environmental Health Perspectives*, June-July 1994.
22 “Toxicological Review of Trichloroethylene,” U.S. EPA, September 2011.
23 “Risk Management for Trichloroethylene (TCE),” U.S. EPA.
24 Ibid.
25 Alexander Nazaryan, “Camp Lejeune and the U.S. Military's Polluted Legacy,” *Newsweek*, July 16, 2014.
26 ATSDR Public Health Assessment for Camp Lejeune Drinking Water, U.S. Marine Corps Base Camp Lejeune, North Carolina,

January 20, 2017.

27 "A Few Good Men, a Lot of Bad Water," *Dan Rather Reports*, October 21, 2008.

28 *CTS Corp. v. Waldburger*, 573 U.S. No. 13-339, Brief of Jerry Ensminger, the Estate of Christopher Townsend, Mike Partain, Kris Thomas, and the Estate of Rosanne Warren as Amici Curiae in Support of Respondents.

29 Mike Partain, "Marine Corps Base Camp Lejeune Chronology of Significant Events Concerning Contamination of the Base Drinking Water Supply," Tftptf.com, Part 1, 1941–October 1989, http://tftptf.com/Misc/Timeline_Linked_March_2012.pdf.

30 Associated Press, "Key Events in Camp Lejeune's Water Contamination," *San Diego Union-Tribune*, April 28, 2009.

31 "ATSDR Releases Public Health Assessment of Drinking Water at Camp Lejeune," Agency for Toxic Substances and Disease Registry, January 26, 2017.

32 Amanda Greene, "Justice for Janey," *Star-News*, August 26, 2007.

33 H.R. 1627—Honoring America's Veterans and Caring for Camp Lejeune Families Act of 2012, Public Law No: 112-154, August 6, 2012.

34 "New Rule Establishes a Presumption of Service Connection for Diseases Associated with Exposure to Contaminants in the Water Supply at Camp Lejeune," Official Blog of the U.S. Department of Veterans Affairs, January 13, 2017.

35 Sharon Lerner, "3M Knew About the Dangers of PFOA and PFOS Decades Ago, Internal Documents Show," *The Intercept*, July 31, 2018.

36 Tom Roeder and Jakob Rodgers, "Toxic Legacy: Air Force Studies Dating Back Decades Show Danger of Foam That Contaminated Local Water," *The Gazette*, October 23, 2016.

37 Michael Halpern, "Bipartisan Outrage as EPA, White House Try to Cover Up Chemical Health Assessment," Union of Concerned Scientists Blog, May 16, 2018.

38 Annie Snider, "White House, EPA Headed Off Chemical Pollution Study," *Politico*, May 14, 2018.

39 Technical Fact Sheet—Perfluorooctane Sulfonate (PFOS) and Perfluorooctanoic Acid (PFOA), U.S. EPA, November 2017.

40 "NH Delegation Calls on Trump Administration to Immediately Release Study About Health Impacts of PFOA and PFOS," Office of U.S. Senator Maggie Hassan of New Hampshire press release, May 15, 2018.

41 Dan Kildee et al., Letter to Scott Pruitt, December 5, 2017.

42 H.R. 2810—National Defense Authorization Act for Fiscal Year 2018, Public Law No: 115-91, December 12, 2017.

43 Kyle Bagenstose, "Federal Budget Bill Includes $10M for PFAS Health Study, $85M for Cleanup," *The Intelligencer*, March 23, 2018.

44 Carol A. Clark, "Udall, Heinrich Call on EPA to Set Federal Drinking Water Standards for PFOA and PFOS," *Los Alamos Daily Post*, February 7, 2019.

45 Maureen Sullivan, "Addressing Perfluorooctane Sulfonate (PFOS) and Perfluorooctanoic Acid (PFOA)," U.S. Department of Defense, March 2018.

46 Tara Copp, "DoD: At Least 126 Bases Report Water Contaminants Linked to Cancer, Birth Defects," MilitaryTimes.com, April 26, 2018.

47 Kyle Steenland, Liping Zhao, Andrea Winquist, and Christine Parks, "Ulcerative Colitis and Perfluorooctanoic Acid (PFOA) in a Highly Exposed Population of Community Residents and Workers in the Mid-Ohio Valley," *Environmental Health Perspectives*, June 2013.

48 Kellyn Betts, "PFOS and PFOA in Humans: New Study Links Prenatal Exposure to Lower Birth Weight," *Environmental Health Perspectives*, November 2007.

49 Testing for Pease website, http://www.testingforpease.com.

50 Kyle Hughes, "Hoosick Falls Residents Urge Action by Lawmakers," *The Record*, June 15, 2016.

51 Jeff McMenemy, "Amico Led Fight on Pease Water Contamination," Seacoastonline.com, December 27, 2015.

52 Corinne Roels, Briana Smith, and Adrienne St. Clair, "Military Bases' Contamination Will Affect Water for Generations," News21.com, August 14, 2017.

53 https://www.facebook.com/ErinBrockovichOfficial/posts/10155910934330494.

第10章　環境保護庁とフロリダの海岸線とを取り戻す

1 Robison Meyer, "Congress and Trump Won't 'Terminate the EPA,'" *The Atlantic*, February 16, 2017.

2 Brady Dennis, "Trump Budget Seeks 23 Percent Cut at EPA, Eliminating Dozens of Programs," *The Washington Post*, February 12, 2018.

3 Melany Rochester, "Trump Proposes Lowest EPA Budget in 40 Years," Food & Water Watch, June 19, 2017.

4 "America First: A Budget Blueprint to Make America Great Again," Office of Management and Budget, fiscal year 2018.

5 "Initial Report to Congress on the EPA's Capacity to Implement Certain Provisions of the Frank R. Lautenberg Chemical Safety for the 21st Century Act," Office of Chemical Safety and Pollution Prevention, U.S. EPA, January 2017.

6 Christopher Sellers et al.,"The EPA Under Siege," the Environmental Data & Governance Initiative (EDGI).

7 Amanda Little, "A Look Back at Reagan's Environmental Record, *Grist*, June 11, 2004.

8 *Chevron U.S.A., Inc. v. NRDC*, 467 U.S. 837 (1984).

9 Lisa Lambert, "Senate Tees Up 'Accountability Act' as Regulation Fight Intensifies," Reuters, May 17, 2017.

10 "Civil Penalties Against Polluters Drop by Half During First Year of Trump Administration," Environmental Integrity Project, February 15, 2018.

11 Ibid.

12 "The Disinformation Playbook," Center for Science and Democracy, Union of Concerned Citizens.

13 "Causes, Risk Factors, and Prevention for Malignant Mesothelioma," American Cancer Society.

14 "Scott Pruitt's Web of Fundraising and Lawsuits," EDF Action.

15 Justin Wise, "Whistleblower Says Pruitt Kept Secret Calendar to Hide Meetings with Industry Reps: Report," *The Hill*, July 3, 2018.

16 Rafi Letzter, "The EPA Just Kicked Half the Scientists Off a Key Board—and May Replace Them with Fossil Fuel Industry Insiders," *Business Insider*, May 8, 2017.

17 Gaylord Nelson, "Earth Day '70: What It Meant," *EPA Journal*, April 1980.

18 Vehicle Emissions California Waivers and Authorizations, U.S. EPA.

19 Marissa Papanek, "Gov. Brown Calls Trump Initiative to Roll Back Clean Car Standard 'Reckless Scheme'," KRCR News, August 2, 2018.

20 Regulations for Emissions from Vehicles and Engines, "Draft Technical Assessment Report (TAR)," U.S. EPA.

21 "Irreplaceable: Why States Can't and Won't Make Up for Inadequate Federal Enforcement of Environmental Laws," Institute for Policy Integrity, New York University School of Law, September 2017.

22 Robert Esworthy, "Federal Pollution Control Laws: How Are They Enforced?" Congressional Research Service, October 7, 2014.
23 Greg Allen, "Tons of Dead Fish Washing Ashore on Florida Beaches," NPR, August 31, 2018.
24 Nestor Montoya, "Fort Myers Beach Clams Send Man to Hospital," WBBH/WZVN (Waterman Broadcasting), August 1, 2018.
25 Tyler Treadway, "Blue-Green Algae Bloom in St. Lucie River 10 Times Too Toxic to Touch, DEP Tests Show," *TC Palm*, August 9, 2018.
26 R. H. Pierce and M. S. Henry, "Harmful Algal Toxins of the Florida Red Tide (*Karenia brevis*): Natural Chemical Stressors in South Florida Coastal Ecosystems," Ecotoxicology, October 2008.
27 Ibid.
28 "Harmful Algal Bloom and Hypoxia Research and Control Act," National Centers for Coastal Ocean Science (NCCOS).
29 "Nutrient Pollution, Harmful Algal Blooms," U.S. EPA.
30 Shahram Missaghi and Marte Kitson, "HABs Explained: What, How and What Now?" University of Minnesota Water Resources Center.
31 "The Science of Harmful Algal Blooms," USGS, October 24, 2016.
32 "About the Florida Everglades," Florida Museum of Natural History.
33 Michael Grunwald, *The Swamp: The Everglades, Florida, and the Politics of Paradise* (New York: Simon & Schuster, October 31, 2006).
34 Florida Waterkeepers Position Statement on Hurricane Irma.
35 Captains for Clean Water website, https://captainsforcleanwater.org.
36 "Florida Quick Facts," State of Florida website, 2018.
37 Jennifer Gray, "Green Slime Oozes into Florida's Primary Elections," CNN, August 28, 2018.
38 "Comprehensive Everglades Restoration Plan (CERP)," National Park Service, U.S. Department of the Interior.
39 Greg Allen, " 'A Government-Sponsored Disaster': Florida Asks for Federal Help with Toxic Algae," NPR, July 9, 2016.
40 Ibid.
41 "Integrated Water Quality Assessment for Florida: 2008," Florida Department of Environmental Protection (FDEP), October 2008.

42 United States District Court, Northern District of Florida Tallahassee Division, Case No. 4:08-cv-00324-RH-WCS.

43 Julie Hauserman, "Yes, This Really Is Rick Scott, Adam Putnam and Pam Bondi's Fault," *The Phoenix*, August 3, 2018.

44 Ibid.

45 Bill Kaczor, "Scott Asks EPA to Delay Fla. Water Pollution Rules," CNBC, November 12, 2010.

46 Letter from U.S. EPA to Herschel T. Vinyard Jr., Secretary Florida Department of Environmental Protection, June 13, 2011.

47 "EPA, Florida Reach Agreement on Reducing Water Pollution," *Southeast Farm Press*, March 25, 2013.

48 Dara Kam, "After $700M in Water District Cuts, Florida Governor Wants $2.4M More," *Palm Beach Post*, December 6, 2011.

49 Ibid.

50 Dave Conway, "Dead in the Water," *Florida Sportsman*, August 22, 2018.

51 Brady Dennis and Juliet Eilperin, "Trump Signs Order at the EPA to Dismantle Environmental Protections," *The Washington Post*, March 28, 2017.

52 "Cleaning Up Power Plant Water Pollution," Earth Justice.

53 Andrew Maddocks, Robert Samuel Young, and Paul Reig, "The Clean Power Plan: What's Water Got to Do with It?" World Resources Institute, September 8, 2015.

54 Bryan C. Williamson, "Do Environmental Regulations Really Work?" *The Regulatory Review*, November 24, 2016; Joseph S. Shapiro and Reed Walker, "Why Is Pollution from U.S. Manufacturing Declining? The Roles of Environmental Regulation, Productivity, and Trade," National Bureau of Economic Research, June 2018.

55 Eli Berman and Linda T. M. Bui, "Environmental Regulation and Labor Demand: Evidence from the South Coast Air Basin," *Journal of Public Economics*, October 2, 1999.

56 W. Reed Walker, "The Transitional Costs of Sectoral Reallocation: Evidence from the Clean Air Act and the Workforce," *Quarterly Journal of Economics* 128, no. 4 (November 1, 2013).

57 "2018 Was the Hottest Year on Record for the Globe," NOAA press release, February 6, 2019.

58 Zac Anderson, "Red Tide Caused Worst Sarasota Hotel Occupancy Dip Since 9/11," *Sarasota Herald-Tribune*, January 28, 2019.

59 "EPA Receives Record Number of Letters of Interest for WIFIA Water Infrastructure Loans," U.S. EPA press release, August 16, 2018.

60 “Lobbying Database,” Center for Responsive Politics, based on data from the Senate Office of Public Records on September 10, 2018.

第11章　デイ・ゼロ（すべての始まり）

1 Aryn Baker, “What It’s Like to Live Through Cape Town’s Massive Water Crisis,” *Time*, February 2018.
2 Craig Welch, “How Cape Town Is Coping with Its Worst Drought on Record,” *National Geographic*, March 5, 2018.
3 Andrew Sheeler, “These Three 2018 California Wildfires Caused More Than $9 Billion in Damage,” *Sacramento Bee*, December 12, 2018.
4 Christopher Joyce, “2018 Was Earth’s Fourth-Hottest Year on Record, Scientists Say,” NPR, February 6, 2019.
5 David Wallace-Wells, “UN Says Climate Genocide Is Coming. It’s Actually Worse Than That,” *New York*, October 10, 2018.
6 “Special Climate Report: 1.5℃ Is Possible But Requires Unprecedented and Urgent Action,” UN press release, October 8, 2018.
7 Ibid.
8 IPCC Special Report, “Global Warming of 1.5℃,” chapter 3, p. 177, October 2018.
9 Ibid.
10 Alleen Brown, “Climate Change Refugees Share Stories of Escaping Wildfires, Floods, and Droughts,” *The Intercept*, December 29, 2018.
11 IPCC Special Report, “Global Warming of 1.5℃,” chapter 3, p. 178, October 2018.
12 Coral Davenport and Kendra Pierre-Louis, “U.S. Climate Report Warns of Damaged Environment and Shrinking Economy,” *The New York Times*, November 23, 2108.
13 Scott K. Johnson, “US Tries to Bury Report on Climate Change’s Dire Health, Economic Impacts,” *Ars Technica*, November 26, 2018.
14 Timothy Cama, “Trump on Dire Warnings in Climate Change Report: ‘I Don’t Believe It’,” *The Hill*, November 26, 2018.
15 Coral Davenport and Kendra Pierre-Louis, “U.S. Climate Report Warns of Damaged Environment and Shrinking Economy,” *The New York Times*, November 23, 2108.
16 “Fourth National Climate Assessment,” U.S. Global Change Research Program, Volume 2, November 2018.

17 "Fourth National Climate Assessment," U.S. Global Change Research Program, Volume 2, Section 5, November 2018.
18 "2017 Infrastructure Report Card," American Society of Civil Engineers.
19 "Fourth National Climate Assessment," U.S. Global Change Research Program, chapter 3, "Water," November 2018.
20 Ibid.
21 Christopher Flavelle, "Miami Will Be Underwater Soon. Its Drinking Water Could Go First," *Bloomberg Businessweek*, August 29, 2018.
22 Noah Gallagher Shannon, "The Water Wars of Arizona," *The New York Times Magazine*, July 19, 2018.
23 Ibid.
24 Seth Wynes and Kimberly A. Nicholas, "The Climate Mitigation Gap: Education and Government Recommendations Miss the Most Effective Individual Actions," *Environmental Research Letters*, July 12, 2017.
25 P. C. D. Milly and K. A. Dunne, "Colorado River Flow Dwindles as Warming-Driven Loss of Reflective Snow Energizes Evaporation," *Science*, March 13, 2020.
26 "Reservoir Evaporation a Big Challenge for Water Managers in West," University of Colorado Press Release, Dec. 28, 2015.
27 "Lake Powell Evaporation," Upper Colorado Regional Office, Salt Lake City, Utah, August 1986. www.riversimulator.org

第12章　行動する時が来た！

1 Ellie Kincaid, "California Isn't the Only State with Water Problems," *Business Insider*, April 21, 2015.
2 Agnel Philip, Elizabeth Sims, Jordan Houston, and Rachel Konieczny, "Millions Consumed Potentially Unsafe Water in the Last 10 Years," News21.com, August 14, 2017.
3 "Coal Has an Enormous Environmental Footprint," Environmental Integrity Project.
4 David Andrews, "Report: Up to 110 Million Americans Could Have PFAS-Contaminated Drinking Water," Environmental Working Group, May 22, 2018.
5 Sara Ganim and Linh Tran, "How Tap Water Became Toxic in Flint, Michigan," CNN, January, 19, 2016.
6 T. Christian Miller, "The Dig: Investigating the Safety of the Water You Drink," ProPublica, June 28, 2016.
7 "Text Messaging for Cities and Municipalities," EZ Texting, https://www.eztexting.com/sms-municipalities.

8 “Public Willing to Pay to Improve Water Quality, MU Research Finds,” University of Missouri press release, March 26, 2018.
9 Certified B Corporation website, https://bcorpora tion.net.
10 E. J. Schultz, “There's a Clear Winner in Beverages: Bottled Water Tops Soda,” *Ad Age*, March 9, 2017.
11 “Bottled Water Becomes Number-One Beverage in the U.S., Data from Beverage Marketing Corporation Show,” Beverage Marketing Corporation press release, March 9, 2017.
12 Mallory Sofastaii, “Americans Spend $16 Billion a Year on Bottled Water,” WMAR-2 News, October 10, 2017.
13 “Water Health Series: Bottled Water Basics,” U.S. EPA, September 2005.
14 G. E. Miller, “The TRUE Cost of Bottled Water Vs. Tap Water (& Comparative Purity & Taste Test Results),” *20 Something Finance*, April 29, 2018.
15 Wenonah Hauter, “Bottled Water, Brought to You by Fracking?” *AlterNet*, March 14, 2018.
16 Elizabeth Glazner, “The Irony of One Polluter's Bottled Water Proffer,” Plastic Pollution Coalition, April 15, 2016.
17 Ron Fonger, “State Spending on Bottled Water in Flint Averaging $22,000 a Day,” MLive.com, March 12, 2018.
18 Sharon Lerner, “Toxic Drinking Water Becomes Top Campaign Issue for Midterm Candidates Across the U.S.,” *The Intercept*, June 4, 2018.
19 Melissa Nann Burke, “Bergman Defeats Morgan in 1st House District,” *Detroit Free Press*, November 7, 2018.
20 Elisabeth Almekinder, “A Local Woman Doctor in the U.S. House Could Make History,” *Politics North Carolina*, January 2, 2018.
21 Dr. Kyle Horton for Congress Facebook page, November 7, 2018, https://www.facebook.com/drkyle4congress.
22 Elisabeth Almekinder, “A Local Woman Doctor in the U.S. House Could Make History,” *Politics North Carolina*, January 2, 2018.
23 Julie Mack, “Flint Is Nation's Poorest City, Based on Latest Census Data,” MLive.com, September 19, 2017.
24 Mary B. Collins, Ian Munoz, and Joseph JaJa, “Linking ‘Toxic Outliers’ to Environmental Justice Communities,” *IOP Science*, January 26, 2016.
25 Tracey Ross and Danyelle Solomon, “Flint Isn't the Only Place with Racism in the Water,” *The Nation*, February 9, 2016.
26 Judy Woodruff and William Brangham, “New Science Shows Gulf Spill is Still Killing Dolphins,” *PBS NewsHour*, May 20, 2015.

索引

訳者あとがき

本書は、Erin Brockovich, *Superman's Not Coming: Our National Water Crisis and What We The People Can Do About It*, Pantheon Books, 2020. の全訳である。

社会問題としての有機フッ素化合物（ＰＦＡＳ）について考えブログ執筆をしていた二〇二一年末、その前年に出版されたこの本に出会った。映画『エリン・ブロコビッチ』の後二〇年間、エリンさんがきれいな水にこだわり続け、全米全世界の人たちにどう希望を与え続けてきたか初めて綴った自伝的著作だった。エリンさんの正義感とこだわりに感銘を受けた。

日本語版の翻訳を思い立ち、エリンさんの財団にメールを書いたところ、驚いたことに、週末だったにもかかわらず即日、本人から返事があった。「連絡ありがとう、初めまして、まだ日本語版の計画はありませんが、そのような機会はたいへんありがたいです、米国の出版社と連絡をとります、出版社を探してくれるならうれしいです、出版になったら信じられないことです、連絡を取り続けましょう」という積極的な応答だった。本人個人の携帯番号まで記載されていた。

出版関係者に相談をした時、編集部の人たちは口々に映画『エリン・ブロコビッチ』はよく覚えている、インパクトがあったと言った。手応えを感じた。

翻訳を始めた途端、水道水汚染について、米国は本当にどうなってしまったのか、と憂慮する羽目に陥った。そういえば、その昔、東海岸のマサチューセッツ州に留学した時、なんとなく水が緑色で異臭がした。ニューヨークから来た学生は、コカコーラの味は地域の水で決まる、ニューヨークのは最高だが、このコカコーラは美味しくないと言っていた。そう言われて納得した。何十年後にこの翻訳をして、それがおそらく藻類のせいだと実感した。ある人は、米国の水道水は現在も途上国並みだと言っていた。この後書きを書いている間にも、エリンさんの財団のニューズレターで、「ヒューストン、また緊急事態発生」と題して、テキサス州ヒューストンで水道水の煮沸通知が二〇〇万人に出され、大学や学校が休校になったと知らせてきている。

日本の環境汚染で、今最も注目されているのはＰＦＡＳである。その規制の動向を見ていると、日本もとても心配である。監督官庁も地方政府も財界も政界も全国紙も、情報開示や対応がおざなりだ。現在の日本の水道水の基準はＰＦＯＡとＰＦＯＳの合算値で七〇ppt（一兆分の七〇）だが、米国環境保護庁の暫定提案より一千倍から一万倍ゆるい水準である。

確かに水道水のＰＦＡＳ汚染の実態は報道されるようになっている。特に沖縄をはじめとする米軍基地周辺の飲料水の汚染は深刻だ。泡消火剤の使用が主な原因とされている。東京都でも横田基地周辺の府中市や調布市で市民団体による血液検査が始まった。東京新聞、探査報道のジャーナリスト組織Ｔａｎｓａ、『週刊金曜日』その他でも、住民の血液検査が報道されている。

汚染原因は基地や泡消火剤に限らない。日本ではＰＦＡＳは、ＡＧＣ（旧旭硝子）、三井・デュポン、およびダイキンなど多くの企業が関わってきた。本書で随所に見られるような企業と規制担当機関との癒着がある。なぜならこの物質があまりにも多用され、かつ、健康被害が深刻だからだ。誘致した自治体は雇用の喪失を恐れる。企業は浄化の責任を回避したい。ペットボトル水やピザボックスのＰＦＡＳ汚染濃度を企業に問うような環境団体も出てきている。市民の健康に関わる活動に大いに期待したい。

本書でつづられている米国の過去は、日本の現在だと感じている。エリンさんが書名で指摘しているように、スーパーマンは助けに来てくれない。自分で自分や家族や地域住民の健康を守ろう。

翻訳に際しては、多くの方の支えに感謝したい。特に、翻訳出版や訳し方に関するアドバイスをくれた同僚たちに感謝したい。母節子は本書の実話に感動しながら、訳文を読みやすくするために校正を手伝ってくれた。緑風出版の高須氏には、本書の社会的意義を受け止めてくださり、また出版に向けて親身に対応していただき、本当に感謝にたえない。